我国农业水资源管理与农民集体行动

王晓莉◎著

新华出版社

图书在版编目（CIP）数据

我国农业水资源管理与农民集体行动 / 王晓莉著.
—北京：新华出版社，2021. 8
ISBN 978-7-5166-6168-0
Ⅰ. ①我… Ⅱ. ①王… Ⅲ. ①农业资源—水资源管理
—研究—中国 Ⅳ. ①S279. 2

中国版本图书馆 CIP 数据核字（2022）第 019939 号

我国农业水资源管理与农民集体行动
作　　者：王晓莉

责任编辑：张　程　　　　**封面设计：**知库文化

出版发行：新华出版社
地　　址：北京石景山区京原路 8 号　　　　**邮　　编：**100040
网　　址：http：//www. xinhuapub. com
经　　销：新华书店、新华出版社天猫旗舰店、京东旗舰店及各大网店
购书热线：010-63077122　　　　**中国新闻书店购书热线：**010-63072012

照　　排：北京知库文化传媒有限公司
印　　刷：廊坊市海涛印刷有限公司

成品尺寸：170mm×240mm　1/16
印　　张：14. 25　　　　**字　　数：**231 千字
版　　次：2022 年 4 月第一版　　　　**印　　次：**2022 年 4 月第一次印刷

书　　号：ISBN 978-7-5166-6168-0
定　　价：58. 00 元

摘 要

面对水资源短缺、农业供水不足等方面的诸多问题，在过去几十年里，我国一直在努力寻求解决的办法。2011 年，国家出台了中华人民共和国成立以来国家首个关于水利的综合性政策文件——《中共中央国务院关于加快水利改革发展的决定》（2011 年中央一号文件），明确了新政策的方向。本研究结合以行动者为导向的研究视角和结构化理论，分别在体制、组织和微观情境三个层面，对我国农业水资源管理系统中多方行动主体通过互动达成合作或冲突的集体行动过程进行研究，揭示了在不同层面的灌溉管理实践中，新型集体行动达成的路径和可能性。

关于体制和组织层面的研究，采用了文献研究和调查研究方法。参与世界银行“面向贫困人口的农村水利改革项目”在湖北、湖南、新疆等地评估调研期间，我收集了大量政策文件、项目资料，并开展了多种形式的访谈和农户调查。微观情境的研究是在贵州省 K 乡，我采用了实地研究的方式，自 2007 年至今先后四次深入实地，选定“黄家寨水库”这一 K 乡最大的灌溉资源系统和“滚塘”这一 K 乡仅存的通过农民的集体行动实现灌溉自建自管的自然村为研究案例。研究采用案例研究和行动为导向的研究方法，并分别采用奥斯特罗姆的集体行动理论框架和“赋权学派”的社会历史主义路径进行案例分析。其主要研究结论如下：

我国当前的灌溉管理体制变革，本身就是一场多行动主体通过互动、协商达成集体行动的过程，同时还为多行动主体（包括新发育主体）达成新型集体行动创造了积极的环境。其主要特征有：高层政府主导政策方向，国际机构驱动理念创新，市级政府牵头实施，县乡政府被动参与，灌溉管理机构持双重态度，村委会居用水者协会权力核心，农民成为“终端用水户”。其核心趋势是“市场化”与“组织建设”并进。在实践中，它正面临着来自市场化改革、协会推广、国家资金投入方式三个方面的挑战。

作为当前变革催生的新型行动主体，在实践中，农民用水户协会并非仅是一个改革政策实施的对象或者一个技术援助过程，而是作为一个多方行动主体的社会建构。从组建到运行管理等诸阶段，协会为基层政府、水管单位、村两委及用水农户创造了一个达成集体行动的平台，进而重塑了他们的政策和权力关系。但无论从理论层面，还是从实践层面来说，它都并非全国普适的灌溉组织形式。

黄家寨水库案例体现了国家、市场、地方政府、农民等多方行动主体在工程、体制、灌溉三个子系统中进行互动而达成的新型集体行动的路径和可能性，特别在灌溉系统中，出现了多种形式的自主组织灌溉管理的集体行动。从资源系统、资源单位、治理系统和使用者四个层面，我分别进行了要素分析，识别出关键变量以理解系统的复杂性和动态性，进一步解释不同子系统中集体行动的多样性。

滚塘为进行以自然村为基础的集体行动研究提供了具有代表性的案例。研究证明，作为农村最基础的农事生产、生活和灌溉单位，自然村为农民的集体行动持续提供着一个有效的平台。基于八个分析方面，我归纳了影响农民集体行动基础的要素，包括村落布局、家族或宗族关系、人民公社时期“队为基础”的生产生活历史、当今的农业生产特征和功能、村庄的经济分层、“乡政村治”的角色、留守妇女以及村庄仪式文化等。

基于研究结论，我从政策和研究两方面提出如下建议：针对政策制定者，市场化改革方案和协会建设不宜全面推广。作为农村最基础的生产、生活单位的自然村（村民小组或生产小队）仍然是当今农村社会中农民集体行动最重要的平台。在政策瞄准过程中，我建议由“农田水利重点县”建设转向“以村（特别是自然村）为导向”的水利投入。针对研究，特别是微观层面的研究，我建议摆脱“村庄原子化”“农民善分不善和”等成见，深入、动态地对转型期农村社会的集体行动进行研究，探索适合当地的非正式或正式的集体行动路径，以提供有效的以社区为基础的自然资源管理和公共物品供给。

关键词：农业水资源管理、集体行动、灌溉管理体制、农民用水户协会、贵州

Abstract

To deal with the challenges of water shortage and insufficient agricultural water supply, the Chinese government has tried a number of solutions in the past decades. In 2011, the State issued the first comprehensive policy document on water conservation—Pecision of the Central Committee of the Communist Party of China and the State Council on Accelerating Water Conservancy Reform and Development, (the State Council No.1 Document) suggesting a new policy direction. This thesis combines an actor–oriented research perspective with structuration theory to investigate how multi–actors reach cooperation or conflict in agricultural water resource management systems, at institutional, organizational, and micro–levels. It reveals approaches and possibilities of new collective action in irrigation management practices at these various levels.

For the analysis at institutional and organizational levels, a literature research and a survey were used. During the study on the impacts of the "Pro–Poor Rural Water Reform Project" in Hubei, Hunan and Xinjiang provinces, I collected relevant policy and project documents, conducted various interviews and a household survey. For the study at the micro–level, an in–depth field study was carried out in Kaizuo township of Guizhou Province covering the years of 2007–2011. Based on four periods of in–depth field study, I selected two cases, "the Huang Jiazhai reservoir" –the most important irrigation resource system in Kaizuo, and "Gun Tang natural village" –the only example in the town of sustainable irrigation management through farmers' collective action over the past 30 years. Using an ethnographic case–study method and action–oriented research methodology, my analysis is based on the collective action theoretical framework of E.Ostrom and the social historical approach of the "Empowerment School". The key conclusions of the thesis study at various levels are:

The current irrigation reform in China can be characterized as a dynamic collective action process through multiple interactions and negotiations among multi-actors. It provides a positive platform for various actors (including the newly created ones) to practice new forms of collective action. The reform process strives for advanced "marketization" of water resources. The main features of the reform process are: strong policy orientation by the State and provincial governments, conceptinnovation driven by international organizations, implementation led by municipal governments, passive participation of county/township governments, dual attitudes of irrigation management institutes, village committees who are the power center of WUAs (Water User Associations), and farmers mainly considered as "end users".

In practice, the reform is facing three kinds of challenges which have emerged as a result of the still heavy top-down nature of irrigation investment flows: imperfect marketization of agricultural water, irrigation infrastructure, and management institutes; the sustainability and universality of WUAs; and the further marginalization of 'worse off' areas in terms of water supply, infrastructure and organizational resources (Kaizuo township is a case in point).

As the main new social actor created in the irrigation management reform, the WUA, in practice, is not merely an object of the reform policy implementation or technical assistance processes, but a socially constructed entity of various actors. From the establishment to the management stages, it creates a platform for local governments, irrigation management institutes, village committees, and farmers to reach new collective action, and to reshape their policy and power relationships. However, it is not an appropriate nationwide form of organization for China's irrigation management, both considering theoretical and practical aspects.

The case study of Huang Jiazhai reservoir reveals the approaches and possibilities of new collective action among the State, market, local government and farmers in the infrastructure, institution, and irrigation subsystems. In the irrigation system, various informal, self-organized practices of collective action exist. From four conceptual aspects, Resource System, Resource Unit, Governance System, and Users, I identify a number of key variables to understand the complexity and dynamics of the reservoir system, and to explain the diversity of the collective action in the different sub-systems.

Gun Tang village is a representative case for the study on natural village-based collective action. The study demonstrates that, as the basic unit of agricultural activities, livelihoods and irrigation practices, the natural village continues to be an effective platform for farmers' collective action. Based on eight analytical aspects, I identify the main forces that influence farmers' collective action, including village layout, clan and family ties, the "production team" -based livelihoods and production history during the commune period, the current features and functions of agricultural production, economic homogeneity, the role of "township politics and village governance", the role of the left-behind women, and village ritual and culture.

Based on the findings of my research, the main recommendations are made concern the policy and research domains: For policy makers, it is recommended not to extend the reform measures of deeper marketization and the development of WUAs. As the basic unit of agricultural activities and livelihoods, the natural village (village group or production team) remains the most important platform for farmers' collective action in current rural society in China. Therefore, it is recommended to shift irrigation investment from "key counties-aimed" to "village-oriented" (natural village in particular) allowing for a diversity of new forms of collective action instead of a single, rigid model. For academic research, especially for the micro-level research, it is suggested to get rid of the prejudices of "atomization of villages is inevitable[1]" or "farmers are not good at

[1] It means, from commune period to the Household Contract Responsibility system (HCR), along with other policy changes and the social transformation, the village has lost or is losing its institutional mechanism and tranditional mechanism to bring farmers together. Under this context, it is more and more difficult to reach farmers' collective action for public goods or pool resources management. Refer to Cao Jinqing, 2000; Wuyi, 2002; He Xuefeng, 2003.

cooperation". Instead, the researcher should conduct in-depth, dynamic study on collective action in a changing rural society, to explore localized informal or formal approaches for community-based natural resources management and the supply of public goods.

Key Words: Agricultural Water Resource Management, Collective Action, Guizhou, Irrigation Management Institute, Water Users Association

目　录

图、表、文框目录

第一章　绪　论

水者，何也？万物之本原也，诸生之宗室也。

——管子·水地篇

水利是现代农业建设不可或缺的首要条件。

——2011 年中央一号文件

1.1　研究缘起

某日，母亲翻出了压箱底的糖果盒子，一张泛着黄边儿却留有清晰字迹的扉页上，是母亲一笔一画记录下的一位通灵者对女儿命运的说道。算命先生说我是“海中金命”，即金之困于水。于是，我认定自己与生俱来的水之缘。其实从物质的角度，人就是水。而从生命的角度，水可以说是能量的源泉与载体。就水与中国古代宇宙成论而言，中国古代哲学最早企图解释宇宙万物的产生就是以“阴阳五行说”作为开始的，而这种观念一直与水密切相关。例如，《易经》“润万物者莫润乎水”，又如《管子·水地篇》中说“水者，何也？万物之本原，诸生之宗室也”，《律历志》提出“天一以生水”，这些都堪称是中国古代哲学中最明确的水生万物论。

水对人类的重要性是不证自明的，近些年来有关水资源危机的报道和研究更是不绝于耳。但真正让我第一次意识到“水的危机”，是 2007 年春一门研究生选修课——“以社区为基础的自然资源管理”（CBNRM）在贵州省 K 乡的课程实习。一个寨子的渠道瘫痪无法从水库取水，妇女们要半夜起床在水井旁排长队挑水打秧田。在当地，水源不足问题严重地制约着老百姓的生活和生产。同时，农田灌溉设施老化、管护主体缺位等诸多问题加重了水资源短缺对农业生产的制约。在“以问题为导向”的行动研究方法论指导下，“农业水资源管理”成了我研究的关注点。经过一系列的文献准备工作，并基于暑假在K乡一个月的实地调查，以“农业水资源管理供给中农民集体行动的理性与过程”为题，我顺利通过了论文的开题答辩，受到了CBNRM实地研究奖学金的支持，得以在贵州K乡继续我的“水之旅”。与K乡的情、与水的缘，使我在中国西南这片布依族、苗族自治的广袤土地上、在“农业水资源管理”这个领域留了下来……一年半之后的我自己也十分惊讶：这里成了我的第二故乡。太多太多的话要说，却总也说不多。引几个调查日记里的小插曲同大家分享：

初来乍到——书记主动打来电话　2008.7.25

“晓莉啊，听小农说你今天过来了，晚上一起到乡里吃饭吧。”

“好好，不喝酒就好，没听出来，您是?”

“王登福啊。”

“哦，王乡长您好，您现在在办公室吗? 我这就过去”

挂掉电话一翻阅电话簿，额滴神呢，王书记！抓起手包，塞上本子就走。

这感觉像极了——放牛班的春天　2008.7.26

一觉醒来八点半。洗漱，泡衣服，冲咖啡。

去水龙头处洗衣服，小朋友们呼呼啦啦来报到了。男孩居多，趁着衣服泡在那，指挥他们合唱两首歌，《一二三四像首歌》《我们是共产主义接班人》。点了点名：何照谦、陈代辉、周文斌（周文文的弟弟）、吴桂福（吴桂丽的弟弟）、王忠良、王忠涛、韩发武。女生早就记住了，周文文、吴桂丽、王链、韩熔。陈代辉不唱，坐后面一排去了，吴桂丽、周文文一边一个打拍子，像极了放牛班的春天。唱完歌又拿砖头在墙上写下二十六个字母。点名一个个教。Feel so good!

十点半说拜拜，得为自己吝啬时间了，对不起孩子们。外面太阳好大，抱被子出去晒，六个小男孩一个都没有少，坐在地上，拿我刚发给他们的圆珠笔在腿上、手心上、胳膊上抄写白灰墙上淡砖色写的那二十六个字母!

三个大孩子（陈代辉、周文文、吴桂丽，王链、韩荣还没来）帮我收拾整理屋子，待我回屋后，他们又跑到小农屋学英语去了。

我的体会毫无保留跟你分享——乡长如是说 2008.7.27

“你是说我们下去的时候，跟我们一起下去看看，是吧？你放心，我会尽我所能地为你的调研提供便利。”

“我工作的体会啊，我的思想啊，都会毫无保留地跟你分享，你可以写到论文里，当然不要提我的名字啊，涉及政府，有些敏感的，你可以处理一下，再写进去。”

在论文研究正式启动之前，我也曾写过一篇研究动机的小散文，与理论无关。“诚然，好的研究题目是论文写作成功的一半。作为农村发展与管理专业的博士研究生，有成千的研究题目，关于移民、性别、农民合作、减贫、村庄治理、公共物品供给、政策影响、农村福利、家庭生计、自然资源管理等。我要问问自己所做研究的原始动机，因为这关系到今后三年的时间里，我所要从事的领域和将要研究的地方……”

1.2 研究背景与反思

1.2.1 农业供水不足

由于人口持续增长、经济快速发展、水资源的时空分布不均，加上管理体制、制度和政策措施不完善，中国正面临着越来越严峻的水资源短缺和水质退化问题，已经对经济发展和民众生活产生了不利影响，危及国家可持续发展战略目标的实现。根据世界银行（2006）的统计分析，中国很快将成为东亚最为缺水的国家。据估计，2004 年全国有近 3 亿人口缺乏安全的饮用水①。根据水利部《21 世纪的中国水供求》分析，2010 年全国总供水量为 6400 亿~6670 亿 m^3，相应的工业、农业、生活及生态环境总需水量在中等干旱年为 6988 亿 m^3，供需缺口近 318 亿 m^3；到 2030 年，我国将

①Guo Zi, “Water Pollution Becomes a Matter of Life or Death,” China Daily, Dec [EB/OL]. 24 2004, http://www.chinadaily.com.cn/english/doc/2004-12/24/content_403044.htm.

缺水400亿~500亿m^3。据估计，因水资源短缺每年给国家造成的经济损失达400~600亿元①。水资源短缺及水质问题直接关系到国家的社会稳定、经济繁荣、粮食安全以及长期的生态环境的可持续性。《中国21世纪议程》指出，农业是中国国民经济的基础，农业可持续发展是中国可持续发展的根本保证。但我国耕地平均摊水量只有全球平均数的3/4。目前农业缺水量约300亿m^3/年，每年的受旱农田面积都在2000万~2700万hm^2，每年由于缺水少产粮食700亿~800亿kg，还有8000万农村人口的饮水困难（刘金芳）。有这样一组数字足以证明水对我国农业生产的制约：在18.26亿亩耕地中只有8.67亿亩能确保灌溉，近10亿亩旱耕地只能依靠自然降水而成为“望天田”；我国农业灌溉水利用率仅46%，而发达国家为70%左右。我国每生产1kg粮食需要消耗1300kg水，而发达国家的这一指标在1000Kg以下②。

此外，农田水环境恶化、农村用水缺乏管理及农业用水的挤占等问题又进一步加剧了我国农业用水面临的考验。与此同时，气候变化又加剧了对水资源管理的挑战。根据IPCC（政府间气候变化专门委员会）第四次评估报告对气候变化和水资源给予的特别关注③，在气候变化与水资源方面的总结报道，为观测到的记录和气候预测提供了丰富的证据，表明淡水资源是脆弱的，受到气候变化潜在的强烈影响，对人类社会和生态系统产生了广泛的后果。他们还指出，现有的水资源管理，不能足够应付气候变化对水资源供给、洪水风险、健康、农业、能源和水生生态系统保障程度的影响（曹建廷）。国内的最新研究也揭示了气候变化对我国农业生产、农产品价格、农产品交易及农民收入可能带来的影响。自然科学的研究揭示了气候变化对作物产量的影响，综观各类模型的分析，“对灌溉作物的影响要小于旱地作物”。经济学的分析则认为，加入市场的因素分析，会减弱气候变化对作物生产的影响。不过综合分析，气候变化的负面影响，对灌溉类农田 要小于对旱地类农田（ICTSD-IPC④）。2010年发生于我国西南五省市

---

①Charles Wolf Jr., K. C. Yeh, Benjamin Zycher, et al. Fault Lines in China's Economic Terrain [M]. Santa Monica, CA: Rand, 2004: 88.

②新华社. 农田水利基本建设：粮食增产、扩大内需的助推器 [EB/OL]. [2008-12-16]. http: //www. mwr. gov. cn/ztpd/2009ztbd/jksljs/mtgz/200812/t20081216_ 1756. html.

③Bates B C, Kundzewicz Z W, Wu S, et al. Climate Change and Water. Technical Paper of the Intergovernmental Panel on Climate Change [M]. IPCC Secretariat, Geneva, 2008.

④J. Wang, J. Huang and S. Rozelle, 2010, Climate Change and China's Agricultural Sector: An Overview of Impacts Adaptation and Mitigation. ICTSD-IPC Issue Brief No. 5.

（云南、贵州、广西、四川及重庆）的百年一遇的特大旱灾致使耕地受旱面积达1.16亿亩①。2011年，我国华北、黄淮地区的干旱又持续了3至4个月，河南、山东、山西、河北、江苏、安徽等省出现了不同程度的旱情。除了气候变化的因素之外，农业水利问题也引起了中央高层的充分重视，2011年出台了中央一号文件《中共中央国务院关于加快水利改革发展的决定》。

1.2.2 水利改革方案

面对水资源短缺、农业供水不足等方面的诸多问题，在过去几十年里我国一直努力寻求解决办法。既包括利用新技术开源节流、修建或修复水利设施等工程性措施，又有诸多制度、管理方面等非工程性措施，从传统上的部门分割管理转向综合的水资源管理，制定新的法律和制度框架，越来越多地采用市场手段以及鼓励公众和利益相关者参与水资源管理等。就农田灌溉领域来看，一是涉及水权、水价、灌溉设施及灌溉管理机构的市场化改革；二是鼓励用水农户在工程的建设和管护、决策制定、分配用水等一系列过程中的参与或自治；三是加大国家在大中型基础设施建设和灌溉管理政策改革中的投入力度。"国家+市场+用水户参与"并驾齐驱的改革思路均得到了政府、市场、学者、公民社会以及国际发展机构的支持（亚洲开发银行②、世界银行③、英国发展署④等），在不同地区开展了一系列的实践并取得了一

---

①影响统计截至3月30日，见百度百科，http://baike.baidu.com/view/3375576.htm。

②1988年亚洲开发银行与我国签订了技术援助项目"改进灌溉管理和费用回收"，旨在推广成立不同层次的农民用水协会。1989年11月，水利部农水司曾在江西省开会，推广亚行项目成果。但当时即便在国际上，参与式灌溉管理仍处于探讨阶段。国内对其理解也还不深，未给予足够重视。

③20世纪90年代，世界银行（简称世行）规定，所有使用世行贷款的项目都必须组建用水户协会，进行参与式管理改革试点。经过几年的准备，"世行贷款长江水资源项目"于1995年4月获得批准。2002年，世行通过民主管理灌溉用水来赋权当地农民的项目实践，已涉及了8个省的四大灌溉项目。经济自立灌排区（SIDD）、农民用水者协会（WUAs）以及供水公司（WSCs）等新型灌溉管理组织形式和方式借由世行项目得以推广。在世行项目推动下，截至2004年年底，我国组建起了300多个农民用水者协会（见世行网站，http://web.worldbank.org/WBSITE/EXTERNAL/COUNTRIES/EASTASIAPACIFICEXT/CHINAEXTN/0，contentMDK：20052184~menuPK：3949959~pagePK：1497618~piPK：217854~theSitePK：318950，00.html）。2010年10月，国务院批准了我国利用世界银行贷款2011—2013财年备选项目规划，其中农林水项目7个，贷款7.5亿美元（见发改委网站，http://www.sdpc.gov.cn/xmsphz/t20101118_381055.htm）。

④2002年，英国发展署与我国水利部签署"面向贫困人口的农村水利改革项目"协议，项目方以政府出台支持协会建设的政策为条件，而政府也意在出台此项政策，于是双方达成协议。2005年，以国务院502号文件的形式出台了《关于加强农民用水协会建设的意见》。

些经验（如湖北、湖南、新疆等①）。市场化改革的措施包括水权制度建设、完善并推行农业水价改革、建设“经济自立灌排区（SIDD）”和发展“公私合作模式”以及对工程设施的“拍卖、承包、转让”等；用水户参与主要是通过“一事一议”制度和发展“农民用水合作组织”（如农民用水户协会或联合会等）来进行。同时，国家一方面接连出台促进灌溉管理改革的政策文件，另一方面又加大对基础设施建设的投入力度。党的十七届三中全会把加强以农田水利为重点的农业基础设施建设作为解决“三农”问题的重大举措，明确提出2010年年底前完成大中型和重点小型病险水库除险加固任务，2013年年底前解决农村饮水安全问题，力争到2020年基本完成大型灌区续建配套与节水改造任务。2008年，水利部制定了一个“三位一体”的改革计划，即深化农业水价改革+农民用水自治的协会管理方式+完善农田水利工程。

2011年，出台了中华人民共和国成立以来国家首个关于水利的综合性政策文件，即2011年中央一号文件——《中共中央国务院关于加快水利改革发展的决定》（以下简称《决定》）。它将我国新形势下的水利问题主要诊断为“工程性缺水”，思路是“发挥政府在水利建设中的主导作用”，要求中央、省、市、县各级政府增加投入大兴农田水利。《决定》提出，今后10年全社会水利年平均投入比2010年高出一倍，意味着未来10年的水利投资将达到4万亿元。《决定》还明确提出，“从土地出让收益中提取10%用于农田水利建设，充分发挥新增建设用地土地有偿使用费等土地整治资金的综合效益”。农田水利建设重点有三方面：一是完成大型灌区、重点中型灌区续建配套和节水改造任务；二是加快推进小型农田水利重点县建设；三是因地制宜兴建中小型水利设施，支持山丘区小水窖、小水池、小塘坝、小泵站、小水渠等“五小水利”工程建设，重点向革命老区、民族地区、边疆地区、贫困地区倾斜。在农田水利的管护方面，“一是在延续发挥市场机制在工程运行中的作用的同时，探索社会化和专业化的多种水利工程管理模式，并要求中央财政对中西部地区、贫困地区公益性工程维修养护经费给予补助；二是以乡镇或小流域为单元，健全基层水利服务机构，强化水资源管理、防汛抗旱、农田水利建设、水利科技推广等公益性职能，按规定核定人员编制，经费纳入县级财政预算。大力发展农民用水合作组织”。在农业水价方面，

①王晓莉，刘永功. 我国的灌溉管理体制变革及其评价［J］. 中国农村水利水电，2010（5）：50-53.

“按照促进节约用水、降低农民水费支出、保障灌排工程良性运行的原则，推进农业水价综合改革，农业灌排工程运行管理费用由财政适当补助，探索实行农民定额内用水享受优惠水价、超定额用水累进加价的办法”。

总的来看，国家在农田水利改革方面的思路有三点：一是涉及水权、水价及工程设施的市场化改革；二是通过“一事一议”“大力发展农民用水合作组织”等形式推进农民参与；三是在农田水利建设方面，加大各级政府，特别是中央政府，在水利建设方面的投入，如“以奖代补”“小型农田水利重点县建设”和“小型农田水利专项工程建设”等形式。然而在实践中，三条改革思路都面临着其困境和挑战。

1.2.3 来自实践的挑战

1. 市场化改革

（1）水权制度建设方面，缺乏全面的指导框架，机构间的职能不清或存在冲突等体制问题，流域或区域水量分配方案之间不一致，水权缺乏界定、安全性和确定性，没有将所有水量和用水户纳入管理，缺乏水权转换框架，对生态和环境水量认识不足，农户拥有的权利有限，水权主体不明、制度建设的支撑系统不完善，缺乏透明度和公众报告制度等（《中国水权制度建设项目最终报告》）。

（2）水价改革方面，主要的挑战来自各地用水农户的阻力，一是在田间灌溉设施尚未配套的情况下，加之测量设施不完善，“按方计费”或“成本水价”比“按亩收费”反而提高了农民需要交纳的灌溉水费，部分地方甚至超出了农民的承受范围。并且农民在“水价制度”建立过程中的参与程度仍十分有限。二是“水是商品”的意识仍很难被农民接受，特别在农村劳动力流失、农业生产占农村家庭收入比重下降的背景下。自取消农业税等一系列惠民政策实施以来，灌溉水费在不少地区已跃居涉农收费的榜首。三是在农业水价尚不能达到成本水价（基本水价+计量水价）的情况下，支渠及以上渠系的清淤维护也就无法到位（中国水网[①]，世界银行，

①李晓鑫，李刚，冯建维. 农业水价改革中的悖论［EB/OL］.［2005-07-07］. http://news.h2o-china.com/market/waterprice/386731120700940_1.shtml.

姜文来[1])。

(3) 工程设施的市场化改革，一方面水管单位（供水单位）缺乏充足的经济来源，对支渠及以下的维护更是力不从心；另一方面供水单位无力面对不能合作用水的单个农户（罗兴佐，刘文书，贺雪峰，罗兴佐）。也有学者分析了农业长周期、高风险和低利润的特征，分析了我国小农生产规模小、收益低、土地高度分散、兼业模式等特征，认为这些特征与市场机制相冲突，由此指出设施、产权市场化方案不能解决农田水利难题（贾林州[2]，桂华）。

2. 农民用水户参与

农民用水户的参与和协会建设中的问题和挑战。据中国灌区协会估计，虽然近年来用水户协会（WUA）发展很快，但是很多是由行政命令或项目推动而流于形式，在目前推广的用水户协会中，大约只有三分之一的协会运作较有成效，且主要集中在湖北、湖南、河北、陕西等大型项目试点地区。一项基于安徽省淠史杭灌区四个失败的用水户协会改革的案例研究表明，现阶段的参与式灌溉管理如果没有外部行政强制力量的支持，将无法普遍推开并获得持续发展。另一项对湖北省农民用水户协会的调查表明，由于农村基层管理机构权力过大、协会缺乏强制力、规模受限以及无法解决交易成本分摊问题等，造成用水户协会功能作用发挥方面受到限制，甚至是“绝大多数用水户协会都是徒有其名”（王亚华，桂华[3]）。无独有偶，农民用水户协会在其他国家或地区的开展也遇到了类似的困境。一些对成功案例的研究总结出的关键要素有“悠久的社区历史、强有力的产权体系、赋权农民参与治理决策、集体选择及制定规则等”。与之相反，在那些依赖外部项目或政府强干预、自上而下启动的协会中，农民更难有实质性参与（奥斯特罗姆）。国内学者主要将其归结为受限于结构性因素（如体制改革等）、缺乏村庄组织合作的基础，甚至是归因于“现代农民是理性经济人”等个

①姜文来，我国农业水价政策的改革建议 [EB/OL]. [2008-11-03]. http：//news. xinhuanet. com/theory/2008-11/03/content_ 10285862. htm.

②贾林州，大兴水利：建设施更要建组织 [J/OL]. [2011-02-15]. http：//www. snzg. cn

③该文基于华中科技大学中国乡村治理研究中心自 2002 年起持续近八年的农田水利调研，以及在湖北荆门地区五个村进行的水利“高阳实验”。

体层面的因素（罗兴佐，王琼、李雪松、赵晓峰、邢成举[①]、刘燕舞[②]）。另外一项促进农民参与的措施是“一事一议”。但据国内的调查，取消农业税后“一事一议”作为农村公共品供给的一种制度其实践效果并不理想，全国大部分村庄没能有效地实施这一制度（刘涛[③]，罗兴佐）。

3. 水利工程建设

农村实行联产承包责任制后，由于政府在投资、管理、组织上的缺位，最终导致了水利工程单位举步维艰、农田水利建设严重萎缩的糟糕局面（罗兴佐）。如今，国家自上而下加大水利建设的投入力度，激发“以中央投入为主，各地方不断改革水利融资体制”的兴修农田水利的新高潮，以期解决水利设施老化、末级渠系失修等问题。但在新一轮的水利建设高潮中，突出的问题仍不容小觑：一是国家+地方的配套资金下放，当前普遍的做法是“以奖代补”“重点县建设”“专项工程建设”等。以作为典型的四川省为例，“重点县”的遴选条件要求水源的保证、最好有农民用水合作组织、地方政府有较强资金整合能力等。这将进一步边缘化水资源短缺、协会建设步伐落后的一些省区（如贵州省）。刘燕舞[④]在湖北省某镇调查也发现“‘以奖代补’会更加拉大农田水利建设在不同村庄的差距”。二是自上而下的资金投入和市场化的工程运作方式（如招投标等）限制了地方乡镇政府和用水农户的参与，对工程质量、工程建设的决策、建成后的维修保障等带来不同程度的负面影响[⑤]。

总而言之，持续了近30年的灌溉管理改革，时至今日其成效与影响可谓喜忧参半（刘静、张陆彪、罗兴佐、邢成举）。而其当下面临的困境与挑战也难免让人担忧。一方面国家加大对水利改革的投入和力度，却同时面临着来自实践的困境和挑战。为此，在当前背景下，我提出了在实践层面上要关注的问题：

（1）自上而下的农田水利建设投入会不会带来灌溉基础设施的区域间

---

①邢成举. 农田水利：体制改革与组织合作的断裂［J］. 周口师范学院学报，2010（4）.

②刘燕舞. 当前农田水利困境的社会基础——以H省S县Z村为例［J］. 长春市委党校学报，2010（6）：22.

③刘涛，王思又. “一事一议”与农田水利建设——基于荆门市彭河村农田水利建设的调查［J］. 水利发展研究，2011，10（9）：44-47.

④刘燕舞. 关于当前我国农田水利困境的若干思考——基于湖北省S县L镇的调查［J］. 古今农业，2011（2）：18-30.

⑤目前还没有太多关于这方面的研究，在该论文的第六章将有具体案例做论证。

差距，会不会造成新一轮的“重建轻管”？

（2）农民用水者协会是否是全国普适的灌溉管理组织形式？

（3）如果“万能药”不存在，那么在全国范围内还有哪些行之有效的农田灌溉管理形式？

（4）地方县、乡级政府、地方水管机构、供水公司或组织、村委会、个体承包者、农民用水合作组织、村民小组以及用水农民在改革中其角色的变迁与今日在不同管理体系下的互动如何？

（5）涉及灌溉决策、服务供给、融资维护、水的使用、灌溉基础设施的使用，当今农民达成集体行动的可能性还有没有？是如何达成的？

（6）伴随农业税的取消而被取消的作为农村最基础的“排灌单位”的村民小组（自然村一级）在统筹村民的农田灌溉管理方面是否仍能发挥作用？

1.3 研究问题及路径

在准备论文开题的过程中，就“农业水资源/灌溉管理”这一主题搜到的社会科学方面的研究多是涉及“集体行动”领域。于是，我顺着这两方面相关的研究进行了梳理，涉及社会学、政治学、经济学、人类学以及发展研究等学科领域。我分别就集体行动（为研究提供理论分析工具）、农民集体行动（为研究提供微观分析基础）及农业水资源管理（为研究提供研究的背景知识）这三个方面进行了综述，并将论文题目暂定为“社区农田水利供给中的农民集体行动过程和理性研究”。但随着我在文献回顾、项目调研和实地研究三方面的进一步推进，先前的研究设计与理论基础已不能满足我对实地研究中所获经验事实的更好理解。也正是在这个过程中，我不断反思并调整自己研究的立足点、研究问题、方法及路径。

1.3.1 研究立足点与意义

关于（农业）水资源管理领域向来不乏各类专家的关注，如工程学、农业推广、农学、（政治）社会学、（制度）经济学、（发展）人类学等。那作为一项农村发展与管理专业的论文研究，农业水资源管理与发展社会学的关联在哪里呢？“水，作为一种自然资源，同时也是社会进程中的资源，它被积极地分配、规范，并形塑着人们的生活和生计，影响着文化和政治经济的发展。”这被许多研究者看作发展社会学与水资源管理这一研究领域的关联（Barnett，Kiely，McMichael[①]，Long，2001;）。要去定位自己的研究，首先一个最基本的问题就是“这项研究是为了什么？为了谁？（Burawoy Michael）。也就是要搞清楚研究的基本立足点。根据 Burawoy[②] 对于社会学的劳动分工做出的一般性的分类（表 1-1），套用此框架专门就水资源领域的社会学研究进行了梳理。工具性知识（instrumental knowledge）已占据社会学在这一研究领域的主流。特别是政策社会学的研究，密切关注水资源管理相关的政策和实践，以干预、解决问题为导向，旨在有效解决现实中所面临的问题并引导实践，多由政策制定者或实施机构所资助，如欧盟、世行、联合国相关机构，以及国家层面的发展合作部委等。国内在水资源管理领域的研究也不例外，多以政策改革和发展（项目）干预为主导，被归为实践社会学的研究范畴，如由水利部、世界银行、英国国际发展署（DFID）、联合国粮农组织（FAO）、中国科学院农业政策研究中心（CCAP）所主导的项目干预和政策改革研究（详见第三章）。这些由国际发展机构、国内政府部门和研究单位联合开展的项目实践和调研成为我国灌溉管理改革的驱动力和主导力量（王晓莉），包括经济自立灌排区、参与式灌溉管理、公私合营的管理等国际先进管理理念的引入，“农民用水户协会”“供水公司、组织”等灌溉管理新兴主体的发育，还有与之相伴的农业水价改革、工程投资、节水改造等政策性和工程性措施。

表 1-1 社会学劳动分工

	学术听众	学术外的听众[③]
工具性知识	专业社会学	政策社会学
• 知识	理论、经验的回应	具体
• 真理	科学规范	实用
• 立法	同辈	有效
• 问责	自我指示（referentiality）	客户、赞助
• 病理学（Pathology）	专业私利	奴性（servility）
• 政策		政策干预

①以上三位作者的文章引自：Mollinga，P. P. Water，politics and development：Framing a political sociology of water resources management［J］. Water Alternatives，2008，1（1）：7-23.

②出处同上.

③extra-academic audience

续表

	学术听众	学术外的听众
反思性知识	批判社会学	公众社会学
• 知识	基本的	交流
• 真理	规范的	共识
• 立法	道德视域（moral vision）	关联
• 问责	批判型知识分子	指定公众
• 病理学（Pathology）	教条主义	风行
• 政策	内部争辩	公共对话

来源：Burawoy，2005：16。

与工具性知识不同，反思性知识（reflexive knowledge）并不是仅仅采用简单中立或客观的立足点，而是一种有自觉意识的调研，倾向于将既有知识问题化。Baviskar 认为这类路径可能将一种具有自觉意识的研究同社会成因联系起来，采用简化的（主要的）分类为社会转型过程中的具体项目、运动、社会成因提供令人满意的分析性概念。Burawoy① 则干脆建议将国家和私人部门与工具性知识相关联，而将反思性知识与公民社会相关联。但是就研究的“反思性”而言，无论对于专业社会学、政策社会学，还是对于批判社会学和公众社会学都并不陌生。其实，发展研究本身就是一个很好的例证。Thomas 巧妙地就发展的三层含义定义了发展研究，进而与 Burawoy 的分类进行关联，“作为想象、描述或衡量达成预期社会的那种状态的发展研究，它涉及表格中的全部四类社会学；作为对社会转型的历史过程的发展研究，它涉及表格左列的两类，即专业、批判社会学；作为对提高社会各类部门包括政府、各类组织及社会运动的深思熟虑的努力，它则涉及表格右列的政策、公众社会学。”在此基础上，Mollinga 进而以“研究的立足点和方法”为维度，将水资源领域的社会学研究重新划分为五类，即批判和公众社会学研究、多学科综合社会学研究、实践社会学研究和比较社会学研究。

回到我的研究，对“农业水资源管理”这一主题的关注源自我在实地调研中发现的现实问题（CBNRM 课程实习）——贵州 K 乡的灌溉难题。其

①Burawoy，M. 2006. Open the social sciences：To whom and for what？［J/OL］. Address to Portuguese Sociological Association，30 March 2006// http：//sociology. berkeley. edu/faculty/burawoy/burawoy_ pdf/burawoy-open_ the_ social_ sciences. pdf.

后，借由参与国内其他灌溉管理改革试点项目的实地调研，并结合所阅相关文献，在过程中逐步调整自己的研究定位：①作为一篇发展管理专业的博士论文，我的“农业水资源管理”研究首要面向的是学术听众，也就是说关注表格左列的“对社会转型的（农业水资源管理）历史过程的发展研究”。我国近30年来的灌溉管理改革，时至今日可谓喜忧参半的改革成效与影响，说明没有一副解决全国的灌溉问题的“万能药”。我要识别出变革过程中的主要行动主体，并分析他们在时间和空间维度上社会互动的过程和特性，继而可为“对症下药”的微观情境分析提供研究背景，同时也会为“结构—行动者”的动态互动做出些微理论上的贡献。②作为一个“以问题为导向”的发展研究，本研究还要密切关注学术外的听众，特别是对激发了我的研究主题并亟待其（灌溉）问题得以解决的K乡当地农民。也就是说，我的研究要落脚到微观情境，去研究社区层面上国家政策的实施运作、灌溉管理的每日实践（相关行动主体在这一平台上的互动）及互动达成合作或冲突的过程和可能性。这样一方面可能会对推动灌溉管理体制变革做出些许或政策或实践层面的贡献，另一方面，也是以“灌溉管理”为切入点对“社区层面的集体行动研究（locally-based collective action）”做出些微理论上的贡献。

1.3.2 研究问题和方法

1. 研究视角

费孝通先生说：“我所看到的是人人可以看到的事，我所体会到的道理是普通人都能明白的家常见识，我写的文章也是平铺直叙，没有什么难懂的名词和句子。”在实地的日子里，我的第一个困惑便是，去实地之前根据文献综述我列了一大串的“向度”：国家的、社会的、经济的、政治的、意识形态的、文化的、资源的等，我是该把它们用在集体行动界面上的互动分析中去呢？还是用来透视农业水资源管理系统呢？虽然这算是分析方法上的一个困惑，但正是带着这样一个困惑，通过与导师交流，促使我循到了吉登斯的“结构化理论”和Norman Long的“行动者为导向”的研究视角。

结构化——吉登斯不仅解答了我来自实地的困惑，“社会学探讨的是在社会行动者自身已经构建的意义框架范围之内的领域，而且，社会学在普通语言和专业性语言之间进行了协调，从而在它自己的理论图式中重新解释了这些意义框架”。还指出了进行实地研究的方法，“社会学观察者并不能使社会生活变成是仅供观察的‘现象’，这种观察独立地把观察者自己关于社会生活的知识作为一种资源进行利用……还必须沉浸于一种生活形式中，而且这就意味着一个观察者可以由此产生这样的描述……而对于社会学观察者而言，这就是形成描述的方式，这些描述必须被中介成（被转化成）社会科学的话语范畴”。吉登斯的“结构化理论”着力探究行动者的能动行为（agency）和社会互动中的结构二重性（the production and reproduction of structure）。通过引入“结构化”（structuration）的概念以图解决作为能动主体的生成的社会生活的构成问题。结构的二重性或结构化是指，社会结构既被人类能动行为建构，也是这一建构的真正媒体。“样式”（modality）被定义为社会再生产进程中互动与结构间的媒介。“交往”（communication）“权力”（power）和“道德”（morality）是构成互动整体的要素。“意义”（signification）“支配”（domination）“合法化”（legitimation）只是结构的分析性可分离特性。

行动者为导向——如果说吉登斯的结构化理论来自对各种行动哲学思想的回顾，那么同时期以 Norman Long 为代表的瓦格宁根学派（Wageningen School）则是基于（拉美）实地研究经验创立了“行动者为导向（Actor-oriented）”的研究方法。这一经验主义的研究方法，首次将理论解释与实地发展研究方法的实践操作进行了整合。其核心是采用民族志的方法将社会行动描绘成隐含着社会意义和社会实践的过程，强调各相关行动者的能动性，并同时注重分析各相关行动者的互动界面。其三个重要概念包括社会行动者、能动性和社会界面。社会行动者（social actors①）有多种存在形式，包括个体、非正式团体、个体间非正式的社会网络、组织、集团，还有所谓的宏观行动主体，如国家政府、教会、国际机构等。能动性（agency②）是指与行为相关联的知识、能力和社会嵌入，行动者的这些行为能够对他人产生

①Social Actors: appear in a variety of forms: individual persons, informal groups or interpersonal networks, organizations, collective groupings and so-called ‘macro-actors’ such as national governments, churches or international bodies.

②Agency: the knowledgeability, capability and social embeddedness associated with acts of doing that impact upon or shape others’ actions and interpretations.

影响或改变他人的行为和诠释等。社会界面（social interface①）是不同社会系统、领域、范畴或社会秩序的层次之间交集的关键点，也是社会断裂最可能发生的地方，因为价值、利益、知识和权力等方面存在差异。该方法强调通过分析一定场域和舞台中发生的关键事件来探讨社会运行的规律②。

2. 关键概念

吉登斯的结构化理论和 Norman Long 的行动者为导向的研究方法给了我启发，使我更加清楚了自己的研究致力于什么，帮助我提炼出了论文研究的两个主要概念：农业水资源管理系统和新型集体行动，并对它们进行了重新界定。在具体研究中，我采用了 Norman Long 的“行动者”“能动性”的概念。

农业水资源管理系统——为解决农业水资源管理中存在的问题，各相关行动者在具体情境下使用规则和资源，而建构起来的行动领域。在研究中，也可将之理解为 Norman Long 所定义的“社会界面”，或者理解为吉登斯的“突生性结构”（emergent structure）。它由相关行动者的集体行动所塑造，始终处于不断地建构与解构过程之中。可视研究分析的需要，将其界定在体制、组织及微观等不同层面上。其结构特征在行动者实践中，通过结构性原则及框架不断地被再生产出来。

新型集体行动③——在某类具体的农业水资源管理系统中，相关行动者有意识或无意识地依赖于系统的结构提供的惯例性和区域性，发挥其能动性，获取并支配权力、调动可供使用的资源，并再生产出规则，通过系列性的互动进而达成一种冲突或合作的过程。新型集体行动不仅是一个研究概念，更是一种研究视角。在本研究中，它是指就宏观（体制）、中观（组织）及微观（乡镇村）等不同层面上的农业水资源管理系统，分析系统中相关行动者通过系列性互动进而达成一种冲突或合作的过程。这一研究视

①Social Interface: a social interface is a critical point of intersection between different social systems, fields, domains or levels of social order where social discontinuities, based upon discrepancies in values, interests, knowledge and power, are most likely to be located.

②饶静. 杨乡政权：依附型行动者——后税费时期我国乡镇政权的角色和行为分析 [D]. 北京：中国农业大学，2007.

③这里的新型集体行动既是研究的关键概念也可视为一种研究视角。关于“集体行动”的定义可参照牛津词典，“action taken by a group (either directly or on its behalf through an organization) in pursuit of memebers' perceived shared interests”（Marshall, 1998）

角将贯穿论文始末，包括对灌溉管理体制、农民用水组织、乡村组三级的灌溉实践的研究。

规则——吉登斯将“规则”定义为行动者在各种环境下理解和使用的“可归纳的程序”。在我的研究里，“规则”是行动者在具体的（农业水资源管理）行动领域的实践中，在其谈话、互动仪式、日常惯例中体现或创建出来的，被行动者策略性地理解和掌握的“共有知识”及“知识能力”的一部分。

制度——按照结构化理论，“制度”是当规则和资源被再生产，历经长时段且在明确的空间点时，才能说制度存在于社会之中。在我的研究中，“制度”主要用在第一个研究问题，即对改革开放以来我国农业水资源管理系统的变迁研究中，主要从时间维度透视相关行动者在宏观层面的行动系统中，通过互动重构规则并使之（部分）制度化的过程。

资源—权力——根据结构化理论，“资源”是行动者用来处理事物的工具。资源的动员赋予行动者处理事物的权力。当行动者互动时，他们利用资源；当他们利用资源的时候，他们就操作“权力”以建构别人的行动。具体到该研究，权力是指行动者通过自己的行动而创建或体现出来的协商谈判的能力，抑或是在其他行动者那里能够调动资源、使用资源的能力。

3. 研究问题和方法

基于重新界定的概念，再根据我对自己研究的定位，提炼出了我的主要研究问题——当前我国农业水资源管理系统中集体行动的可能性和路径。我的研究试图在时间维度、空间维度和微观情境中，将农业水资源管理系统看作可大可小的、不同维度上的行动领域，进而提炼出三个具体的研究问题（表1-2）。这三个问题分别是：

①改革开放以来，我国农业水资源管理系统的主要历史变迁过程和特点如何？

②作为我国灌溉管理改革的“新生物”，在农民用水户协会这一类型的行动系统中，各主要行动主体能否合作及如何达成合作，以提供有效的灌溉管理。

③为探索适合当地背景的有效的灌溉管理，乡镇及村庄层面上的集体行动能否达成？如何达成（针对非农民用水户协会管理的农业水资源管理系统）？

表 1-2 研究问题和方法一览表

研究问题	结构	研究方法	资料收集	资料分析
我国灌溉管理体制变迁——体制层面的集体行动研究	第三章	文献研究 调查研究	历史文献、政策文件、项目资料、他人的原始数据、文字声像文献； 直接观察、半结构访谈、调查问卷	定性分析
农民用水户协会——组织层面的集体行动研究	第四章	调查研究 案例研究	二手资料（政策文件、项目报告、评估报告、项目办资料清单） 直接观察、半结构访谈、调查问卷、关键人物访谈	定性分析
乡村的灌溉管理实践和集体行动——以社区为基础的集体行动研究	第五、六、七章	案例研究 行动研究	建立信任、选定案例、参与式观察、社区踏查、关键人物访谈、小组访谈、入户访谈、现场访谈、参与社区公共节庆和活动、参与农事活动、参与沟渠和水库维修工程	定性分析

（1）新型集体行动视角下的制度变迁。

首先，宏观情境、时间和空间维度上的研究：一方面，尝试将中国灌溉管理体系看作一个宏观但具体的行动系统，侧重论述其在社会整体层面上的变革问题。伴随着改革开放以来社会结构的变迁、多行动主体的发育、灌溉体系的政策变革等，产生新的政策、项目或组织等资源，各行动主体之间通过互动建构新的规则，从而在时间和空间中再生产了灌溉管理体系的结构，演变成当期的各类灌溉管理系统。另一方面，这为我在实地的微观研究也提供了一个历史的、空间的研究背景。

研究问题关心的是：①伴随着家庭联产承包责任制的实施、人民公社的解体、改革开放社会结构的分化，水管单位市场化的走向与政府逐渐退出农田水利建设之后，留下了两大不确定性领域——谁为农田水利设施的建设或重修买单？谁来担当农田灌溉管理的主体，包括确保灌溉设施的管护和维修？②面对这两大不确定领域，三大行动主体——国家、市场和用水者（组织）的互动共同推进了一场灌溉管理体制变革。这一过程，从农田小水利工程的建管分离且依赖乡镇政府、农民义务工、农业税，到税费改革、村民自治、一事一议，同时伴随着全国的重点灌区的用水户协会的建设，加上近六年的中央一号文均涉及农田灌溉这一领域，那么，这一变革过程都有哪些行动主体参与了？主要的历史变迁过程及特点如何？

采用的研究方法主要有：一是文献研究，具体的研究工具是历史文献、政策文件、项目资料、他人的原始数据、文字声像文献等，对收集上来的各级政府出台的政策、法律法规及灌区管理改革试点省项目资料等进行定性分析；二是调查研究，用无结构观察、半结构访谈及调查问卷等形式，利用我在湖北、湖南、新疆等改革试点省调研的一手资料及项目报告进行定性分析（我有幸参与了李凌老师和刘静博士带领的调研团队，于 2008 年先后到湖北东风灌区、湖南铁山灌区、新疆农发办阿克苏 DFID 项目区、新疆三屯河灌溉管理处等地，开展了大量的相关利益者结构式和半结构式访谈和农户调查），受世界银行和英国国际发展署（DFID）的委托，中国农业科学院张陆彪研究员率领的课题组对“面向贫困人口的农村水利改革项目（PPRWRP）”实施的生计影响进行评估（世界银行项目号：7145043）。本次评估主要关注两个方面：一是评估项目对水政策、用水者协会质量、农村水资源管理和乡村治理的影响；二是关注项目实施对提高农户家计保障、农村民主特别是对妇女平等和改善贫困家庭的影响。

（2）新型集体行动视角下的组织研究。

基于我的既有调研，将全国范围内的农业水资源管理系统，在区域向度上，根据主要的治理主体，将其划分为四大类型：农民用水户协会、乡镇政府主导型、村民自管型和私人承包型。研究问题重点关注农民用水户协会这一当前改革的主流类型。它是当前灌溉管理改革的新生物，是项目和政策实践大力推行的管理系统类型。要解答农民用水户协会在全国范围是否具备普适性这一问题，即研究这类行动系统中各主要行动主体在何种条件下能够得以达成合作。

研究问题要关注的有：界定农民用水户协会类型的灌溉管理行动系统，通过识别系统中各行动者在协会组建及运行管理过程中，角色的扮演、权力的使用、资源的调动、行动者之间的互动以及行动者与内外部机构之间的互构等，以分析该类行动系统中集体行动达成的路径和可能性，进而解答农民用水户协会是否普适及为什么普适的问题。

采用的研究方法主要是调查研究与案例研究相结合：用无结构观察、半结构访谈及调查问卷等形式，利用我在湖北、湖南、新疆、河北等改革试点省的一手资料及项目报告进行定性分析。并在此基础上选择个案进行案例研究。数据和资料的收集包括从国家到地方各级的相关政策文件、项目主要合作机构的项目报告、各地方项目办的资料清单、实地评估工作期间的观察和访谈，还有后期的评估报告及关键知情人的回访。在掌握了大量一手资料和项目报告后，选定我国成立最早的用水户协会这一典型案例进行辅助的案例研究。但限于时间和人力各方面的制约，没有开展多个案例的比较研究。

（3）新型集体行动视角下的基层灌溉实践。

微观情境的研究，即在K乡开展的乡村组三级的案例研究。一方面，对某个具体的农业水资源管理系统进行研究（工程系统、体制系统、灌溉系统），描述并解释该系统界面上多行动主体之间能否达成集体行动及如何达成；另一方面，透过村庄层面上的农田灌溉管理研究，更好地理解当今农民集体行动的乡村社会基础和行动者的能动力量。

案例的选择是个大问题。在走访了K乡10个自然村（村民组）之后，我所收集的案例充分展示了K乡各村民组农田灌溉的复杂性和多样性。一方面受自然条件所致，如灌溉水源（水库、山塘、降雨等）和田块分布（地势高低、距水源远近等）的多样性。同时，它又导致各村民组灌溉管理所面临的集体行动的难题不尽相同，如修建或维修提灌站、购买大型抽水机、修建山塘等。不同系统中所涉及的相关行动主体复杂多样，有村民、村民组长、村干部、妇女、村庄能人、乡镇干部以及来自省农科院的项目课题组等。集体行动的动态过程充满着戏剧性和连续性，有的村组是“从集体走向个体”，有的是“由个体走向集体”，有的是“个体到集体再到个体”。

结合研究主题——微观层面上农业水资源管理的集体行动之路径和可能性，进行案例研究的作用主要体现在三个层面：一是这些案例本身所代表的“经验的复杂性和多样性”，二是所采用的案例研究“在理论上的有效性”，三是本研究的理论创新“在实践中的实用性”。在研究伊始所做出的有关集体行动的路径和可能性的归纳，随着我对案例的接触和认识的加深而需要做出修改。有时候是案例选择了我，有时候是我去挑选案例。当我们去选择的时候，最好是挑选那些能够加深我们理解的而非那些最典型的案例。事实上，高度非典型的案例有时能够提供有关集体行动的路径和可能性的最佳洞察。

在实地研究的基础上，我最后确定了两个研究个案，即论文微观研究的分析单位：一是“黄家寨水库”这一K乡最大的农业水资源管理系统；

二是“滚塘”这一K乡仅存的通过农民自我组织实现自建自管的自然村。（表1-3）“黄家寨水库”是案例选择了我，因为有正在进行的（研究伊始未曾预期的）集体行动；“滚塘”是我选择了案例，因为考虑到案例的代表性（作为全乡仅存的以自建自管的自然村为基础的农业水资源管理系统）。研究侧重对每个案例的复杂性和特殊性进行深入分析，以期获得对基层集体行动的路径和可能性更为深入的洞察，包括在乡镇及自然村层面上。

表1-3 微观情境的研究个案

研究单位	灌溉水源	治理方式	灌溉范围	集体行动动态
黄家寨水库	小一型水库	乡镇主导型	跨行政村	2009年争取到40万元政府拨款，进行坝体加固工程维修。2010年秋竣工。2011年春由县水利局承包给一名K乡政府工作人员的家属负责具体管理
滚塘自然村	小山塘	村民自管型	自然村	2009年利用县水利局的冬修资金，采用招标形式，由私人企业承包主沟渠的维修。春灌在即，村组长带领部分村民参与沟渠维修工程中，提前一周完工，保障了2009年插小秧用水

基于两个个案，研究着重关注：分别以一个农业水资源管理系统和一个自然村为研究单位，深入到乡镇、村、组三级社区的行动系统中进行研究。就第一个研究案例，我重点采用奥斯特罗姆的集体行动理论框架，分析系统内部已结束、进行中或将要开展的农业水资源管理实践，包括工程的建设、维修、管理，体制的建设与变迁以及灌溉管理三个子系统，透过多行动主体在该系统中的实践，理解系统内部的结构特征，并深入分析在系统内部不同子系统中（工程系统、体制系统、灌溉系统），集体行动的达成程度和路径。就第二个研究案例，重点采用赋权学派的社会历史主义路径，分析一个社区内部达成集体行动的路径和可能性，识别村庄的结构特征和影响自然村层面集体行动的关键变量。

本研究是人文主义方法论，采用的研究方法包括案例研究和行动研究的尝试。案例研究：我主要使用参与式观察和深度访谈等研究工具，对乡镇及村级政策及项目资料等二手数据、他人原始资料及数据、调查日记2R&2W（见下文第二次进入社区）、调查的录音及文字记录等进行定性分析（在三次的长期社区调研中，也配合进行了问卷调查，但问卷调查仅作为案例研究的数据收集方式之一，不具备做定量分析的样本量）。在采用案例研究方法的过程中，有三点是我一直强调和实践的：一要强调整体性，无论是黄家寨水库的案例还是滚塘自然村的案例，都不能仅局限在“灌溉管理”上；二要强调背景，即个案所在的时空背景下的社会历史经济背景，甚至更大范围内的地理、政治、社会经济等条件，并且要动态地进行背景分析；三要强调案例的动态性、复杂性，这也是为什么我从2007年开始每年不间断地到K乡调研；四要利用多种方法渠道获取数据，反复核查，并邀请当地相关行动者审阅我的研究并提出建议（见下文第四次回访社区）。行动研究的尝试：我也尝试参与社区灌溉管理的实践，包括工程的建设、使用及管理等环节，对个人感受的记录、社区及个人对过程的监测评估的记录及反馈，进行定性分析。我还参与了黄家寨水库和滚塘小山塘的维修工程，在这项尝试中，我的研究本身就有了工具性的价值。

1.4 实地研究的推进

我在贵州省K乡的实地研究，前后共计四次，实地研究的时间约为6个月。长期深入的实地研究是个渐进的过程，是一个用行动撰写论文的过程。论文的研究问题、研究路径和研究方法都不是一蹴而就的，资料的获取也是百折千回，资料的分析也是融于实地研究阶段的。现将四次实地研究总结如下，见表1-4。

表1-4 实地研究一览表

实地研究	主要收获	资料收集方式	资料整理方式
第一次	与当地各相关行动主体建立信任和良好关系。 了解全乡的基本信息和部分村组的灌溉情况。 反思并进一步提炼论文的研究问题	走访关键人； 问卷+访谈提纲	问卷、照片 访谈记录、录音记录

续表

实地研究	主要收获	资料收集方式	资料整理方式
第二次	充分融入当地社区和乡政府工作场域。 走访并掌握全乡各村组的灌溉实践。 反思并进一步确定论文的研究案例	直接或参与式观察； 半结构、无结构访谈； 关键小组访谈； 二手资料	每日写作调研笔记 “Walk&Write” “Read&Reflect”
第三次	黄家寨水库个案研究 滚塘自然村个案研究	口述历史、水利志、工作文件或工作笔记等； 直接或参与式观察； 关键知情人、入户访谈； 社区踏查、参与社区公共节庆和活动、参与农事劳动、参与灌溉工程的维修过程	案例研究笔记，辅助访谈清单、制表、绘图等
第四次	回访社区和县乡政府主要负责人	分享论文主要发现和结论，听取反馈并采取干预行动	提议并动员多方参与黄家寨水库共管

1. 第一次进入社区

硕士论文开题过后的暑假（2007 年），带着 CBNRM 实地奖学金的支持和设计好的厚厚一摞五种问卷，我就上路了。根据导师及当地协调人周丕东老师（贵州财经学院）的建议，拟选定两个调查个案——黄家寨水库（由政府出面组织修建）和（滚塘水库完全由村民自发组织修建管理）。

前期随课程实习到过 K 乡，当地政府、协调人及当地村干部大多认识我。我当时雄心勃勃要进行实地行动研究，计划在完成硕士论文的同时，协助当地政府及老百姓促成真正的自治型用水管理。我当时带着这样两个研究目的：①研究如何提高农民参与水利建设及管理的积极性，给地方机构提出针对性建议；②针对设备管护、用水者自我管理等内容竭尽所能地与当地机构展开合作，对地方群众进行能力建设培训，以提高农民自我管理设备及运转资金等的能力，进而促成农民真正地参与用水管理。

到了当地以后，我有幸与毛绵魁师兄、鲁静芳师姐①一起进行实地调研，不但可以分享所有调查数据及相关的资料，其间的交流对我的研究也很有帮助。一个月的时间，我们走访了贵州省农科院、长顺县农业局、长

①他们两人也均受 IDRC 实地研究奖学金资助，暑假在 K 乡开展博士论文研究。

顺县水利局以及K乡乡政府班子成员及其他相关工作人员，并同他们中的许多人建立了很好的伙伴关系。同时，我们还访谈了K乡行政村村干部牛安云、滚塘两个村民小组的组长及关键人物。访谈的内容涉及研究的几个主要方面，获取了许多重要的一手资料和二手资料。这些资料主要有调研地的基本情况，包括自然地理、社会经济基本情况及农田水利设施的基本情况；农田水利工程的建设情况，包括牛安云村（饮水项目、水泥沟工程）、滚塘村（修分水沟、修水井），从需求表达/决策—筹资过程—修建使用—设施管护，村干部的角色及1995年起IDRC资助的CBNRM项目干预也在关注之列。另外，还专门就参与式项目方面访谈了相关乡村干部（与毛绵魁师兄的研究主题相关）。

第一次进入社区的调研，总的来说算顺利。但短短20多天的时间，主要是与乡政府及村民建立起了友好关系便于今后调研的开展。此外，我主要利用关键人物访谈和小组访谈对当地农田水利建设的历史过程及管理中的问题有了一定了解，千里迢迢坐火车带过来的一摞问卷和提纲只用到了部分或者问卷的部分内容，大部分还静静地躺在抽屉里。问卷设计了五套，有村庄调查问卷、用水协会小组访谈提纲、村民代表问卷、农户小组访谈提纲、农户调查问卷。问卷帮助我收集到了涉及村庄基本情况、村委、村灌溉、种植和用水等多方面的基本信息，分别涉及村庄领导、村庄代表、村民小组、农户个体等不同层面。但涉及村庄层面的集体行动，无论是水利还是其他方面，都无法转化成问卷或者问题进行资料收集。

况且当时我对集体行动的理解，还局限在传统定义的框架下。而且无论黄家寨水库还是滚塘山塘都是20世纪70年代大集体修水利时候的产物，要了解其建设的过程只能靠老人的回忆，乡政府及县水利局都没有这段历史的文字资料，县志也只是静态地描述了工程的数量及规模等。因此，这次调研回来整理资料，一方面，描述了我重点关注的农田灌溉管理的基本情况和设施供给领域的集体行动过程；另一方面，村民自治领域收获了几个典型案例，做了一点思考。当时的主要观点是，取消农业税后，县乡政府由“收益最大化”到“风险最小化”的逻辑转变，使得村民自治逐渐摆脱了乡镇操控，而主要成为村庄内部各种力量平衡的结果，主要体现在村民自治效果、村民间的关系、村民与村干部及村庄精英的互动等方面。

2. 第二次深入社区

2008年暑假，带着一年的理论知识积累和对该领域的持续关注，带着中国灌区管理体制改革在湖北、新疆及湖南等地试点的项目调查经验，带着对论文研究的反思和重新设计，带着对 K 乡这片土地的热爱，我又回到了我的第二故乡。迎接我的先后是贵州农科院的志愿者和老师、滚塘组的小朋友、乡党委书记、退休的武装部部长、乡长及其他乡村干部，还有当地的老百姓。

第二次深入社区最重要的是作为研究者的我如何充分融入当地，无论是乡政府的办公场域还是所选村庄的社会生活场域。只有这样，我才能更好地进行参与式观察、结构或半结构访谈、关键小组访谈以及二手资料收集等，既没有，也不可能像初次进入社区那样按日程表和访谈提纲走。因正值暑假，每天上午八点至十点，小朋友们都会准时来我的住处，我们用村委会的计生宣传黑板一起学习英语、宋词和儿歌。这一无意间组织起来的活动，为我日后到各户进行访谈或观察提供了意想不到的便利，还有那份因对其子女的关心而与家长建立起来的信任。一天剩下来的时间真的要碰机会，特别是想要了解乡村关系以及乡政府在村庄集体行动中的角色。比如，7 月 29 日，同乡长下组去了解野山椒的种植情况和四家新驻工厂的生产情况；30 日，同书记下组去了解（凝冻）灾后重建工作和党员示范生产基地的情况；31 日，同洞口村村干部去一家刚得到民政低保的残疾人家里吃酒；8 月 1 日，赶场天我就在村两委的办公室里坐着，看一个妇女给孩子来改出生日期，还有一老一少来调节土地纠纷；8 月 2 日，因为林权改革，同乡长和乡林业站的同志一起下组了解有争议的山头；8 月 4 日，参加乡里每周一的例会；8 月 5 日，省农科院的孙老师和乡村善治中心的毛老师为绿色无公害蔬菜项目来同老百姓签合同，也就这样有幸结识了这位乡村发展行动研究的“先驱”；8 月 6 日，跟孙老师回农科院听吉首大学生态人类学家杨庭硕教授和罗康隆教授的讲座，有幸结识了两位我很敬重的教授，并同所里其他老师交流了博士论文研究的体会……

每一天的经历都是如此特别，对比第一次到社区的情况，同样是一天带来的思考和触动，却有了很大的变化。在每个星光灿灿的夜晚，一个人静静地敲下这一天的经历。用了两个“口袋”来装：一个叫 walk-write，无论事件、人的表现，还是人们的互动，都尽量原汁原味像用 DV 拍摄一样把白天的经过逐一记录。一个月下来，统计的字数已近十万；另一个叫 read-reflect，为了能够更全面地观察、更动态地比较、更深入地分析、更真实地解释我所看到的和听到的，我还要看其他人的研究并反思自己的研究。无论是通过直接观察、参与式观察，还是访谈所收集到的信息，我都将其整理成“2Ws&2Rs”，也就是一次多渠道信息交叉验证的过程，也是将收集到的数据和二手文献与案例研究的问题进行对应的过程，这些数据相当于一个案例研究的数据库。这种方式还会有效提升该案例研究的可信度。

3. 第三次深入社区

2009 年 3 月，带着论文开题后各位老师的建议，带着我对研究的主要概念（农业水资源管理系统、集体行动）的深入理解与重新界定，在插小秧之前，我又回到了 K 乡，进行灌溉季节的实地研究。第三次深入社区，最终确定了论文研究的两个案例，从而潜心进行个案研究。关于集体行动的“西方”理论，贺雪峰老师早已摒弃并做出了中国乡土版本，提出了农民集体行动的逻辑一说。半熟人社会的提法也已被业内人士所接受。我亦不否认贺老师关于农民集体行动所做的单位划分。但倘若继续追问下去，此类静态划分完了之后呢？奥斯特罗姆最新提出的“社会—生态系统（SESs）”预测模型，已为农业水资源管理界面上的集体行动研究提供了理想的分析框架。资源系统、治理系统、资源单位、使用者，构成了分析模型的四大要素（维度）。研究问题确认之后的要务是研究的切入点。我认同奥斯特罗姆的看法，对于集体行动的研究没有最理想的切入点，因为它取决于研究者、资源使用者或政策制定者的兴趣。对于特别的研究问题，要选择合适的关注系统以及与特定问题相关的互动层次。

集体行动研究的切入点可分为两类：一类是关注一个特定系统（全部），如某个国家在特定历史时期的所有社会、经济、政治背景的综合；另一类是只关注一个特定的资源系统，如边远山区的森林资源系统。在前两次的实地研究基础上，我将本研究的切入点最终锁定在了一个资源系统——黄家寨水库这一当地最大的灌溉系统和另外一个特定系统——滚塘自然村，识别了各个系统中的四大要素，界定了影响该系统中灌溉管理有效及可持续与否的关键变量，最后总结出了最有利于系统可持续发展的变量组合。这一套奥斯特罗姆的“静态”分析路径，的确有益于我去规范、界定自己的实地研究，特别是黄家寨水库的案例研究。但对于另外一个以自然村为单位的特定系统，我在解释实地研究的发现时却逐渐显露出它的不足。与此同时，吉登斯的“结构二重性”理论中对于“互动—建构”的

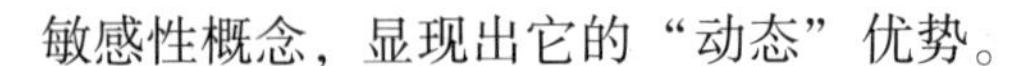

敏感性概念，显现出它的“动态”优势。

黄家寨水库案例

黄家寨水库是K乡当地最大的灌溉系统。它建于20世纪70年代“农业学大寨”时期，属于人民公社体制下的农田水利建设工程。日后由于缺乏管护，与水库配套的沟渠损毁严重，有效灌溉的村民小组由原来的12个减少到不足6个。第三次实地研究时正值插小秧用水，却又逢黄家寨水库维修，使我得以有机会直接或参与式观察，并先后走访了了解工程修建历史的老人们、县水利局有关负责人、乡主管水利负责人、K乡三个行政村村干部和村委会代表、承包看管水库提灌站的王大爷、水库承包养鱼户、负责维修工程的州水利局工程队负责人、6个现用黄家寨水库灌溉的村民小组的小组长和普通用水农户（凯佐一、二、三组，麦瓦组，大补羊组，基昌组）。资料收集的方式包括老人们口述历史、县水利局水利志、乡政府文件、关键知情人访谈、村民组的小组访谈、村民代表问卷、入户访谈、参与式观察（工程维修期间）、直接观察（灌溉管理）。这些资料收集方式为黄家寨水库案例研究提供了充分多样化的资料和数据来源。与第二次深入社区时的“2Ws&2Rs”记录方式不同，我每天直接以“案例研究资料库”的形式整理多渠道收集到的资料和数据，其中以撰写案例研究笔记为主要形式，并辅助制表、访谈清单、访谈记录等形式。为了使所获资料和数据尽可能翔实，我还采取了滚动式验证的方法，即在访谈或观察中与受访人有针对性地分享之前所获信息和观点。

滚塘案例

滚塘是全乡唯一仅存的通过农民自我组织实现可持续自建自管灌溉用水的自然村。早在20世纪70年代，全乡各生产小队（现在的自然村）都修建了小山塘，后来或是因为山塘太小被填埋或者提灌站、沟渠管护不当，仅存下来的6个小山塘唯有滚塘村的还在全组灌溉中发挥作用。滚塘村为研究自然村一级的农民集体行动提供了基础。在2008年第二次深入社区后，我就确定在该村进行案例研究。第三次实地研究期间，正值村里主沟渠维修工程及其后的插小秧用水，我得以有机会进行参与式观察、社区踏查及走访各户。资料收集的方式包括踏查和绘制社区与资源图、各种类型的访谈（关键人物访谈、小组访谈、入户访谈、施工现场访谈、到工程队员所在村访谈、地头访谈、放牛访谈、上山砍柴访谈等）、参与社区公共节庆和活动（春节、七月半、清明挂山、婚庆丧葬、乔迁新房等）、参与有些农户的农事活动（春耕准备、犁田、插小秧等）等。随着研究的深入，我发现农户个体层面的自变量与村庄集体行动的相关性很弱。我及时调整了研究的重点，转向分析村庄的结构特征并识别出影响自然村层面集体行动的关键变量。每天晚上，我采用“案例研究资料库”的形式整理多渠道收集到的资料和数据，主要分两步：第一步是根据记忆或录音整理访谈记录，第二步是撰写案例研究笔记，并辅助绘图、制表和访谈清单等。

4. 第四次回访社区

前后历时一年时间的准备和写作，在2011年春节过后，我又回到了K乡，带着论文初稿进行了回访。回访一是重叙旧情，向这里的亲人们表示感谢；二来带着研究的主要发现和观点与当地关键人物进行分享和交流，以获得他们的反馈和意见。在此期间，我回访了K乡原乡长（现任K乡党委书记）、原党委书记（现任县水利局局长）、部分村委会代表和用水村民、黄家寨水库新任承包人（乡人大主席的丈夫）、提灌站承包人王大爷以及滚塘村的村组长和部分村民（因春节刚过，很多返乡过年的年轻人也都还在村里）。历时近两年的黄家寨水库坝体维修工程于年前终于竣工。根据国家和贵州省关于《水利工程管理体制改革实施意见》，黄家寨水库工程应由县水利局直接管理。水利局直接与承包人签订承包合同，一直负责具体管理的乡政府一时找不准“位置”。各方就灌溉管理的各事项还没有头绪。在分别同水利局局长、乡党委书记、提灌站承包人、黄家寨水库承包人、部分村民代表交谈并提出我的建议后，我们达成如下共识：①结合K乡的社会经济条件和灌溉实践，按照市场机制运营管理的供水公司和农民用水户协会不适合；②黄家寨水库虽然名义上权属归县水利局，但是乡政府在黄家寨水库灌溉管理中仍将发挥作用；③承包人同意在乡政府的领导下进行水库养殖和管理；④为提高水资源的合理配置和工程的可持续维护，县乡两级政府同意协助成立一个由各用水村组代表、提灌站承包人、水库承包人组成的黄家寨水库灌溉管理委员会；⑤管委会组织一年两次或多次的议事会议，讨论拟定或修改各项规则（灌溉管理规则、工程管理规则、奖惩规则、财务管理规则、水费征收规则）、用水计划、工程维修及处理水事纠纷等。

5. 与教授们的交流

自本研究伊始，我有幸结识了David Mosse，Norman Uphoff，Douglas Vermillion几位在水资源管理研究领域颇有建树的学者。诸位大家恰巧分别有着人类学、社会学、经济学的背景，他们对印度、斯里兰卡及亚洲其他国家和地区的灌溉管理所做的深入研究，使我也在方法论上受益颇多。2008年论文开题之前，通过DFID项目机会结识Douglas Vermillion。针对我的开题设计，他提出了针对性建议：将对集体行动的关注从灌溉管理环节扩展到灌溉发展的前期诸环节，对研究设计中所列的“单一水源或复杂水源”“村庄领导的不同类型”“家庭生计和劳动力结构”等变量表示了肯定，向我推荐了Robert Wade，奥尔森和奥斯特罗姆的著作，并建议我对集体行动成功与集体行动缺乏的村庄进行横向比较。Douglas也建议我选择十组指标衡量灌溉投资和管理的需求与回应。我还要感谢学院组织的学术讲座，讲座有幸请到David Mosse和Norman Uphoff两位在灌溉领域进行过深入实地研究的学者。针对我的研究，Mosse① 认为，从人民公社时期到当前税费改革后的这段历史为研究集体行动的条件提供了有用的分析框架，甚至可以以此与印度及其他地方的研究进行对比，肯定了我在研究框架中将村庄层面与国家政策干预层面进行连接的尝试。Norman Uphoff ②对我的三个研究问题十分肯定，对研究中的自变量、因变量、中间变量也表示肯定，但是提醒我这些变量不是一成不变的，只是用来分析一些心理建构（mental construction），并非存在于现实世界中的。他对中国的灌溉问题也有所了解，他的问题是“集体行动能否对解决这些灌溉问题有突出贡献”，这也涉及研究意义的问题，进而是“我所研究的那些案例能告诉我什么”。

1.5 研究的创新与不足

从研究视角、研究内容两个方面，我总结了本研究的创新之处：

（1）从研究视角来看，基于吉登斯的结构化理论和行动者导向的研究方法，本研究重新对农业水资源管理系统和新型集体行动做出概念界定。“新型集体行动”是研究的主要概念，同时也为研究提供了一个新的视

---

①在第二章理论综述中，我会详细介绍以Mosse为代表的对公地资源或自然资源进行研究的赋权学派的研究。

②美国学者，在以奥斯特罗姆为代表的集体行动学派的研究框架下（详见第二章理论综述），探索了以行动者为导向的研究路径。他在斯里兰卡所从事的长期实地研究，也在稍后兴起的CBNRM学派中产生了很深的影响。

角。从新型集体行动的视角，对我国农业水资源管理进行制度、组织、微观三个层面的研究，可视为论文研究的一个创新。我国近 30 年来的灌溉管理改革，时至今日可谓喜忧参半的改革成效与影响，说明了没有一副解决全国灌溉难题的“万能药”。本研究的第一和第二个研究问题，旨在识别出变革过程中的主要行动主体，并分析他们在时间和空间维度上社会互动的过程和特性，继而可为“对症下药”的微观情境分析提供研究背景，同时也为“结构—行动者”的动态互动做出些微理论上的贡献。第三个研究问题落脚到微观情境，去研究乡镇和自然村层面上多行动主体通过系列互动达成合作或冲突的过程和可能性。这样一方面可能会对推动灌溉管理体制变革做出些许或政策或实践层面的贡献，同时也是以“灌溉管理”为切入点对“社区（自然村）层面的集体行动研究”做出些微理论上的贡献。

（2）从研究内容来看，微观层面选择了一个“灌溉系统”和一个“自然村”作为分析单位进行案例研究。这两个案例的选择代表了集体行动研究的两类切入点，也不失为研究的一个创新：一类是关注一个特定系统（全部），如某个国家或者地方在特定历史时期的所有社会、经济、政治背景的综合。另一类是只关注一个特定的资源系统，如边远山区的灌溉资源系统。案例选择结合了经验、理论和应用三方面的考虑：一是这些案例本身所代表的经验的复杂性和多样性，包括基层（尤其是乡镇和自然村层面上的）灌溉及灌溉管理实践的复杂性和多样性，并进一步展示了社区层面上为解决灌溉难题所要达成的集体行动的路径和可能性之复杂性和多样性。二是所采用的案例研究在理论上的有效性，特别是在当前中国社会结构转型期。“灌溉系统”案例，分析了多行动主体在系统内部不同子系统中（工程系统、体制系统、灌溉系统）通过系列互动达成合作的程度和路径；“自然村”案例，分析了一个自然村内部达成集体行动的村庄基础、结构特征以及识别出了影响自然村层面集体行动的关键变量。三是论文研究的理论创新在实践中的实用性。“蓝图范本”和“万能药”的时代已经过去了，我的行动研究正是尝试让理论反过来再参与到实践的建构中，去探讨微观情境下、乡村不同层面上灌溉管理的集体行动之道。

从研究问题、研究方法两个方面，我总结了两点本研究的不足之处：

（1）研究问题：宏观、中观、微观三个层面上的三个研究问题中均没有展开对水权问题的探讨①。在本研究中，将农业水资源管理系统视为一个行动领域，是在集体行动视角下对灌溉用水管理和灌溉工程的建用管等环节进行的研究。水权问题，不单单是外部制度或政策干预的结果，权力的获取与使用更是通过多行动主体之间在特定的当地时空背景下的互动过程来体现的。

（2）研究方法：对于三个研究问题所采用的文献研究、调查研究和案例研究，缺乏对研究数据的定量分析。对于我国灌溉管理改革的历史变迁过程的探讨，只侧重对这一社会历史进程中不同阶段的划分和对变革特点的归纳；对农民用水户协会的组建及运行的研究，主要是识别组建过程及运行过程中的关键行动主体的角色扮演、权力关系和使用，对其他方面的研究不足；微观层面的研究所选的两个案例，分别代表了集体行动研究的不同切入点，缺乏微观层面上对集体行动的多案例比较研究。

1.6 论文结构

第一章主要介绍了研究缘起、综述研究领域和研究背景，提出了研究问题、方法及路径，并反思研究不足之处。

第二章主要综述了公地资源和自然资源研究领域的三大理论学派：集体行动学派、赋权学派和以社区为基础的自然资源管理学派。研究受到三个学派的理论影响，面对来自实地的困惑，参考吉登斯的宏观理论（结构二重性理论），提炼出了自己的研究分析框架。

第三章是针对第一个研究问题，归纳了我国灌溉管理的体制变革过程和特征，侧重对这一社会历史进程的分析，识别并归纳了变革的不同阶段、目标、组织模式、变革主体和效果以及变革的特征。

第四章是针对第二个研究问题，即农民用水户协会这类当前灌溉管理改革大力推行的组织模式，识别并分析了农民用水户协会在组建和运行管理的实践中，影响协会组建及可持续运行的关键因素，特别分析了协会内部各主要行动主体之间的权力关系和各自的权力使用。

第五、六、七章是针对第三个研究问题，即为探索适合当地背景的有

①李鹤2007年的博士论文专门从权利视角对农村社区参与水资源管理进行了研究。

效的灌溉管理，乡镇及村庄层面上的集体行动能否达成？如何达成？这几章的内容基于我在K乡开展的为期六个月的深入实地研究。

第五章描述了K乡的社会经济情况、农作制度与水利系统以及复杂多样的以村民组为基础的农业用水管理，进而论述了以社区为基础的集体行动路径及可能性这一微观层面研究的案例选择和研究意义。

第六章针对第一个研究案例——以K乡最大的灌溉水源“黄家寨水库”这一农业水资源管理系统为研究单位，采用历史主义路径动态描述并分析了从水库工程修建、水库管理体制变迁，到水库近期的维修工程这一灌溉工程和管理体制变迁的过程，分析了黄家寨水库的工程系统和体制系统中集体行动始终没有达成的原因。第二部分内容对当前黄家寨水库的灌溉管理进行了深描，对纷繁复杂的农民自组织灌溉管理模式进行了归纳。分析了黄家寨水库灌溉系统中，以非正式组织的形式达成小规模集体行动的多元路径及机制。最后分别从资源系统、资源单位、治理系统、使用者四个方面，对黄家寨水库这一集工程、体制、灌溉于一体的农业水资源系统进行了要素分析，并提出了有关政策和研究的建议。

第七章针对第二个研究案例——以K乡“滚塘自然村”这一实现了村民自组织工程和灌溉管理的村落系统为研究单位，旨在探索以自然村（社区）为基础的集体行动达成的可能性及路径。在以村落为研究单位的案例研究中，我不仅关注了社区的外部环境变量，包括乡镇治理、社会经济转型、劳动力外出等因素，更强调了社区的内部环境变量，包括村庄家族与姓氏、村落布局、田土利用与农业生产、贫富差距、村民自治、留守妇女与村庄公共事务、变迁中的传统仪式与村庄凝聚力等因素。在内外部各要素共同作用下，我以村庄农田灌溉为系统界面，分析了该村50年来的农田灌溉自主治理何以能够达成及如何达成。最后总结了以自然村为基础的农民集体行动的路径和可能性。

第八章为本研究的结论与建议。

第二章　理论综述和分析框架

2.1　研究领域与趋势

“（农业）水资源管理”这一研究领域历来备受国际上各界学者的青睐。Chambers Robert 曾在 1988 年对这些门类繁多的研究做了细致归类（表2-1）。他认为，这些所谓的专业视角最终导向对问题细碎的、片面的（fragmented and partial）解决方案和规划路径，因为每个专家和学科都有他们各自具体的研究关注点，对水资源管理问题会提出各自不同的见解。(表 2-1)

表 2-1　标准的专家方法

专家	标准问题	标准解决方案
行政管理者	缺乏协作	由行政管理者协调
农业工程专家	计量水平差	提高硬件条件
农业推广专家	农民对水资源管理实践的忽视	同农民沟通并提供培训
农学家	水资源供给过剩、不足或不及时	严格按照作物生长所需进行供水
经济学家	用水浪费、潜在用水效率	水价改革、节水措施
灌溉工程师	缺乏灌溉工程及维护、水渍	加强灌溉工程建设、投资工程维护、改善排水设施
社会学家	水源分配不均、用水冲突	管水组织以调解用水冲突

来源：Chambers，1988：84，table 4. 5。①

早在 20 世纪 70 年代以前，这些研究呈泾渭分明的两支：一支是在自然

①Chambers，Robert（1988）Managing canal irrigation：Practical analysis from South Asia. New Delhi. Oxford and IBH Publishing，Peter P. Mollinga.（2008）For a political sociology of water resources management. ZEF Working Paper Series，ISSN 1864-6638. Bonn，German.

学科、工科领域，如水利工程、水文等方面的研究。始于殖民时期的现代水利工程建设一直持续到去殖民化以后，其旨在治理河流、增加灌溉水的供给、保护土地和抵御洪涝以及通过大型基础设施来发展水力发电等。另一支是社会科学，集中在人类学和政治学对这一领域的研究。其间备受关注和争议的是魏特夫（Wittfogel）于1957年所写的一篇关于“水力社会”（hydraulic society）和“东方专制独裁”（oriental despotism）的论文。他的研究将灌溉同国家形态关联起来，指出对水的控制是社会控制的关键。尽管他的研究被有的学者指责为这样的关联过于简单化，但这毕竟为人类学介入这一研究领域做出了贡献（Mollinga）。

20世纪50至70年代，世界范围内出现了资本密集型的大型水利工程建设高潮。急速、大规模的水利工程发展带来了庞大的、强有力的官僚体系，重点在土木工程方面。这一时期的灌溉发展就等同于工程建设（Vermillion Douglas L.）。20世纪70年代以后，两种研究出现了联合的需要。在一些发展中国家兴建的大型水坝和国家运营的大型水利工程开始备受指责（Vermillion Douglas L.，Ruth Meinzen-Dick，Mollinga），包括灌溉系统的低效、灌溉用水分配不均、巨额的工程成本、工程腐败、水价政策导致的国家税收赤字等一系列问题，工程对生态的负面影响也开始引起关注。“管理”这一概念于是被作为核心理念引入这一领域。标志性事件是1984年在斯里兰卡成立的国际灌溉管理机构（International Irrigation Management Institute[①]）。面对新出现的“管理”问题、对绿色革命的指责并伴随着“参与（participation）”开始成为发展项目的核心理念，国际上大量涌现出对“水资源管理”这一新兴领域的关注。自80年代起，中国台湾、韩国、菲律宾、印度尼西亚、印度等国家或地区纷纷开始变革灌溉管理，代表性的措施之一是将灌水机构人员工资与用水户交纳的水费挂钩以提高服务的质量（Small LE，Carruthers I[②]）。美国康奈尔大学（Cornell University）的研究团队率先加入，以“政府—大学合作”的形式，在斯里兰卡开展了以“农民组织参与灌溉管理”为主题的参与式农村发展项目实践和研究。Norman Up-

---

①其后更名为国际水管理机构（International Water Management Institute）。

②Small LE，Carruthers I（1991）Farmer-Financed Irrigation（Cambridge Univ Press，Cambridge，UK）. 摘自 Ruth Meinzen-Dick，2007，Beyond Panaceas in Water Institutions，PNAS 2007（104）：15200-15205.

hoff 教授的“Learning from Gal Oya”（从盖尔·欧亚所学到的）即为这一时期的重要研究成果之一。顺应全球研究的大趋势，紧随其后的荷兰瓦格宁根大学（Wageningen University），自 80 年代起开始开展以水资源管理为核心领域的多学科研究项目。如此一来，社会科学开始在工科占主导的水资源研究领域逐步主流化。20 世纪七八十年代可谓改善灌溉的年代，日渐增多的重建工程、引入新的技术和管理、开展培训、引入灌溉服务费和农民参与等理念，并付诸实践，尽管工程恶化、财力不支、管理不善等问题仍在持续。

而同时期的中国社会正处在人民公社时期，政社合一、权力高度集中，国家利用“政府号召、行政调控、奖罚推动、统一会战”等形式，在全国范围内基本建成了比较完整的农田水利系统。“大一统”的人民公社体制为水利设施的维护提供了坚实的制度基础，“农业税”“劳动积累工”又为水利系统的管护提供了资金和劳力的保障。从国家到地方各级政府，一个强有力的以行政边界为单位的灌溉管理体系逐步成型（世界银行、李凌、罗兴佐、王晓莉）。

20 世纪 80 年代后，因为第二次世界大战后凯恩斯福利增长理论失败的缘故，强调市场作用的社会理论开始复苏。新自由主义理论借由世界银行和国际货币基金组织等捐资机构的项目活动，进一步影响了灌溉管理的理论与实践。到了 90 年代，国际水资源管理领域出现了市场化改革的趋势，如“水权交易①”的提出，有关水资源“权属私有化”的讨论也出现在世贸组织（WTO）的谈判框架下②。然而“水权交易”的成本—效益比较却是因地而异，关键的影响因素包括比较完善的灌溉基础设施、有效的政府组织、有效的用水者组织，并且与水资源的相对稀缺性、当地的气候条件、农业集约化程度以及用途的多样性息息相关。美国、智利、澳大利亚以及南亚的部分地区都涌现出活跃的水交易市场（Ruth Meinzen-Dick）。同时，国际上大型水利工程投资逐步缩减，大型水坝对社会、生态的负面影响成为当时争论的热点。继而，“水资源综合管理”（Integrated Water Resources Management,

①Bauer, Carl (2004) Results of Chilean Water Markets: Empirical research since 1990. Water Resources Research 40.

②Conca, Ken (2006) Governing Water: Contentious Transnational Politics and Global Institutions Building. Cambridge, MA: MIT Press.

IWRM)、“参与式灌溉管理”（participatory irrigation management，PIM)、“经济自立灌排区”（Selffinacial lrrigation istrict，SIDD）等一系列理念随之出炉。自80年代末以来，这一时期可谓是世界范围内的灌溉改革期，总体趋势是将灌溉管理的全部或部分责任，放权到市场化的灌溉管理机构，或转权到用水者协会。

处在由计划经济逐步向社会主义市场经济转型的背景下，这一时期的中国灌溉管理也顺应了市场化改革的国际大趋势。1985年颁布的《国家管理灌区经营管理体制的改革意见》明确提出，“灌区管理单位为事业性质，改革的重点是变行政管理为企业管理，全面推行经济责任制”。90年代初，在水利部组织各级地方政府探索变革路径之际，借助世行贷款项目，“农民用水户协会”这一新型灌溉管理组织被引入到了中国（王晓莉)。

21世纪初，随着全球化进程的日益深入和国际政治经济格局的调整，治理（governance）的问题开始日益引起国际社会的关注，如非政府组织在全球发展中的作用、跨国公司的作用等。另外，治理也越来越成为各国、特别是转型期国家改革所关注以及国际组织支持的重点领域[①]。同时，“全球水危机”（global water crisis）开始成为水资源领域的新的挑战[②]，“在当今以及可预见的未来，灌溉农业所面临的核心挑战是，如何用更少的水生产出更多的粮食”。根据联合国中期预测变量，预计2012年人口将达到70亿，2025年达到80亿，2045年达到90亿。今后的30年需要约有80%的粮食供给增长以满足新增人口的需要。而粮食供给增长必将依赖于灌溉土地。这无疑对高效用水施加了更大的压力。箭头于是指向了全球水危机是一场治理的危机，而非资源不足的危机。

---

①世界银行、经济合作与发展组织（OECD)、联合国开发计划署（UNDP)、联合国教科文组织（UNECSO）等一些重要的国际组织也纷纷发表正式报告，专门阐述治理、善治和全球治理问题。世界银行1992年年度报告的标题就是“治理与发展”（Governance and Development)，经济合作与发展组织（OECD）在1996年发布了一份名为“促进参与式发展和善治”的项目评估（Evaluation of Programmes Promoting Participatory Development and Good Governance)；联合国开发署（UNDP）1996年的一份年度报告的题目是“人类可持续发展的治理、管理的发展和治理的分工”（Governance for Sustainable Human Development，Management Development and Governance Division)；联合国教科文组织（UNESCO）在1997年也提出了一份名为“治理与联合国教科文组织”（Governance and UNESCO）的文件；《国际社会科学杂志》1998年第3期出了一个名为“治理”（Governance）的专号。

②标志性事件有三：2000年，海牙召开的第二届世界水资源论坛（World Water Forum)；2001年，波恩召开的淡水大会（Fresh Water Conference)；2002年，约翰内斯堡举办的世界可持续发展峰会（The 2002 World Summit on Sustainable Development：The Johannesburg Conference)。

从20世纪70年代的（水资源）“管理”到21世纪的“治理”，回顾过去50年的改革，其理论和实践的核心趋势是，将水资源管理（资源、技术、设施、决策）的权利、义务、责任不同程度地由国家转移给了地方政府、村委会、地方水管机构、私人企业或农民用水组织，调动用水者参与制定决策、投资，进而提高管理的激励、问责、农业和经济生产力和成本回收的能力（Uphoff，Agrawal，Ribot，Huppert）。然而，在不同国家和地区的实践却证明，强有力的行政官僚体系、规范化的用水户协会以及可交易的水权，并不是一剂可以推而广之的“万能药”。例如，在菲律宾，经济自立的灌溉管理机构在运作25年后，其大型灌溉系统的表现出现滑坡，服务跟不上，农民不交费等（奥斯特罗姆）。而在中国，这些改革的新兴理念及新生机构，在政策及项目实践中的执行情况又是如何呢？

2.2 理论综述

“农业水资源管理”或“灌溉管理”当属公共资源治理或公共池塘资源治理的研究范畴，即关于“人们如何使用、管理或滥用自然资源系统”。1968年，英国科学家哈丁在美国著名的《科学》杂志上发表了《公地的悲剧》一文，其贡献不仅在于阐述了“追求利益最大化的个体行为如何导致公共利益受损”，更体现在它引导了对公地困境（commons dilemmas）研究的转向（公地悲剧）。在哈丁之前，“公地困境”要么被理解成马尔萨斯的“人口过度”“资源恶化”，要么是归咎于基于英国“圈地运动”和“工人阶级兴起”之上的由农业社会向资本主义的转型（Johnson）。哈丁的《公地的悲剧》可谓唤起了一支新的学派，它的研究关注点由“人口过度、贫困”转向“效率和环境保护”。这些研究所采纳的方法论包括案例研究、横断分析（cross sectional analysis）、对比实验、比较历史分析等。其所用的解释模型有理性选择、博弈理论、组织理论以及所谓“历史制度主义”。20世纪80年代后，学术界纷纷涌现出对公共产权、权属关系以及制度安排的关注，研究这些因素如何影响到人们对自然资源系统的使用、管理或者滥用（奥斯特罗姆）。研究主要的争议是，公共产权制度中的规则起到规范个体对自然资源获取的作用，以此消减了（哈丁）公地自由获取的困境。该争议导向了一大批对自然资源管理和环境变化的制度特性的研究。

总的来说，继哈丁之后对公共资源进行研究的学术流派，可大致分为三类：一是致力于解决哈丁的“公地悲剧”，主要受新制度主义的影响，通过鼓励集体行动以达到公地资源治理和自然资源保护的目的（Baland，Platteau，奥斯特罗姆，Wade）；另一支学派受到斯科特和汤普森的“道德经济（moral economy）”以及森的“赋权（entitlement）”思想等的影响，关注的是穷人及社会弱势群体的资源获取和可持续生计（Beck，Jodha，Mosse）；第三支学派源自20世纪90年代兴起的实践派的声音——“以社区为基础的自然资源管理”（Community-Based Natural Resource Management），采纳Norman Long的“行动者为导向”的（行动）研究路径，是基于前面二类理论学派的思想并将之付诸社区层面的自然资源管理实践。该学派的研究重心并非分析或建构理论、模型，而是特别关注本土知识在自然资源管理中的角色，提倡以当地资源使用者为视角（Tyler，S. R.）。本章将分别综述以上三支学派的理论（重点综述以奥斯特罗姆为代表的集体行动学派），并紧密围绕其理论的自变量、因变量、两者关系、解释模型和方法论等方面进行对比分析。最后结合奥斯特罗姆的微观理论和吉登斯的宏观理论提出自己的分析框架。

2.2.1　集体行动学派

一提到集体行动，首先想到集体行动困境的三大经典理论模型：哈丁的“公地悲剧”模型、囚徒困境模型和奥尔森的“集体行动的逻辑”。国内也有学者把西方对集体行动的研究成果划分为理性选择理论、意识形态理论和社会资本理论三种理论流派，并做出总结对比，见表2-2（冯巨章）。对于“走出集体困境”的途径，也有研究将其综述为四种方案（陈毅）：一是霍布斯方案，强调具有强制力的第三方发挥“看得见的手的作用”；二是市场化方案，基于“私恶即公益”的“看不见的手的作用”，其代表人物有较早的倡导者斯密，还有Robert Axelrod及奥尔森；三是社会资本方案，基于组织和社会结构的“看不见的握手的作用”，其代表人物有普特南；四是综合治理机制，基于参与博弈自由而发挥“在干中学的作用”，以奥斯特罗姆为代表。本节重点综述以奥斯特罗姆为代表的受新制度主义影响的集体行动学派的理论。

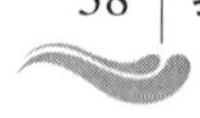

表 2-2 集体行动各理论流派的异同点

理论流派	理性选择理论	意识形态理论	社会资本理论
研究时间	20 世纪 60 年代至今	20 世纪 80 年代至今	20 世纪 90 年代至今
决策单位	个人或组织	个人为主	个人或组织
假设前提	狭义经济人	广义经济人	广义经济人
搭便车行为	普遍	一般	一般
集体行动难易	困难	适中	适中
克服搭便车、促进集体行动的主动手段	有选择性激励、公众身份等	意识形态、责任感、利他主义等	社会资本，如沟通、声誉、信任、互惠、关系、网络等
主要局限	静态分析	静态分析	静态分析

来源：冯巨章，2006。

关于“公地困境”，集体行动学派的一项重要前提是“关于资源和资源使用者的信息是花费成本的”，于是要发挥“规则”的作用，来降低由他人行为或资源系统的不可预测性所带来的不确定性。正如奥斯特罗姆所争论的，“如果每个人，或几乎每个人，都遵守规则，那么资源单位的分配将会更有效率、更可预测，冲突的层面也会降低，整个资源系统也会得以持续”。集体行动学派原则上关注个体激励和社会制度对社会效果（outcome）的共同影响。其理论的核心是个体决策和理性选择。该学派理论的重要自变量包括结构、集团属性、资源属性、生态压力等，因变量是个体对公地困境的理解和回应方式，即个体决策和理性选择。它是运用演绎模型对个体决策和理性选择进行分析，来解释不同时空维度上各类权属安排及变迁（时间维度的变迁研究，如奥斯特罗姆；空间维度的研究，如 Wade）。这些研究也普遍采用基于史实的方法，但对于历史资料的分析也使得集体行动学派备受争议。赋权学派就指责集体行动学派，对公共产权关系的理解带有去背景化和工具性之嫌（Campbell，Cleaver，Goldman，Mosse）。更有学者指责“历史”经该学派有目的地“筛选”并加以诠释，来建构预见未来的一般性理论（Johnson,）。也有学者呼吁要对生态进程、环境变化的复杂性、不确定性及动态性给予更深刻的理解（Scoones）。尽管指责之声不断，但不容忽视的是，集体行动学派的研究推动了公共产权领域的一系列研究趋势的主流化，包括乐观主义、方法论的个体化，还有对形式化模型的应用，特别是美国政治学界对公共资源领域的新制度主义研究路径。其代表人物有奥斯特罗姆、Wade 还有 Baland，Platteau①。

埃莉诺·奥斯特罗姆因她在公共事务的自主治理方面有杰出的学术贡献，于 2009 年获得了诺贝尔经济学奖。其学术贡献主要体现在她的著作《公共事务的治理之道》。她研究的中心问题是："一群相互依赖的委托人如何才能把自己组织起来，进行自主治理，从而能够在所有人都面对搭便车、规避责任或其他机会主义行为诱惑的情况下，取得持久的共同收益。必须同时解决的问题是如何对变量加以组合，以便：①增加自主组织的初始可能性；②增强人们不断进行自主组织的能力；③增强在没有某种外部协助的情况下通过自主组织解决公共池塘资源问题的能力。"将制度分析与经验研究相结合，她给出了政府与市场之外的自主治理方案，以解决公共池塘资源的集体行动问题：新制度的供给问题、可信承诺问题及相互监督问题。

在研究中，奥斯特罗姆引用了分布在世界各地的三类案例：第一类是成功的案例，其特色是资源系统以及使用者所设施并实施的一套规则，该规则已经持续存在了很长时间，涉及瑞士和日本的山地牧场及森林的公共池塘资源以及西班牙和菲律宾群岛的灌溉系统。起初，奥斯特罗姆将系统外部变量归纳成七种类型的规则，试图将这七种类型的规则作为自变量，将可持续的池塘资源管理系统作为因变量，研究哪些特定规则是与成功的资源管理系统相连的。但纷繁复杂的规则让她放弃了这一想法，最后改为，总结成功的池塘资源管理系统中那些共性的经验，共八条设计原则：①清晰界定边界；②占用和供应规则与当地条件保持一致；③集体选择的安排；④监督使用者和资源；⑤分级制裁；⑥冲突解决机制；⑦对组织权的最低限度的认可；⑧分权制企业。第二类案例主要涉及制度供给与制度变迁问题。对此，需要回答许多问题，如"多少参与者？群体的内部结构如何？创新行动的成本由谁来支付？参与者拥有何种类型的有关他们境况的信息？各种参与者面临着怎样的危机和风险？参与者在制定规则时涉及何等广泛的制度背景？在制度安排行为的大量案例研究文献中，很少得到回答（《公共事务的治理之道》）"。为此，奥斯特罗姆考察了美国洛杉矶地区南部一系列地下水流域的制度起源。通过这些案例，她看到了地下水资源管理的

①除了西方学者，另外比较有影响的还有日本学者青木昌彦，通过对公共灌溉系统修建的博弈分析指出，排除"搭便车"者的困难是集体行动困境的根源。

制度变迁过程，即“多中心公共企业博弈”的格局。第三类案例，奥斯特罗姆详细分析了一些失败的治理案例，即缺乏有效的制度安排或者所提供的制度安排难以持续，从而导致公共池塘资源退化。例如，土耳其近海渔场、加利福尼亚的部分地下水流域、斯里兰卡渔场、斯里兰卡水利开发工程①和加拿大新斯科舍近海渔场制度失败的具体情况等。对于失败案例的总结，奥斯特罗姆继续采用她的八条设计原则，结论是这些失败的公共池塘资源治理案例没有一个符合三条以上的设计原则。

接着，奥斯特罗姆开始制度选择分析框架的探讨（图 2-1）。运用制度的收益—成本比较，计算制度纯粹的收益总和是不可能的。这就要确定影响收益评价的环境变量。有关收益、成本、共有规范和机会的数据都是总和变量，其中内部变量分为四个：预期收益、预期成本、内在规范和贴现率。继而，她归纳了九条影响预期收益的环境变量②，七条影响预期成本的环境变量③。除了上述环境变量影响制度的收益和成本评价之外，共有规范以及其他机会评估也通过影响当事人的贴现率从而影响制度的收益和成本。此外，她还进一步分析了不同类型政治制度中自主治理公共池塘资源制度的供给问题：一种是不受外在政治制度影响的偏远地区，一种是政治统治制度为导向的非偏远地区，还有一种是政治制度不允许存在的实质性地方自治。

继制度选择分析框架的探讨之后，奥斯特罗姆和团队又将研究的关注点扩展到分析人类行动情景的多样性，并进一步发展了多中心治理思想（国内学者也将这一理念引入并讨论了社区层面的多中心治理，如张洪武等）以及

---

①斯里兰卡的加勒亚工程“提供了一个曾经在用水和田间水渠维护上无望得到农民合作的制度发生剧变的案例。除了在田间水渠维护和平均分配用水方面得到了必需的协调、因而增加了灌溉系统的有效性外，这个工程还留下了一个能不断发展解决问题的组织体系。”相似的成功干预策略也被用于菲律宾、尼泊尔、孟加拉和泰国。但是奥斯特罗姆对于加勒亚案例并不乐观，认为“边界和成员已清楚界定，设计了合适的原则，原则的执行情况得到监督，集体选择的论坛也已建立。然而，农民权利没有得到明确的认可和保证，没有合适的冲突解决机制”。

②①占用者人数；②公共池塘资源规模；③资源单位在时间上和空间上的变动性；④公共池塘资源的现有条件；⑤资源单位的市场条件；⑥冲突的数量和类型；⑦变量 1~6 的资料的可获得性；⑧所使用的现行规则；⑨所提出的规则。

③①决策的人数；②利益的异质性；③为改变规则所使用的规则；④领导者的技能和资本；⑤所提出的规则；⑥占用者以往的策略；⑦改变规则的自主权。

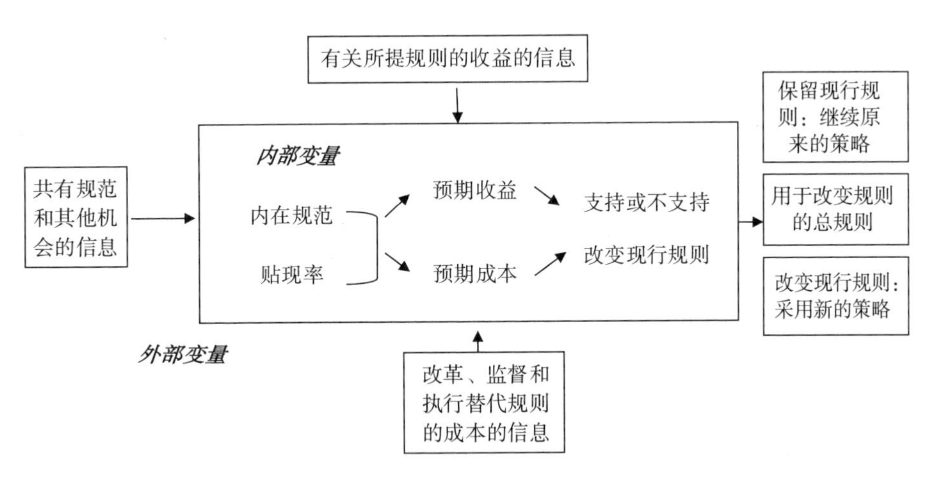

图 2-1　影响制度选择的变量总览①

制度分析和发展框架兼概念图谱（Institutional Analysis，Development-IAD framework）。致力于将各路专家的研究，政治学家、经济学家、人类学家、法学家、社会学家、心理学家、历史学家、哲学家以及工程师的独立研究纳入该分析框架。但是这样的研究整合遇到的困难之一，便是出自不同学科背景的学者所使用的不同变量。在她的制度分析框架中②（图 2-2），互动包括市场、私人企业、家庭、社区组织、立法组织、政府部门等。外部变量包括：① 生物物理条件，可被简化为四类物品属性（表 2-3）；②社区属性包括互动前的历史、内部关键属性的同质性或异质性、传统知识、社会资本（参与者或受影响者）；③使用的规则是指相关行动主体的共识，即面对制裁或鼓励时，谁必须采取、不能采取和可能采取的对他人带来影响的行动。它可以是多元情境中的一次行动情境，也可以指集体选择中个体有意识地改变规则。外部变量对行动情境的影响衍生出互动模式和结果，并由参与者进行评估，提供反馈给外部变量和行动情境。行动情境的内部运作则与分析博弈理论所用的变量一致。

---

①摘自埃莉诺·奥斯特罗姆，《公共事务的治理之道——集体行动制度的演进》，上海，三联书店，2000：288，并将中译本中的“内部世界”“外部世界”“内在范围”重新翻译为“内部变量”“外部变量”“内在规范”。

②见奥斯特罗姆获得诺贝尔经济学奖后于 2010 年对自己大半个世纪的学术研究之路所做的回顾，Elinor Ostrom. Beyond Markets and States：Polycentric Governance of Complex Economic Systems [J]. American Economic Review 100，2010 (6)：1-33.

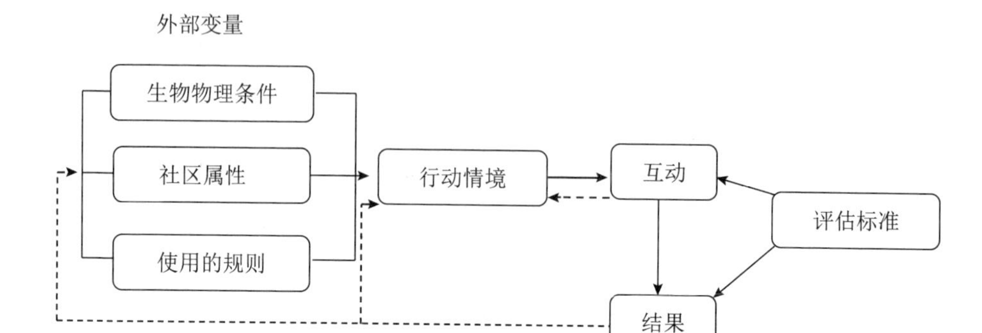

图 2-2 制度分析框架

来源：E. Ostrom 2005：15。

表 2-3 物品属性分类

资源使用的竞争性（subtractability of use）			
排除潜在受益者的困难程度	高	池塘资源：地表水、湖泊、灌溉系统、渔业资源、森林等	公共物品：社区的和平与安全、国防、知识、防火、气象预报等
	低	私人物品：食物、衣服、汽车等	通行费物品（toll goods）：剧院、私人俱乐部、护理中心

来源：Elinor Ostrom，2005：24。

2007 年，奥斯特罗姆首次提出了用于分析社会—生态系统（social-ecological systems—SESs）的多层次分析框架（图 2-3），再次力图将纷繁复杂的变量纳入一个分析框架，自变量包括：①资源系统（如渔业、湖泊、牧场等）；②由资源系统所衍生的资源单位（如鱼、水、饲料等）；③资源的使用者；④治理系统。它们共同影响着系统中的互动以及互动带来的结果，并间接受结果影响，当然是在特定的时空背景下。她利用此分析框架，让研究者试着回答以下三个问题：第一个问题是关于互动的模式和结果，如过度使用、冲突、失败、可持续、增加回报等；自变量包括一套治理的规则、权属、资源系统的使用以及特定技术、社会经济政治环境下的特定资源单位。第二个问题是关于可能的内生的发展。自变量包括不同的治理安排、使用模式、有或无外界金融诱因及强加规则条件下的结果。第三个问题是关于面对内部或外部干扰时的可持续或强健程度。自变量是由使用者、资源系统、资源单位、治理系统所组合而成的不同配置。她的分析路径是，首先识别或定义概念变量，其次将其置于特定时空背景下，最后分析或诊断该系统可持续与否的原因。基于该分析框架，奥斯特罗姆同她的学生Agrawal 还有其他人的经验研究（Ostrom），又列出了第二层面上的概念变量(9 个资源系统变量、8 个治理系统变量、7 个资源单位变量、9 个使用者变量、6 个互动变量和 3 个结果变量)。基于第二层面的概念变量，关注不同领域的学者又进一步识别并定义第三、第四层面的概念变量，试图对复杂多变的世界进行研究和理论模型建构时，互动的影响往往发生在不同层面上的概念变量之间。因此，选择与特定问题最相关的互动层次时，还应检验变量间的水平和垂直（不同层面上）关系。然而最终识别并研究各种变量组合与相对可持续并高产的资源系统的对应关系并非易事。

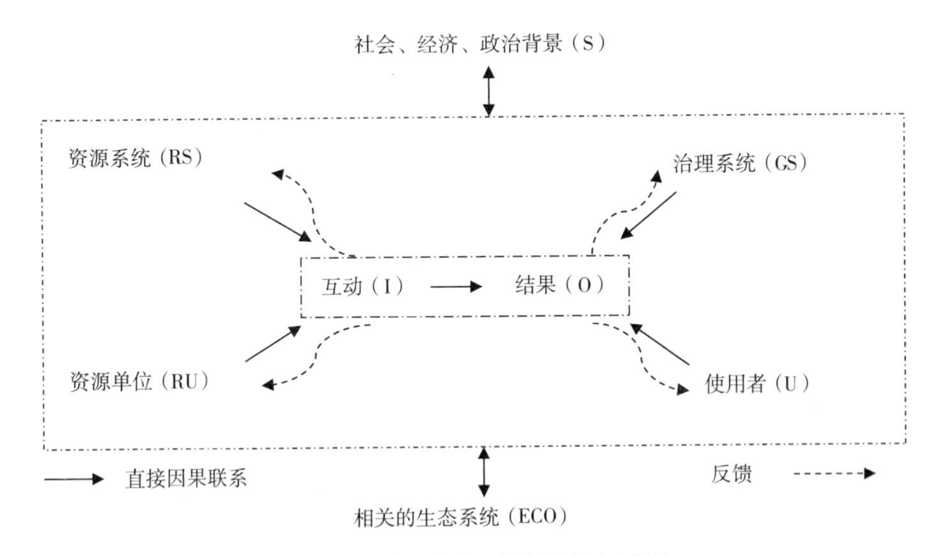

图 2-3　社会—生态系统多层次分析框架

Baland 和 Platteau 的代表著作是与联合国粮食及农业组织合作的文献 *Halting Degradation of Natural Resources*。Baland 和 Platteau 作为集体行动学派的代表人物（Johnson），与奥斯特罗姆相比，他们的工作则缺乏系统的分析框架，更像是就“以地方（特别是村庄）为基础的资源管理的可行性”提出一些基于地方成功案例的经验主义的论点。并且与奥斯特罗姆的乐观主义论调恰恰相反，他们对经济社会环境变迁下的地方（特别是村庄）集体行动持有十分悲观的态度，认为国家干预和市场整合破坏了地方集体行动的能力或基础。具体观点如下：①国家干预破坏了传统的生计方式，进而破坏了村庄的非正式合作机制；②国家自上而下的干预路径，如税收、罚款等，其执行的监督成本太大；③市场整合加速了经济、社会、地理的流动性，进而使个体从社区传统中脱离出来，使他们未来的不确定性增加，相互之间的互动往来减少，将经济与社会生活割裂开来，使城市的价值观在农村蔓延，个体有了新的消费方式和生活模式。所有这些变化都将弱化村庄的集体行动。他们也根据各地一些成功案例，归纳了在资源和环境保护方面的集体行动达成的条件：①村民依赖奖励才肯保护资源；②小规模集团更易达成集体行动，有赖于其合作的结构、规则及强制机制；③村民们的生计要依赖边界清晰的公共资源，能自行制定规则并可获取资源；④大规模集团的集体行动也有可能成功，只要这些集团同小规模集团的属性相似；⑤同质性集团比异质性集团更易达成集体行动；⑥外部制裁的重要性；⑦在过去当地有成功的集体行动经验，则会成为重要的社会资本，有助于集体行动的达成；⑧领导人扮演重要角色，包括发现问题、组织动员、秉公执法、树立榜样等。最后，他们也提到了资源共管（co-management）作为社区资源管理路径的一种可能，但仅限于浅谈，没有深入地分析和来自实践的案例。并且他们认为，共管可能受到政府的限制（如国家集权，特别是一些发展中国家）或者村庄集体行动能力不足的限制而流于形式。

作为政治经济学家和发展学家，Robert Wade 是集体行动学派中的“实践派”。这项研究成果其实是他在为萨塞克斯大学发展研究中心（1972—1995，Institute for Development Studies，University of Sussex）工作时所负责的另外一个研究项目（大型灌溉系统的运行）的附属产品。通过与印度南部一些项目村庄的村民交谈，Wade 开始关注“为什么相隔不到几公里的村庄之间，有的已发展了成熟的灌溉管理体系，而有的却没有任何的组织体系”。他带着两个主要研究问题，即“什么时候村民们能够联合起来提供他们所需的公共物品或服务”和“在什么情况下面临公地悲剧的人们能够组织起来并制定规则以化解悲剧?”就灌溉管理中的集体行动展开细致深入的实地研究（1980—1982 年超过 8 个月的时间，另外两位助手在 Kottapalle 村庄待了超过 7 个月，涉及那个地区 31 个灌溉村庄和 10 个非灌溉村庄）。在 Wade 开展研究的 20 世纪 80 年代，集体行动的理论家还持有非常悲观的态度（如囚徒困境、哈丁的公地悲剧、奥尔森的集体行动的逻辑等），公共产权领域的研究也是视“私有化”为唯一的出路。他的研究旨在解释这种强烈对比，识别并解释那些使某些村庄得以自发达成集体行动克服公地困境的变量，特别是合同和强制力的组合。通过该研究，他明确指出了除私有化和国家规范之外的，公共资源的自主治理之道（通过以地方为基础的集体行动）。在他的研究中，阶层、非正式的政治团体、有关婚姻、遗产继承的民约以及其他一些社会变量得到了重视，关于当地社区组织的功能发挥的研究发现，如“社会组织在灌溉管理中的参与主要体现在引水到田间这一阶段”，主要任务包括“为村庄争取更多的灌溉水、将水分配到各户田地以及解决用水纠纷”。

总的来说，公共资源领域以奥斯特罗姆为代表的集体行动学派，从社会学理论根源说算是对结构功能理论的延续，特别是社会功能论，“其主要焦点放在社会结构以及社会制度、社会结构和社会制度之间的交互关系以及它们对行动者的强制效果（乔治·瑞泽尔）”。奥斯特罗姆，Baland，Platteau，Wade 的研究工作，都采用了新制度主义的研究路径和经验主义的研究方法来诠释公地困境的问题，“什么条件下，个体使用者能成功地达成集体行动以解决公地困境难题（公共资源管理、公共物品或服务的供给与管理）”。用“过去或历史”来识别出能增加或减弱个体解决公地困境能力（达成集体行动）的关键变量，从而建构有关集体行动的更好的（一般性的、可预见性的）理论。研究的因变量是个体决策制定和理性选择模式。自变量包括来自结构、集团属性、资源属性和生态压力的变量。他们的研究有三个核心前提：①社会产出可以被量化计算；②个体是受规则所统治的；③对公共资源和公共产权的再定义（与哈丁的“公共资源的自由获取”做出区分；与囚徒困境的“无信息交流、个体决策不受他人影响”做出区分；与奥尔森的“集团规模与数量”做出区分）。前者指资源系统的大小、流动性、复杂性使得它很难（并非绝对没有可能）将部分个体对资源的使用排除在外。个体使用者的数量增多，则会削弱资源系统所能提供的受益的数量和质量。后者则是强调规则、权利与责任的系统，它统治着集团成员与公共资源（物品或服务）之间的关系。

尽管集体行动学派的研究也面临其他学派的指责之声，甚至被扣上“方法论的个体化”“乐观主义”“工具化的或去背景化的利用历史”之嫌。但它对集体行动研究的理论贡献不容小觑，在传统集团理论（奥尔森）和理性选择理论基础上进一步发展，由“狭义经济人”的假设前提转向“广义经济人”，由悲观主义转向集体行动的乐观主义，将责任、权利、规则、意识形态、社会资本引入研究的自变量，对解决现实中的公地困境发挥着作用。国内研究也纷纷利用集体行动学派的理论（奥尔森的“集体行动的逻辑”、奥斯特罗姆的“公共事务的治理之道”），倾向于关注“农村公共产品的供给”，为供给困境提供一种解释抑或论述农民参与（穆贤清、黄祖辉、陈静、周峰、蒋俊杰）。在本研究中，我将采用奥斯特罗姆的社会生态系统多层次分析框架，并参考大量基于此学派理论而识别出的灌溉系统中影响集体行动的变量（Ostrom，Tang SY，Ruth Meinzen-Dick，Uphoff NT，William D.，Poteete AR，Ostrom E，罗兴佐，贺雪峰，马培衢，刘伟章，刘俊浩，赵晓峰）。

2.2.2 赋权学派

同样是对公共资源的研究，赋权学派（Entitlement School）关注倾向于公共产权制度中的“不平等（inequality）”和“获取（access）”问题，正式和非正式规则建立和强化不平等的资源获取的方式（Johnson，C.）。除了关注点不同之外，Johnson 还总结了赋权学派与集体行动学派的三大不同之处。前者认为：①社会、经济平等、减贫等社会问题与效率、公共资源治理息息相关；②当起到增强资源获取作用时，规则才起到重要作用，而当试图削弱资源获取时，规则的作用变得不再重要；③采用结构历史主义的路径，对产权、权力关系等的研究离不开其特定的社会变迁背景（Johnson）。他们认为，公共资源对边缘化群体的生计尤为重要，像妇女、少数民族、失地农民、穷人等（Beck，Cleaver，Goldman，N. S. Jodha，Mosse，Scoones）。从方法论上讲，集体行动学派可理解为基于经济学假设的个体对结构性激励的理性回应（Goldman），而赋权学派主要基于历史解释，历史主义方法成为其研究的核心，他们关注当地资源系统的私有化、商品化，穷人被边缘化的历史进程（Beck Nesmith，Jodha，Prakash）。“私有化”在赋权学派那里被理解为一个历史过程。国家是集权力、关系、统治于一体的利益集团之一，它决定了产权制度的分配、功能化（Li，Mosse）。如此，对权利的获取的私有化不仅是个体选择、政府政策商业化的一个结果，而且也是获取合法化赋权的斗争结果。同时，赋权学派呼吁对公共资源和公共产权研究的多学科路径，以助于平衡过去学术、政策讨论占主导的观点（Scoones）。

通过对印度南部水库灌溉进行研究，Mosse 指出，“公共灌溉管理机构只反映了那些高阶层的男性村民的首要利益”①，并借 Tamil Nadu 水管机构的案例分析了这一特殊机构安排的由来，主要结论是“当地的生态特性与其特定的历史进程共同影响了机构安排，识别并分析了过程中的关键变量，包括定居点、阶层权力、权属、经济机会、税收制度、殖民市场等”；Johnson② 对泰国渔业的研究后认为，“处于社会经济底层的渔民由于缺乏高效的技术等，在渔业资源中获取的回报甚微。而那些有资本、有影响力、社会网络广泛的人从中获益甚多，如承包加工、市场销售的商人等。Ribot 在分析了塞内加尔的商业链后指出，“与权利、责任同等重要的还有个体对公共池塘资源的获取，特别是市场资源。严格的市场控制可能增加安全性，但对提高生计无益”。其他类似的研究还有 Diegues 亚马逊的环保斗争案例，Nguiffo 科摩罗的森林维权案例（以上两个案例见 Goldman），Li 印度尼西亚中部苏拉威西岛的社区维权案例。在公共产权制度领域，国内采用赋权学派的理论或路径所进行的研究并不多，较为熟知的仅有维权性质的（农民、乡村）集体行动研究③（白凯、范愉、应星、于建嵘），而对公共资源治理或公共产权制度领域的研究少之甚少。

在研究方法上，赋权学派摆脱了集体行动学派的有关个体决策和理性选择的正式模型和新制度主义路径，而是采用了基于历史解释的社会—历史研究路径，强调对特定（社会、生态、政治、经济）背景的理解和对社会历史进程的分析（Mosse，Goldman，Prakash）。其中以 Mosse 的研究工作为典型。20 世纪 90 年代初，跟随牛津大学的工作团队，Mosse 参与印度南部的灌溉渠道和水库修复项目中。有着人类学背景的他，很快就将研究兴趣集中到“这些水库和灌溉系统所能解释的历史”来，并将它们作为社会记忆的路径，赋予了当地水管机构、水资源治理结构以新的研究视角。基于此，Mosse 展开了繁重的实地调研（Alapuram 及水利上相连的村庄）和文献研究工作（包括农业、畜牧、公共事务、税务等部门有关的资料）。在他

---

①对印度南部 Kottapalle 村庄的研究，Wade 也有类似的研究发现。

②Johnson. Common Property, Political Economy and Institutional Change: Community-based Management of an Inshore Fishery in Southern Thailand [D]. London: London School of Economics, 2001.

③国家设有专门的重大课题项目，如教育部 2005 年哲学社会科学研究课题“多元化纠纷解决机制与和谐社会的建构”（应星）。

的研究中，他一方面看到了积极因素的作用，如收税制度、国家投资的加大、工程、种植技术、水管技术的进步、多样化的种植制度、地下水的联合使用等；另一方面，也看到了如生态脆弱性、季节性劳工移民等消极因素的影响。基于对历史进程的深入分析，Mosse 认为，“当地水库灌溉的命运是政治变迁的产物，从前殖民时期的制度、殖民主义地影响到后殖民时代的政府，无一不在加剧着灌溉管理这一历史变迁过程的风险和不确定性”。无论是环境主义者的意识形态负担、工程师的方案、法律的规范，还是博弈论者的线性方程式（等于囊括了所有集体行动学派的方案），Mosse 都将之归为“外来者的视角”。他将自己的研究归为第二类，即社会—历史的研究路径。后者是关于变迁中的权属、权利、公共范畴、规则和国家等概念所共同决定的一系列实践的转变。他提出，水资源管理系统的积极改变不应当依赖于第一类视角下理想化的制度设计、社区责任（如国际及国内普遍推行的农民用水户协会的设计、参与式灌溉管理的推行、自负盈亏的供水公司以及灌溉用水的商品化等），而是要对社会政治进程中的国家—社会关系进行重新评估。

研究路径和方法的不同，使得赋权学派带来了不同的研究声音（影响）。具体到灌溉系统的研究上，Mosse 和 Li 等学者都表达了对参与式灌溉管理主流化的担忧甚至反对，“这些简化的政策方案为指导实践提供了一个导向（poor），在将之运作到项目的过程中会引发严重的问题（Li）” Mosse 也对组建用水户协会、灌溉管理的转权等主流的做法提出了警告，将其总结为六点：①所研究的水库灌溉系统是嵌入作为历史进程产物的公共管理机构中的。新兴的民主组织（如用水户协会）设计中的“权利平等”等原则常常会与当地社会关系的逻辑相左。资源使用的规则是社会关系的产物，新引入的规则势必与固有的利益相隔离。②既有的灌溉系统是受权威结构支持，而非民主决策。它会象征性地传达或复制这样的权威结构以及相伴而生的性别或阶层边缘化。新引入的制度设计则要么落入当地精英之手、强化了固有的权威结构，要么遭到冷落或当地势力集团的反抗。③在外部力量干预下建立起来的这些基于民主、平等的新型权威组织，实际上是弱化或侵蚀了当地既有集体行动的形式。④在参与式灌溉管理语境下，用水户协会被视为自主治理的合作组织，须经公共问责和财务管理等程序。然而，在当地行之有效的水库灌溉形式却没有引入用水户协会这种治理主体。

这种合作组织的交易成本高，而预期收益是不确定的。⑤实践中发现的那些行之有效的资源使用规则，可能与理性的官僚行政体系原则相抵触，如给官员非正式的支付等。这一论点也是挑战那些形式统一的关于公共产权、资源管理的理念。⑥水库灌溉系统渗透着更广层面上的国家建构（statecraft）及社会—政治联系。新型的农民合作组织并没有弱化同国家的联系，而是与外部权威建立了新的联系。总的来说，Mosse 将参与式的灌溉管理组织与传统的灌溉管理形式比作是两种“关于资源控制、国家—社区关系的道德观的共存和竞争”。

尽管赋权学派的有些观点有过激之嫌，但不可忽视的是它的社会—历史的研究路径，对特定社会、生态、政治、经济背景的强调，对“国家—社会”“国家—社区”关系的探讨以及其对社会历史进程所做的动态分析。虽然研究关注点不同，但赋权学派的研究路径有效弥补了集体行动学派结构主义的静态研究的不足。本研究在参考集体行动学派的分析框架及变量的同时，也将结合赋权学派“社会—历史”的动态研究路径。这一路径将贯穿本研究，从回顾中国 30 年灌溉管理改革、论述新兴的农民用水户协会，到深入分析社区层面的灌溉管理和集体行动。无独有偶，国内的历史人类学家也开始采用历史主义路径进行有关“水利社会”的研究（王铭铭、赵世瑜、行龙、张俊峰、钞晓鸿）。他们研究的基本路径与赋权学派一致，透过水资源管理的历史变迁来分析这一社会历史进程，进而透视社会结构乃至社会—国家关系。这一学术流派的研究多受魏特夫启发，甚至也有学者力图将问题放在公共资源和公共产权的制度框架中去思考，但其关注点及调查方法主要集中在历史资料（如水利史资料）中①，故不在此综述。

2.2.3 以社区为基础的自然资源管理学派

以社区为基础的自然资源管理学派（Community-based Natural Resources Management，CBNRM），准确地理解，它是一种发展干预路径或者行动研究路径。它源自一些发展援助机构对援助路径的反思，“标准化的技术方案无法应对复杂多样的各地农业生态系统和生计多样性”“国家和私人部门只关

---

①在此我感谢论文开题不久的一次交谈中赵旭东老师给出的研究建议，类似于上述历史人类学派的研究路径。但与我对论文研究的定位不符而没有采纳。不过他们的研究为我提供了丰富的背景资料，研究的发现也对我反思今天的问题有所启发，在后续章节中也有引用。

注当地公共资源获益的最大化，商业化的开发模式却进一步边缘化了当地贫穷的资源使用者（Beck and Nesmith）”，那么，“在科技水平和科研能力提高之后，如何能更好地让（当地）穷人受益呢?”（Stephen R. Tyler）自20世纪80年代末，一些大型国际机构开始紧密与当地机构和社区合作，特别是在加强生态系统的保护等领域，于是开启了以社区为基础的综合保护和发展项目（Wells，Hannah）。1992年，联合国环境与发展大会正式将贫困和环境问题列入《21世纪议程》。与此同时，《华盛顿共识》开始强调在发展政策制定中削弱国家的角色、强调自由市场条件下小农在促进经济增长中的作用。进入90年代，CBNRM在捐资机构、非政府组织、发展机构那里变得流行起来，并引起了学术研究界的关注。在此背景下，不同于前两个学派对公地资源的问题化，CBNRM学派充满了对当地资源使用者的人文关怀和对他们本土知识的尊重，在认识论和方法论上，也与集体行动学派和赋权学派有鲜明区别。集体行动学派是为归纳出一般性理论而进行假设演绎推理，以其方法论的个体化而受到争议。赋权学派是将归纳和演绎并用以提供具体历史背景下的解释或理论，是历史结构分析的方法。CBNRM学派拒绝进行一般性理论归纳的尝试，对特定历史背景下的问题解释也不感兴趣，而是提倡研究者行动起来，反思对狭隘方法论的过分关注，反思他们的研究态度和对知识的意义的理解。该学派明确提出要将对自然资源研究的起点放回到当地社区，秉承以问题为导向、以行动者为导向的行动研究路径，来面对那些与当地资源使用者的生计息息相关的、有关自然资源管理的命题，致力于实践的结果和当地的改变。其中在由捐资机构发起的研究项目中，加拿大国际发展研究机构（IDRC）的以社区为基础的自然资源管理（CBNRM）研究项目在亚洲的影响甚广（柬埔寨、越南、蒙古、老挝、不丹、菲律宾，见Stephen R. Tyler），在我国的影响也十分广泛（贵州、宁夏、广西、云南、吉林、河北等地），其中包括自2004年起与中国农业大学人文与发展学院合作的参与式课程开发①。

作为一种发展干预路径或者参与式行动研究路径，CBNRM学派打破了应用研究与项目实践的界限，不会提出像集体行动学派那样的制度分析框架，也没有像赋权学派的社会历史进程分析路径，反而更像是将前两个学

---

①如第一章所介绍，我的研究主题正是源自这一课程的实践环节（在贵州K乡的调研发现），硕、博士阶段的论文研究也得到了该项研究奖学金的支持。

派的理论带入社区层面的研究实践。研究有对权利和制度的本土化界定，有对人类与自然资源系统的动态复杂性的强调和整合，也要求研究者对当地权利及制度产生的历史社会进程的理解以及对社区异质性的强调（利益、财富、权力、社会关系、历史、文化、民族、语言等）。该学派的研究体现的是对行动、知识、能力同等程度的重视：①行动，指在研究项目的整个过程中各行动主体有意义的参与以及它所带来的当地创新和变化。参与主体既包括社区贫穷的资源使用者、农民或渔民、妇女（对性别的强调也是该学派的特点之一），也包括外来的研究人员、当地政府、非政府组织和企业。当地人的角色，从技术援助对象变成了带来改变和创新的主要行动主体。外来的研究人员，则需要在此进行长期的实地研究，与当地人建立积极的伙伴关系，建立信任。②知识，既包括了不同学科的知识，也强调了对当地人的本土知识的尊重。对不同学科知识的重视，不单指研究团队中研究人员多样化的学科背景，更重要的是研究项目的建构要打破学科界限。知识的获取是一个动态的、分享的、从干中学的过程。③能力，特别强调的是当地资源使用者在项目实施过程中的能力建设和赋权（Vernooy，Sun Qiu，Xu Jianchu），与外来研究者、政府、非政府组织、市场主体等共同识别他们的问题、进行分析、实施干预或创新并参与效果评估（减贫和控制环境恶化）。研究项目并非是去建构或检验预设的模型，亦非由外来专家提出一种干预方案，而是一个联合学习、共同进行能力建设的过程。当然该研究也会强调它对具体规划和社会变化的贡献（Vernooy，McDougall）以及研究在影响政策中的角色和策略（Stephen R. Tyler ed.）。各地行动研究的特定背景，包括资源、人口、市场、权力关系、政策变迁等，也需要随着时间的推移不断调整并做出适应。Stephen R. Tyler 在表 2-4 中总结了“以社区为基础的自然资源管理研究在实地建立实践框架”被各地的研究实践所采纳和整合的方式。

表 2-4　社区为基础的自然资源管理研究在实地建立实践框架

经验	回应
当地人的期望迅速提升	建立派别间的互信和理解 强化交流技巧

续表

经验	回应
参与式研究花费时间	项目规划应当具有响应性和弹性
资源冲突具有普遍性	处理察觉到的公正问题，并非只有法律的、官方的解决方案 可能需要新的制度或过程
成功需被分享	设计农民—农民，社区—社区间的学习 鼓励政府官员和推广工作者将其推而广之
政策能够束缚当地创新	探索授权（enabling）政策条件 发展情景策略（contextual strategies），利用研究来影响政策和实施
不同行动者定义成功的方式不同	设计参与式监测评估工具 发展监测策略

来源：Stephen R. Tyler，2006。

CBNRM 学派试图将集体行动学派所关注的公地困境（特别是自然资源的可持续管理）和赋权学派所关注的贫困、不平等问题联系起来，以期实现自然资源的可持续管理和穷人生计的提高。有别于集体行动学派对集体行动的乐观、静态的理解，CBNRM 学派对集体行动的态度是乐观且中立的、动态的。“通过多利益主体的互动、集体协商式的推进，资源困境能够得以克服。该学派的研究没有统一的分析框架，没有归纳一般性理论，没有解释模型和系统的方法论，有的是从各地行动研究和项目干预的实践中总结出的研究行动原则（Vernooy，McDougall）和对以社区为基础的自然资源管理的理解（Pretty，Guijt，Little，Uphoff，IDRC，Tyler，Vernooy，Qiu 等）。基于 20 个案例研究的对比分析，Vernooy 和 McDougall 总结出了研究行动的五项原则（research action principles）：清晰且具有内在一致性的共同议程以及伙伴关系的建立，强调并整合人类和自然资源系统的复杂性和动态性，使用多种来源、方法来连接多方的知识世界，致力于对将来和社会变迁协商式的规划，基于迭代学习（iterative learning）和反馈循环的双向信息分享。研究者对“以社区为基础的自然资源管理”的观点也各有侧重：Pretty 和 Guijt 将之定义为一个过程，“当地集团或社区在不同程度的外来支持下自我组织起来，将他们的技能和知识应用在对自然资源和环境的关注，同时兼顾生计需求的满足”；Little 认为它的重点在“社区”，社区是进行分析和采取行动的基础，包括对自然资源的使用、问题、趋势和机会的分析以及应对不利的实践和动态所采取的行动。Uphoff 也表达了类似的观点，即“社区”为 CBNRM 研究的起点，面对资源保护的目标时要充分考虑社区当地人的观点、经验、价值和能力，同时，寻求让社区得到更好的报酬和更好的服务的方式，使当地人的利益、需求、规范与生态系统和生物资源的长期保护相协调。IDRC 的研究专家将 CBNRM 的特征化为一些基本要素，关注复杂的自然和社会系统、多学科路径和团队工作、长期的视角、社会行动者的多样性、分析和干预的范围要超越农场（farm）、集体行动以及对公共池塘资源的成见、参与式行动和社会学习，强调赋权和能力建设。

2.3　研究的分析框架

我国的灌溉管理改革顺应了国际上灌溉改革的大趋势，其理论基础是以奥斯特罗姆为代表的集体行动学派的理论，即用规则和交易鼓励个体达成集体行动来解决公地困境。其在实践中体现为：一方面规范产权安排，涉及水权和灌溉工程设施权属；另一方面鼓励组织建设，发展农民用水户协会和供水公司或经济自立的灌溉管水组织。然而改革取得了一定成效的同时，仍面临不容忽视的问题。在第一章的研究背景（详见 1.3）中，我将当前我国灌溉管理改革仍面临的困境和挑战总结为三个方面：市场化改革方面，包括水权制度建设、水价改革及工程的市场化改革，用水协会建设和农民参与方面，水利工程建设方面。在此研究背景下，我进一步提出了本研究要关注的来自实践中的问题：自上而下的农田水利建设投入会不会带来灌溉基础设施的区域间差距，会不会造成新一轮的“重建轻管”？农民用水户协会是否是全国普适的农田灌溉管理组织形式？如果“万能药”不存在，那么在全国范围内还有哪些行之有效的农田灌溉管理形式？地方县、乡级政府、地方水管机构、供水公司或组织、村委会、私人企业、农民用水合作组织以及用水农民在改革中其角色的变迁与今日在不同管理体系下的互动如何？涉及灌溉决策、服务供给、融资维护、水的使用、灌溉基础设施的使用，地方农民达成集体行动的可能性还有没有？是如何达成的？

面对实践中的这些问题，三个学派的理论无法单独用来做出令人满意的解释。集体行动学派的理论在指导灌溉管理的实践方面影响最深，它主导着国际、国内灌溉改革的趋势。其理论支撑是结构功能主义，利用新制度经济学的路径识别出包括来自结构、集团属性、资源属性和生态压力的自变量，研究不同的自变量的组合与可以被量化的社会产出之间的对应关系，从而提出关于组织建立和产权安排的方案，以解决公地困境或自然资源的可持续管理问题。集体行动学派具体到灌溉系统的研究，“产权”涉及灌溉决策、服务供给、工程融资、水的使用、灌溉设施的使用等五方面（Meinzen Dick R，Anna Knox），包括使用权、受益权、处置权三种类型。应当转给用水协会的组织权利涵盖了组织的自我决策、会员权利、选择并监督服务供给者、组织获取服务等。因变量“社会产出”可以被量化为“效率”，即水资源的利用效率和灌溉管理的效率。受到赋权学派的影响，穷人、生计、性别、赋权也被引入作为量化社会产出的考核指标。该研究有三个基本假设：一是社会产出可以被量化；二是个体受规则统治；三是产权界定越清晰、越多地被转给用水者组织，社会产出也越大。而反思我国灌溉改革实践中面临的困境和挑战，对集体行动学派的质疑不容忽视，既针对其研究假设，同时也针对其结构功能主义的理论支撑和静态的分析路径，在实践中，即是对市场化导向的灌溉管理趋势、对组建农民用水者协会以取代传统的集体灌溉管理形式的强烈质疑。赋权学派干脆将这种改革趋势归纳为“当地资源系统的私有化、商品化，穷人被边缘化的历史进程”，对“组建用水户协会、灌溉管理的转权”等主流做法提出警告。以社区为基础的自然资源管理学派也是对这种一般性的指导框架、由外来者和政府提供的制度设计和产权安排保持警觉，由此更加强调以“社区”为基础：强调将干预的起点放在社区，充分考虑社区的社会历史及政治背景，自然与社会系统的复杂性和动态性，尊重当地人的观点、经验、价值和能力，追求自然资源管理的效率和可持续性，但更看重对提高当地穷人生计的影响。

如在第一章的研究问题中所介绍的，面对来自实地的困惑，在宏观理论层次循到了吉登斯的结构二重性理论，帮我提炼出了研究主题中的两个主要概念“农业水资源管理系统和新型集体行动”，使我对它们进行了重新界定（详见 1.4.2），进而提出了三个具体的研究问题：①改革开放以来，我国农业水资源管理系统的主要历史变迁过程和特点如何；②作为我国灌溉管理改革的“新生物”，在农民用水户协会这一类型的行动系统中，各主要行动主体得以达成合作的关键条件有哪些；③为探索适合当地背景的有效的灌溉管理，乡镇及村庄层面上的集体行动能否达成以及如何达成（针对非农民用水户协会管理的农业水资源管理系统，也是灌溉改革过程中那些被边缘化了的地区）。在宏观理论层次，我基于吉登斯的理论分析框架（论文研究框架，如图 2-4 所示），并参考了他的理论中那些敏感性概念变量，如系统、规则、权力、资源、社会结构、行动主体。在微观理论层次，我试图综合三个学派之所长：结合集体行动学派的微观分析框架及其中的定义性（工具性）概念，如资源系统、治理系统、资源单位、使用者、产权等（特别是针对第三个问题的案例研究）；采纳赋权学派的历史主义分析路径（特别针对第一个和第三个研究问题）；将微观层面的研究起点放到社区（特别针对第三个研究问题）。论文分析框架如图 2-5 所示。另外，针对第二个研究问题，我采用以克罗齐耶（Michel Crozier）和费埃德贝格（Friedberg）为代表的法国组织社会学（法兰西社会学派）的理论思想，超越正式与非正式的界限对农民用水户协会这一农民组织进行研究。该学派是在吸取韦伯、梅约、默顿和西蒙等人研究的基础上，对传统的二分法提出了挑战，他们从行动的角度去理解和分析组织，把组织的发生看作是对行动领域进行构造和再构造的过程，使正式与非正式关系在人的行动中统一起来。这一学派是对吉登斯宏观理论的微观应用，并采用了行动者导向的研究视角，将在第四章对农民用水户协会的研究中具体体现。

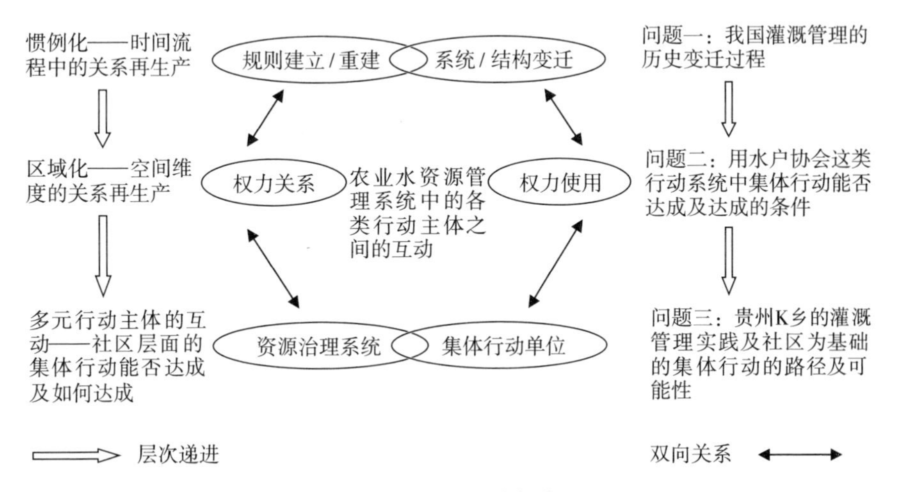

图 2-4　论文研究框架

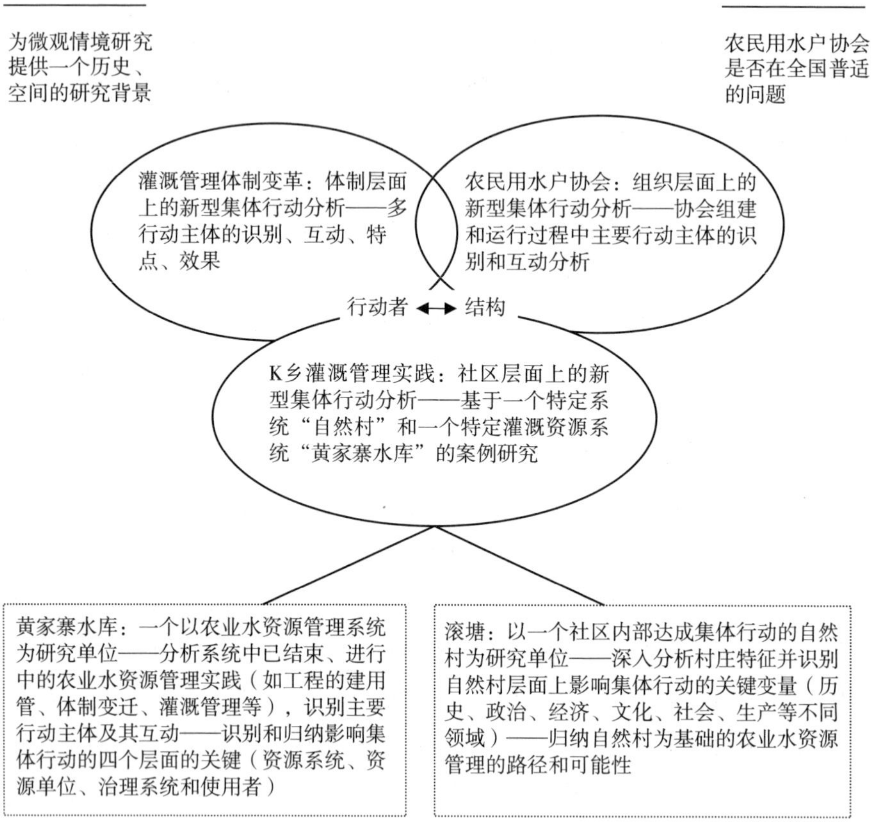

为微观情境研究
提供一个历史、
空间的研究背景

农民用水户协会
是否在全国普适
的问题

灌溉管理体制变革：体制层面上的新型集体行动分析——多行动主体的识别、互动、特点、效果

农民用水户协会：组织层面上的新型集体行动分析——协会组建和运行过程中主要行动主体的识别和互动分析

行动者 ↔ 结构

K乡灌溉管理实践：社区层面上的新型集体行动分析——基于一个特定系统“自然村”和一个特定灌溉资源系统“黄家寨水库”的案例研究

黄家寨水库：一个以农业水资源管理系统为研究单位——分析系统中已结束、进行中的农业水资源管理实践（如工程的建用管、体制变迁、灌溉管理等），识别主要行动主体及其互动——识别和归纳影响集体行动的四个层面的关键（资源系统、资源单位、治理系统和使用者）

滚塘：以一个社区内部达成集体行动的自然村为研究单位——深入分析村庄特征并识别自然村层面上影响集体行动的关键变量（历史、政治、经济、文化、社会、生产等不同领域）——归纳自然村为基础的农业水资源管理的路径和可能性

图 2-5　论文分析框架

第三章　我国的灌溉管理体制变革

我国的灌溉管理体制变革始于20世纪70年代末的改革开放。家庭联产承包责任制与人民公社的解体，迫使原先与人民公社体制相联系的水利管理体制不得不进行相应改革。与这一变革过程相伴而生的还有农村集体经济组织的解体、市场化机制的推进、自由流动资源的出现和资源配置方式的变化，还有多利益主体和权力主体的发育等一系列分化性的社会结构变迁过程（孙立平）。在旧的管理体系中，农民以生产队为单位参与水利工程的建设和使用，政府统一负责工程管护和灌溉管理，乡镇水利站被赋予了农田水资源的统一调配职能。改革开放敲碎了旧系统的社会制度，迫使灌溉管理体制采取“自上而下”的根本性变革。政府以法律、行政命令等方式，将农村集体经济组织与水利管理单位在水利工程的建设、使用、管理维护等方面的工作纳入政府日常管理工作中，实行专管与群管相结合的分级管理方式（大中型水库和骨干渠道由专管机构管理，支渠及支渠以下渠道由群众管理）。具体来看，与这一过程相伴而生的有以下三个方面：一是土地家庭联产承包制使农田水利系统的供给关系发生了变化，原有的集体灌溉管理模式不能适应个体灌溉需求；二是劳动积累工的取消和免除农业税费，使得以社区公共积累和集体劳动力投入为基础的水利设施建设和维修失去了资源供给；三是从“三级所有、队为基础”的人民公社管理体制转变为成立乡政府、选举村民委员会的农村管理体制，再到“撤乡并镇合村”“乡政（行政权）村治（自治权）”，以生产队为单位的集体灌溉管理失去了制度基础。

伴随着农村社会和经济体制的进一步变革，我国农村的灌溉管理体制发生了两个重要变化：水管单位逐渐与新的乡村组织分离，走向了市场化的道路。与此同时，政府逐步减少对农田水利建设的投入力度。这就为系统带来了两大不确定性领域：一是水利工程方面，包括其权属、建设、运行及维护；二是农业用水方面，涉及水权、水价、灌溉管理、用水效率等一系列问题。具体到社区层面，这就造成了灌溉设施“无人建”、原有设施维护“无人管”、水资源冲突“无人协调”的局面。为改变或解决这些不确定性问题，灌溉管理体制其后经历了一个漫长的、“协商式”的变革过程。

3.1 灌溉管理体制变革的过程

围绕改革带来的两大不确定性领域，灌溉管理体制内的相关行动主体展开了不同层次的协商式互动（图3-1）。其中，中央政府作为居于权力核心地位的组织，根据自身权力及能力制定了一系列规则（出台相关法律、政策等）。这些规则一是要让乡镇政府来充当农田灌溉管理的主体，另一方面是将水利工程的建设及运行维护费用推向市场，推行水管单位的市场化改革。“农田灌排骨干工程属于甲类项目，建设资金主要从中央、地方预算内资金等安排，维护运行管理费由各级财政预算支付。”在随后的改革推进中，一方面，骨干工程的建设维护运行管理划给县级以上政府，其费用由国家来买单；另一方面，乡镇作为小型农田水利工程的实施建设主体，需要从水费征收中获得管理经费，但实际农业用水的水费根本不能达到工程水价标准。另外，在“乡政村治”治理结构下，乡镇对村级组织的控制力明显减弱，而村级组织对农户基本上不存在控制力，结果劳动积累工越来越难派下去，最终引发了税费改革（罗兴佐）。2002年税费改革后，县、乡、村三级组织收入大为减少，为农村提供公共物品的难度进一步加大。国家推行的“一事一议”制度在村民自治组织权力真空的情况下亦难以取得实际效果。

与此同时，国家试图推进农田水利市场化改革，企图依靠市场来连接水利工程单位与个体农户。但市场化改革也面临双重困境：一方面水利工程单位（供水单位）缺乏充足的经济来源，对支渠及以下的维护更是力不从心；另一方面供水单位无力面对不能合作用水的单个农户。如此一来，在这场新的灌溉管理变革中，被推向市场难以独立运转、无法面对单个用水农户的水管单位，成了灌溉管理协商式变革的主要参与者。它对变革的一系列推进，尤其对于农民用水户协会的引进，起到了至为关键的作用。分别从制度安排、组织模式、变革主体以及变革效果等方面来比较，这场自20世纪90年代初至今仍在持续的变革大致可划分为特征明显的四个阶段（表3-1）。

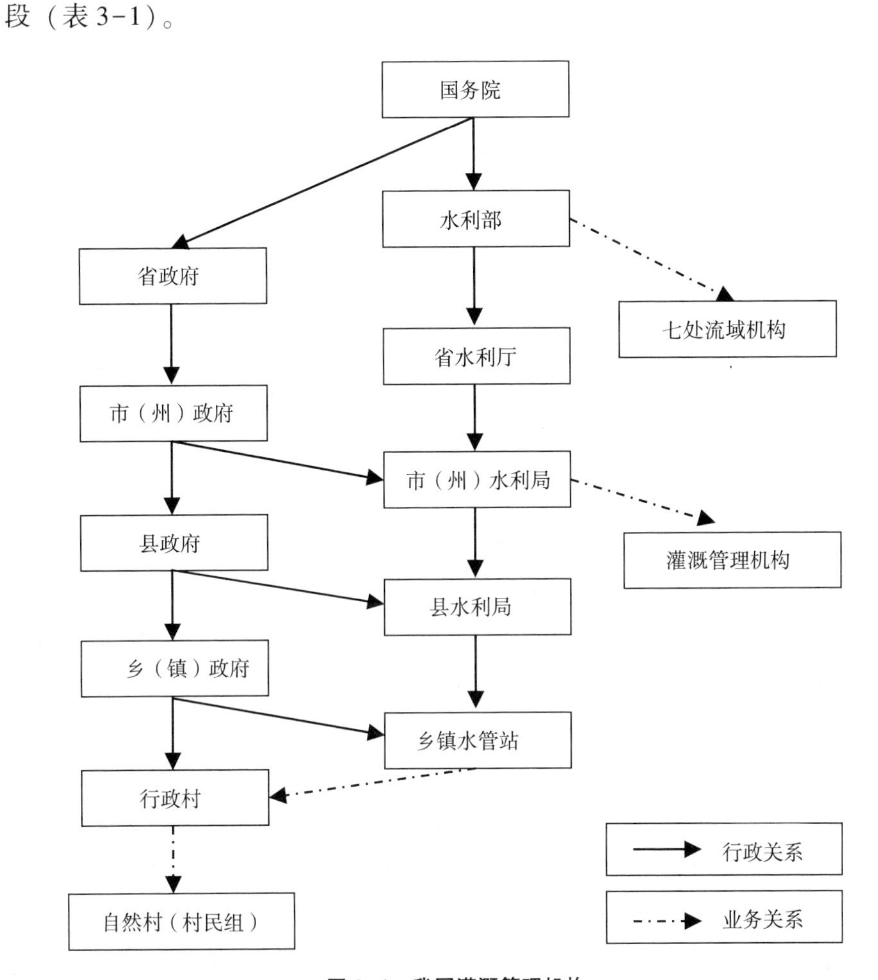

图3-1　我国灌溉管理机构

表3-1　农田灌溉管理体制变革阶段划分表

变革阶段	变革目标	组织模式	管理体制	变革主体	变革效果
酝酿阶段（1990—1995）	水利工程的良性运行	经济自立灌排区	市场机制+基层组织	省政府、国际组织	省级开展经济自立灌排区研究，并于项目区开展试点

续表

变革阶段	变革目标	组织模式	管理体制	变革主体	变革效果
起步阶段（1995—1999）	小型农村水利工程和国营水管单位体制改革	农民用水户协会+灌溉供水公司	市场机制+基层组织+农民用水组织	省级主管部门、地方政府、国际组织	在水利部门、灌溉工程管理单位、乡镇水利站和村两委的领导和协助下，成立农民用水户协会
探索阶段（2000—2004）	明晰工程所有权、建立多种形式的农民用水合作组织	农民用水合作组织+灌溉管理机构	市场机制+农民用水组织	各级水管部门、村两委、用水组织、市场	农民用水户协会依法注册登记，按用水量和核准水价收取水费，以管理促节水
发展阶段（2005—至今）	小型农田水利“三位一体”变革计划	农民用水自治的协会管理方式+深化农业水价改革+完善农田水利工程	市场机制+农民用水组织+政府投入	中央政府、各级水管部门、用水组织、市场	中央财政设立农田水利建设补助专项资金，推广农民用水户参与灌溉管理的有效做法

1. 变革酝酿阶段（1990—1995 年）

中华人民共和国成立后的几十年来，我国“重建轻管”式的灌溉管理做法导致工程配套遗留问题很多，运行维护经费不到位。各地通常的做法是“跑项目”，项目到手后，对建设及建成后的运行管理投入不够。这样一来，国家在扩大灌溉面积、兴修灌溉工程的同时，又要对老工程维修管护，使财政负担日益加重。1990 年，水利部组织开展“水利经济良性循环问题调查研究”，意在搞清楚“国家拿了钱修工程，可工程越多，国家包袱越重”的怪圈。次年，水利部又提出“实现水利经济从工程审批立项就应有良性运行机制”的制度规定。与此同时，世行贷款长江水资源项目恰处于准备阶段。1992 年，该项目经理到湖北项目区考察时提出，在项目区通过改革现有灌区管理体制和运行机制，建立经济自立灌排区（简称 SIDD），在末级渠系组建农民用水户协会（简称 WUA）。水利部、湖北省水利厅及世行项目方是这场变革的主要发起人，高层发起变革的目标是“实现水利工程的良性运行”，世行项目旨在“在项目区建立经济自立灌排区”。这一阶段变革的显著变化是，在水利部组织各级地方政府探索变革路径之际，世行贷款项目介入了变革，并将“农民用水户协会”这一新型灌溉管理组织引入中国。

2. 变革起步阶段（1995—1999 年）

在起步阶段，变革涉及微观与宏观两个层面：微观改革是指小型农村水利工程（支渠或支渠以下）管理体制改革；宏观改革是指国营水管单位（支渠以上骨干渠系工程）管理体制改革。在项目实施过程中，工程建设同水管单位体制改革同步进行。有些项目区是通过在试点搞微观改革，这一做法带动了项目区宏观层面的改革。也有的灌区是通过宏观改革来带动微观改革，即先组建灌溉供水公司，在公司、项目及地方政府的扶持下，组建试点农民用水户协会。这一阶段扶持建立起两大管理主体：一是负责管理支渠及以下的农民用水户协会，另一个就是负责管理水源工程和骨干渠道的供水公司。省水利厅和世行项目方作为这两大管理组织的催生主体，其变革目标是如何实现这两大管理组织的经济自立。项目还将“水是商品”的观念引入中国农村，在灌区灌溉管理行动系统中，农民亦被用水户所取代，这也是对变革参与各方在意识形态领域的一次挑战，尤其是农民用水户协会，作为变革的新生组织，其影响超出了水利管理的领域，需要地方政府及同级有关部门的配合才得以组建并发展。在这一阶段，农民用水户协会。一般的做法是：一要成立用水户协会工作领导小组，负责协调各方关系，对工作专班进行领导与配合。小组长由当地政府分管农业的领导担任，成员有水利局、体改委、民政局、财政局、物价局等有关部门的负责人。二要成立工作专班，直接参与协会组建、运行等具体工作，由水利部门、灌溉工程管理单位、乡镇水利站和试点村代表组成。

3. 变革探索阶段（2000—2004 年）

2000 年以后，中央高层（国务院、水利部、国家农业综合开发办公室、民政部）也逐渐加入这场变革中，发挥了助推剂的作用。“参与式灌溉管理”逐步深入中国的灌溉管理体制内部，“参与式”“自主”“以穷人为导向”等项目的核心理念也逐渐渗入国家行政管理系统中。“农民用水合作组织”开始出现在高层的政策文件中，“协会促进农村民主制度建设”开始出现在项目总结报告中。2000 年 2 月，水利部发函“加快大型灌区改革工作”，要求“积极推进管理体制和经营机制改革，实行新水新价”，同时要求安排的项目“必须同时上报经当地政府批准的改革方案”“凡是不报改革方案或未进行改革的灌区不再安排国家投资”，函中首次推出“管理局+用水户协会”的体制改革形式。同时国家农业综合开发办公室计划“不仅在贷款项目区，而且在全国面向农发项目的水利项目区也推广这种模式”。2001年9月，水利部部长汪恕诚在“十五”期间全国水利厅局长会议上就“如何搞好小型农村水利工程管理的意见”与项目单位讨论如何推广和建立WUA。2002年，国务院《水利工程管理体制改革实施意见》中提出“小型农村水利工程要明晰所有权，探索建立以各种形式农村用水合作组织为主的管理体制”。2003年10月，民政部《关于加强农村专业经济协会培育发展和登记管理工作的指导意见》，同时陕西、湖南、湖北及新疆维吾尔自治区水利厅、民政厅也先后联合行文，为WUA依法注册登记、成为独立法人提供政策支持。同年12月，水利部《关于小型农村水利工程管理体制改革实施意见的通知》。这两个文件明确了中国小型农村水利工程管理体制改革的方向：以明晰工程所有权为核心，建立用水户协会等多种形式的农民用水合作组织。2004年5月，国家农业综合开发办公室《国家农业综合开发土地治理项目建设标准》指出“积极推行用水户参与灌溉管理模式，配备必要的量水设施，按用水量和核准的水价收取水费，以管理促节水”。同年，水利部灌溉排水中心和英国国际发展署、世界银行签署协议。“面向贫困人口的农村水利改革项目”开始启动，这个项目的中心内容就是加强用水户协会的能力建设。

尽管如此，推动协会发展的职能部门缺位、部门间缺乏有效协调机制等旧系统的结构特征仍阻碍着变革的进一步开展。除世行项目外，自上而下并没有职能部门切实推动。水利部门缺少对小型农田水利工程建设的支持资金，农发、扶贫、支农和地方财政虽有资金却受部门职能的所限。这一阶段的变革呈现出相互矛盾的特征：一方面，中央高层在协会推广中的大力参与和扶持可视为对这场变革的积极干预。SIDD试点省（市、县）作为变革的重点，从项目及国家处获得的资金或政策资源也激励着地方政府及水管单位参与变革。但是，随着水管单位市场化改革，供水公司和灌溉管理机构带来的富余人员安置和工资福利待遇等问题，反过来阻碍了变革的推进。

4. 变革发展阶段（2005年—至今）

这一阶段最大的特征是国家高层摆脱了旁观者的角色，积极主动加入变革之中。国家连续出台4个中央一号文件，切实加大了对小型农田水利管理改革的投入和指导。2005 年中央 1 号文件[1]为小型农田水利工程的产权归属和制度改革指明了方向，中央财政设立了小型农田水利设施建设补助专项资金。2006 年中央 1 号文件[2]提出要实行中央和地方共同负责，逐步扩大中央和省级小型农田水利补助专项资金规模。2007 年中央 1 号文件[3]要求，“引导农民开展直接受益的农田水利工程建设，推广农民用水户参与灌溉管理的有效做法”。2008 年中央 1 号文件[4]提出，“推进小型农田水利工程产权制度改革，探索非经营性农村水利工程管理体制改革办法，明确建设主体和管护责任，支持农民用水合作组织发展，提高服务能力”。2008 年初，水利部为变革拟定了一条“三位一体”计划，即农民用水自治的协会管理方式+深化农业水价改革+完善农田水利工程。与此同时，中英“面向贫困人口的农村水利改革项目”的实施开展，促使全国自上而下建立起领导变革的职能部门。项目灌区所在市的市政府成立项目领导小组，将各县水利局、主管农业的负责人拉到变革过程中。

在这一变革过程中，农民用水户协会在数量上和组织建设上不断发展壮大，村两委与协会的关系渐渐走向良性互动，农民“水是商品”以及“自主管水”等意识也在发生转变。参与式灌溉管理由形式上的参与走向在管理甚至决策环节中的参与。但不容忽视的一个关键要素是，项目对变革的直接推动和支持，包括推动有些国家相关政策的出台。可一旦项目撤出，灌区协会的可持续发展、水管单位的独立运转还是一个不可小觑的问题。与此同时，自上而下的农田水利建设投入会不会带来灌溉基础设施的区域间的差距，造成新一轮的“重建轻管”？另外，国家允许“农民以多种形式流转土地经营权”，又将给我国灌溉管理面向的对象带来怎样的转变，又将催生出何种新的行动主体？还有如第一章 1. 2. 3 所总结的来自实践的三方面挑战（市场化、农民参与、国家加大工程投入），这些都是亟待研究的课题。

---

①2005 年中央一号文件《关于进一步加强农村工作提高农业综合生产能力若干政策的意见》。
②2006 年中央一号文件《关于推进社会主义新农村建设的若干意见》。
③2007 年中央一号文件《关于积极发展现代农业扎实推进社会主义新农村建设的若干意见》。
④2008 年中央一号文件《关于切实加强农业基础建设进一步促进农业发展农民增收的若干意见》。

3.2 灌溉管理体制变革的总体特征

改革开放以来的灌溉管理变革始终围绕着两大不确定领域逐步推进：一是涉及水利工程的权属、建设及运行维护；二是有关农田灌溉管理方面的不确定性，包括农业用水的水权、水价及灌溉用水管理等。灌溉管理体制内的相关行动主体展开了不同层次的“协商式”互动特征。

在小型水利工程的修建管护方面，从初期靠乡镇基层政府包括以劳动积累工、以工折资等政策的实施，到引发税费改革后推行的“一事一议”、村民自治，再到随着村组织权力真空、农民“原子化”后推行的一系列惠农政策，如“谁投资谁受益、末级渠系改造、中低产田改造、病险库加固、终端水价改革”等。随着改革的推进，借鉴国际经验及各地实践，变革的各参与方不断协商互动，推出当前“三位一体”式的变革思路，即在抓末级渠系改造和产权移交的同时，鼓励农民以多种形式自主建设，并加大政府的投入力度，同时也在逐步推进小型水利工程的产权变革和终端水价改革。

在农田灌溉方面，管理主体也由乡镇政府、村两委、配水组过渡到农民用水户协会①。回顾变革的过程，农民用水户协会作为灌溉管理体制变革过程中的新生物，其成立初衷是作为供水单位的“客户”，为的是实现高层制定的“实现水利经济良性循环”“灌溉供水单位按供水成本收取水费”的改革目的。但在具体实施过程中，协会的建立及发展带来了大量的项目资金支持和政府政策资金扶持，并引入了国外发展成熟的参与式组织管理经验。这些资源又为农田水利工程的修建维护，为农民参与灌溉管理创造了良好的环境。农民用水户协会这一农民合作管水的组织从被扶持建立、被动参与变革，到不断发育、主动参与到变革中，乃至在高层决策中都产生了不同程度的影响。

从具体过程来看，变革体现出如下六个方面的特点：①高层政府主导。作为政策决策者，政府尤其是改革试点省、市的政府部门居于变革的核心。有些相关政策的内容及变革方向都是基于试点省、市的经验总结，如湖北、

①有些灌区由于水文界限等原因，还发展出跨乡镇或跨行政村的联合会这一组织形式。

湖南等省。②国际机构驱动。一些国际机构，如世界银行、英国国际发展署等，将参与式灌溉管理机制引入中国，为我国学习国际先进的灌溉管理经验提供了平台。同时，国际机构还与政府部门合作，对有些改革政策的出台起到了推动作用。③灌溉管理机构的双重态度。农民用水户协会的引入在一定程度上解决了灌溉管理主体缺位的问题，为灌溉管理机构解决了水费收缴困难等问题。另外，随着改革的推进，灌溉管理机构的市场化改革为其带来了新的挑战，即如何在接受政府管理、保障农业灌溉用水的同时实现独立核算、自负盈亏。因此，灌溉管理机构在参与改革时持有矛盾的态度。④基层政府被动参与。变革简化了水费收缴程序，实质上是收回了地方政府在水费收缴中的"获益"空间。因此，变革之初并没有得到县、乡政府的积极配合。但随着国家对农田水利建设投入的加大，协会的发展会直接影响到国家资金的投入，即用水户协会逐渐成为争取上级政府投入的"筹码"。这极大提高了地方政府参与改革的积极性，但这种"挂牌"成立的协会其可持续性将成为值得关注的问题。⑤以村委会作为协会的权力核心。劳动力大量外出随之带来农村精英流失为乡村治理带来了挑战。协会与村委会"两个牌子、一套班子"的情况非常普遍。农民用水户协会的权力核心被村委会掌控，成为中国灌溉管理变革的一大特点。⑥农民作为终端用水户。政府在变革中的投入包括工程建设、节水改造、协会建设等，这在一定程度上改善了工程质量、提高了灌溉效率、节省了农民的灌溉成本。作为农田灌溉管理和末级渠系维护的新型主体，农民用水户协会承担起了水利工程维护的责任。作为终端用水户，农民要为农业用水"买单"。在涉及决策制定和用水配额等环节，农民参与的程度却是令人失望①。尽管改革仍面临一些问题和挑战，如水利工程供水的商品化、水价的确定权、农民用水户协会的可持续性等，但变革引发了诸种新的建构，新的利益主体，如中央及地方政府、灌溉供水或管理机构、农民用水户协会等。他们的资源、权力和能力在不断的实践中得到动用甚至被再造出来，共同推动着变革的进一步发展。

---

①根据中科院农业政策研究中心在河南和宁夏两地的51个村庄的调研，仅有13%的农民参与到了协会组建阶段的决策制定，更有70%的农民不了解自己是当地农民用水户协会的一员。Wang Jinxia, et al. Incentives to Managers and Participation of Farmers: Which One Matters for Water Management Reform in China? [J]. CCAP Working Paper.

3.3 灌溉管理体制变革的社会经济效益

协商式的灌溉管理体制变革，催生了农民用水户协会这一灌溉管理主体，在多个方面带来了不同程度的社会经济效益，主要体现在以下两个方面：

一方面，工程变革带来的社会经济效益。首先，在这场变革中，作为国家试点灌区的示范协会（推广协会），借助“变革试点”这个平台，加强了同水管体系内政府高层、地方政府及项目官员等“强势群体”的联系，从而更易获取项目资源、接近国家权力。因此，从这个意义上来说，协会本身就是一个充满竞争的资源。而非灌区（尤其是偏远缺水山区）的地方政府及水管部门则是被边缘化了的弱势群体，其变革过程的推进比较缓慢。其次，变革过程中的工程建设为农民带来了可观的经济效益：①工程的完善提高了灌溉率，为农户节约了灌溉用水的同时提高了单位水产量[①]；②工程的完善使灌溉用水得到进一步保障，为发展经济作物和调整农村产业结构创造了条件[②]；③通过政府投入与用水户投劳相结合的工程修建方式，恢复了过去减少的部分灌溉面积，延伸了灌溉渠系，使过去水源条件差、水资源短缺的边远地区的灌溉用水也得到了保障[③]。

另一方面，管理变革带来的社会经济效益。首先，变革理顺了工程“建、用、管”的管理体制，明确了协会在灌溉管理中的主体地位，减少了水费收缴的中间环节，鼓励农民参与水价核定，在一定程度上减少了农民的水费支出。而且量水更加公平合理，灌溉方式更加科学，农户的“节水意识”也得到了加强。在用水调配及灌溉次序方面，变革建立了公正透明的用水管理制度，在减轻了农户灌溉负担的同时，维护并改善了村庄治理。其次，高层积极推进末级渠系水价改革，用以落实协会运行维护的经费来

---

①在新疆阿克苏灌区访谈时了解到，协会成立前每亩棉花地需水 1500m^3，协会成立后每亩棉花地需水 1090.9m^3，而滴灌地每亩用水仅 27.27m^3。据调查统计，项目区 2006 年粮食亩产比 2004 年增加 2.2%。灌溉条件的改善，促进了种植结构的调整，两年来项目区农业收入平均提高了 16%。

②在笔者调查中，部分农民改变了单一种植水稻的历史，大力发展大棚蔬菜、养殖、园艺等特色农业和立体农业，从而形成了大量的有一定规模的绿色蔬菜基地、水产品养殖基地、花卉园艺培育基地等。据统计，“仅 2006 年协会范围内，湖南省新增各种基地 110 余个，总收入 1200 万元”。

③例如，“2007 年铁山和平协会的农业亩均增产 40kg，农民亩均增收 56 元，桥头协会亩均增产 23kg，亩均增收 32.2 元，与非协会区域相比，协会辖区内农田亩均多增产 20kg。”

源，并共同促进协会的建设与节水技术的推广。最后，农户参与协会日常管理的过程，本身就是其自身能力建设的过程（加之外界为协会建设提供的培训），有效提升了农民的参与意识和参与能力。另外，有能力的协会也鼓励发挥其造血功能，多途径创收，使农民会员尤其是农村弱势群体大大受益。有些地区协会的发展还与村两委及其他农民合作组织形成良性的互动，促进了农民合作组织管理水平的提高。

3.4　小结：新型集体行动视角下的灌溉管理体制变革

采纳本研究对新型集体行动的定义①，对我国的灌溉管理体制变革的梳理回顾便可视为宏观情境和时间维度上的新型集体行动研究。通过本章对变革过程的回顾、阶段的划分、总体特征的概括及社会经济效益的分析，新型集体行动视角下的灌溉管理变革研究主要回答了以下三个问题：

（1）多行动主体互动的模式。引言部分阐述了变革的经济、社会、政治背景，并且强调背景的动态性，如伴随着改革开放以来社会结构的变迁、市场化改革、多行动主体的发育。识别出了主要行动主体及其在变革过程中不同的角色扮演，包括高层政府（国家）、国际机构、灌溉管理机构、基层政府、村委和农民用水组织和普通用水农民。各主要行动主体通过互动，围绕农业用水的使用、工程的建设与维护、灌溉的组织管理等方面，催生出了一系列新的政策、项目以及组织等资源，建构新的规则，从而在时间和空间中再生产了灌溉管理系统的结构。因此，这次变革有别于家庭联产承包责任制改革后自上而下的灌溉改革，呈现出多行动主体协商式互动的特征。

（2）多行动主体互动的结果。变革的结果主要体现在三方面：一是市场力量的增强，涉及水权、水价、设施建设和管理机构性质；二是鼓励农民的参与，特别是在工程管护、用水决策、分配和冲突调解方面；三是国家的投入力度加大，主要体现在对大中型基础设施建设中的资金投入和在政策改革中的投入。

---

①新型集体行动——在某类具体的农业水资源管理系统中，相关行动主体有意识或无意识地依赖于系统结构提供的惯例性和区域性，获取并支配权力、调动可供使用的资源，通过系列性的互动进而达成一种冲突或合作的过程。见第一章（1.3.2）。

（3）灌溉管理体制变革，在宏观层面上其本身就是一场多行动主体通过互动协商达成集体行动的过程。同时，变革又为多行动主体，包括新发育主体，达成新型集体行动创造了积极的环境，包括工程建设、权属变革、协会组建以及对农业生产的各种支持等。水资源变得更加稀缺、多行动主体逐渐发育和加入变革、信息更加公开化、研究不断增多，在这场协商式的变革过程中，灌溉由过去单纯的工程问题、技术问题转变成政治问题、体制问题。在这个过程中，既有国家角色的转变，也有市场力量的作用，更有有组织的农民能力建设。地方的试点项目直接影响到国家政策的出台，基层的协会组织建设又为农民参与程度的提高提供了平台和能力建设。

第四章 作为问题的农民用水户协会

农民用水户协会是我国灌溉管理改革的新生物，是将国际参与式灌溉管理理念引入中国的组织形式。随着2007年《中华人民共和国农民专业合作社法》的执行，我国农民专业合作社的数量激增，规模不一、形式多样，有农民主导的，也有政府、科研机构或非政府组织发起的；有纯经济利益型，也有服务导向型的。农民用水户协会的建设也随之经历了一个“遍地开花”的时期。但总的看来，作为我国灌溉管理改革的一项重要尝试，农民用水户协会的发展大致经历了三个阶段：一是探索阶段。始于20世纪90年代初，湖南、湖北等省结合世界银行贷款项目开展的用水户参与灌溉管理的改革。二是试点阶段。水利部在1999年为配合大型灌区续建配套与节水改造，在全国确定了20个大型灌区进行用水户参与灌溉管理试点。三是全面推广阶段。2002年、2003年分别召开了第六届用水户参与灌溉管理国际研讨会和全国大型灌区工作会议。目前，我国已有30个省（区、市）不同程度地开展了用水户参与灌溉管理的改革，组建了以农民用水户协会为主要形式的各种农民用水合作组织20000多个，管理灌溉面积近1亿亩，参与农户6000多万人。① 主要有“供水公司+用水户协会”和“灌溉管理单位+用水户协会”的灌溉管理形式，这在“解决水事纠纷、节约劳动力、改善渠道质量、提高弱势群体灌溉水获得能力、节约用水、保证水费上缴和减轻村级干部工作压力等方面均取得显著成效。但是在各地实践中，协会的组织体系不完善、运作不规范，且其功能的发挥方面还受到各种制度和体

---

①水利部副部长翟浩辉，在2006年7月10日全国农民用水户协会工作经验交流会上作题为《大力推进农民用水户参与管理　促进社会主义新农村水利建设》的讲话。

制的限制”①。

大量文献描述了这一新兴农民组织的涌现，重点在于识别农民用水户协会的特点，分析那些对于组织发展有利或不利的因素。文献多采用制度主义或功能主义的分析路径，很少涉及理论或概念框架。杨晓林以北京市密云区蔡家甸村用水户协会和羊山用水户协会为例，对协会的组建、运行、存在的问题、取得的成效以及协会持续发展的可行性和瓶颈进行了分析。王晓莉对北京市房山区和朝阳区的农民用水户协会进行的研究也采用了相同的分析路径，分析协会模式、功能和运行绩效。赵永刚、何爱平对渭河流域农民用水户协会进行了类似的绩效分析，认为用水户协会在政府支持下建立和发展，在解决农村水资源管理问题上起到了积极的作用。但也有不同路径和视角的研究带来的不同发现，如李鹤从权利视角对北京城郊农民用水户协会发展进行的研究，认为用水户协会是政府的代言人，农民用水权益得不到有效保障，并建议通过内部和外部途径来矫正农民参与权的缺失。内部途径包括参与制度的落实和完善、规范参与管理的程序、保证信息透明、保证公共参与决策和监督。外部途径包括赋予农民水权、建立农业水权的转让和补偿机制，开展分层次的能力建设和建立农村社区参与宏观水资源管理的机制和保障。李凌采用行动者导向的研究路径和案例研究方法对湖南省铁山灌区井塘用水户协会进行分析研究，发现相关行动主体的互动关系状态、各方职责的转换和角色定位是影响协会健康发展和参与式灌溉管理体制发育的重要而又研究远远不够的因素。

本研究力图绕开制度主义和功能主义的静态研究视角。本章对农民用水户协会的研究采用结构化理论和行动者为导向的研究路径以及第一章所定义的新型集体行动视角。本章研究旨在回答第二个研究问题，即作为农村社区水资源管理的法人主体和新兴组织平台，农民用水户协会在何种条件下得以达成集体行动。在新型集体行动视角下，研究分别围绕协会的组建过程——作为灌溉管理系统中多方实践者的建构和协会的运行管理——组织内部各行动者追求各自特定利益的互动这两大环节展开本章论述，研究不同行动主体之间在组建及运行管理过程中的互动合作，分析其组建过程中多行动主体的角色扮演以及运行管理中主要行动主体的权力关系与权

①张陆彪，刘静，胡定寰. 农民用水户协会的绩效与问题分析 [J]. 农业经济问题，2003 (2)：29-33.

力使用。例如，第一章中介绍本研究采用的研究方法主要是调查研究与案例研究相结合，利用我在湖北、湖南、新疆等改革试点省（区）的一手资料及项目报告进行定性分析，并在此基础上选择了我国成立最早的用水户协会——湖南省铁山灌区长合用水户协会，作为典型案例进行分析①。

4.1　不同条件下的协会组建过程分析

在各地实践中，农民用水户协会的内涵和实际组建过程不尽相同。针对不同条件下的协会组建，我采用法兰西社会学派②中“中继者”的概念作为分析工具。按照法兰西社会学派对组织与环境的理解，从结构的意义上看，“中继者”具有一种双重功能，而且不得不与由此产生的注重冲突矛盾的共存。具体到农民用水户协会的研究，相关“中继者”可以是灌溉管理局的负责人、试点项目办主任或专家、乡镇的主管领导、水管站负责人以及村干部等。通过比较不同协会在组建过程中“中继者”的角色扮演，以期揭示协会“能够独立运转”和“无法独立运转”这一问题产生的根源。按实践过程中协会组建性质的不同将其大致分为两类：一是内源主动式，即协会组建前，相关行动者意愿强烈并积极推动协会的建立；另一类是外生被动式，即协会组建前，相关行动者并没有积极意愿，只不过在外力迫使下（可能是项目建设的要求，也可能是上级政府的压力），经系统环境力量的共同作用促生而成。当然这两种类型仅是程度上的区分，并不存在截然对立。

湖南省铁山灌区长合用水户协会成立于1995年，是全国成立最早的用水户协会。协会成立以前，长合村的农业用水困难，灌溉管理难度也大。农民只能靠从河道提水灌溉，由村组干部组织。虽然当时用水无须缴费，但提水的电费开支很大，平均每亩田40元。水资源浪费大，用水纠纷很多，甚至出现过伤亡事件。1995年，T灌区供水局得到了世行贷款修建T北总干渠。贷款项目考虑到长合镇农业灌溉相当困难，计划投资200

①典型案例研究的内容可参见2010年发表的文章：王晓莉，刘永功. 农民用水户协会中的角色和权力结构分析——以湖南省T灌区一个用水户联合会为例［J］. 中国农业大学（社会科学版），2010（1）：149-155.

②米歇尔·克罗齐耶，埃哈尔·费埃德伯格. 行动者与系统——集体行动的政治学［M］. 上海：上海人民出版社，2007：65-66，432.

万元修建长合支渠，以结束提水浇地的灌溉方式。全镇农民也积极投入劳动，参与渠道建设。工程结束后，世行项目专家提出要成立一个用水户协会，由市项目办牵头，长合镇水管站负责联系。市政府、县政府、乡镇政府对此相当支持与重视，并且得到了农民的积极响应。他们组建了专门的筹建组，时任长合镇水管站的站长（现任协会主席）对于筹建用水户协会很感兴趣，积极参与其中。经过半年时间的调研与准备工作，长合用水户协会于同年 12 月 19 日成立。协会组建阶段的相关行动主体如图 4-1 和图 4-2 所示。

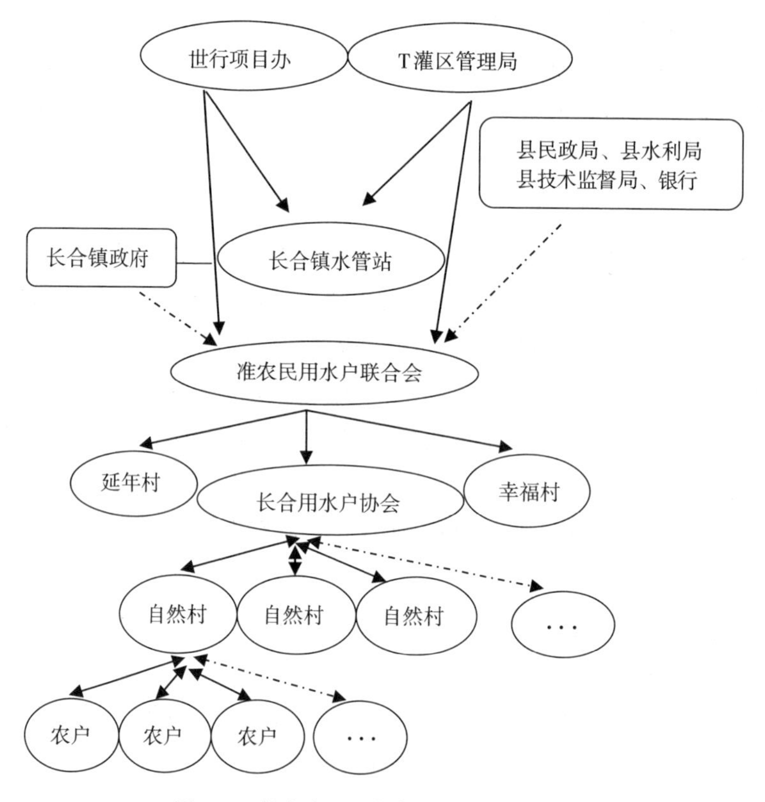

图 4-1 长合农民用水户协会相关行动主体

内源主动式协会的最大特点是该灌溉管理系统中有这样一些人：他们在某个具体部门占据主导地位，控制着与协会相关的权力的延伸，并掌握协会组建的某些资源。换句话说，这些人是协会组建的积极推动者，在协会与协会的外部环境之间扮演了“中继者”的角色。这些所谓的“中继者”，可能是（准）协会所在村的村支书或其他村干部、所在乡镇水管站的负责人，也可能是协会所在灌区灌溉管理单位或项目办的负责人等。不论在外部环境中代表着什么身份，面对协会时他们所扮演的角色有二：一是代表外部环境的一部分，在协会与环境之间建立某些规则；二是进入协会内部，成为组织的“代理人”。在长合用水户协会的组建阶段，镇水管站站长扮演了关键“中继者”的角色。工程管理和灌溉管理是协会的两项主要工作，前者涉及工程的建设及维修管护，后者包括从制定灌溉计划到取水、配水的一系列具体做法。毋庸置疑，水管站技术人员和供水单位人员在这些方面的专业技能为其赢得了充足的“选票”。此外，他们作为水管站或供水单位的体制内精英出任协会主席，会为协会同外部环境（水管站和供水单位）的互动联系带来十分重要的资源。因此，在长合用水户协会的组建之初，镇水管站、项目办及市、县、乡各级政府积极推动成立了筹建组，为协会组建提供了一个组织化的平台。

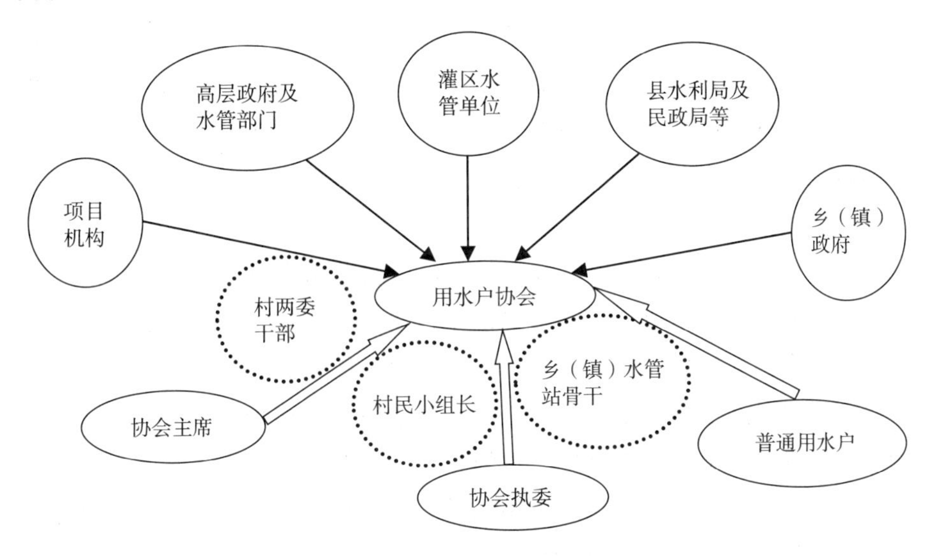

图 4-2　农民用水户协会组建过程“中继者”分析

（1）“中继者”在协会与外部环境之间诸种交换的规则、资源的分配与规范化等方面发挥着作用。在协会成立之初，水管站站长不但可以利用项目或政府对协会组建的支持来获取工程建设等方面的资源，同时协会的出现还将减轻其收取水费的压力，因此会积极扮演在位的“中继者”的角色。组织老百姓投工投劳，利用项目的资金支持修建渠道以解决农户提水灌溉甚至无水灌溉的难题。而一旦协会建成后，农民的自我管水必将取代水管站原有的部分职能，人员的裁减或重新安置就势在必行。面对这种结果，他们难免会扮演起消极甚至缺位的“中继者”角色。但随着协会的不断发展，其角色可能会被重新安置于组织中，他们就会倾向于把新的角色与组织中的地位连接起来，重新扮演协会发展的在位的“中继者”。水合镇水管站站长脱离原来的组织（水管站或水库管理所等）成为协会主席，凭借其专业技能负责水利工程的管理等工作，恰恰反映了这一过程（而这种过渡在其他地方也时有发生，如徐成波等）。

（2）“中继者”一旦进入协会内部，就会调动其所能够自由支配的各种资源（包括个人资源、文化资源、经济及社会资源等），在巩固其在协会中的地位的同时，也为协会的发展壮大创造着条件。

长合镇有两个小一型水库，靠近水库的两个村的农民直接引水库水灌溉，由镇政府直接派人管理（收取 4 元/亩的水费），并定期组织农民清理渠道。但因渠道全是土渠，且缺乏组织管理，水资源浪费严重。协会建成后的第二年，在其带动下周边靠近水库的两个村也成立了用水户协会，即幸福协会和延年协会。两个协会采纳了长合协会的管理模式。除从长合水库引水外，两个协会还得到了 T 灌区的补充水（水价分别是 20 元/亩和 14 元/亩）。

三个协会成立以后，长合协会与幸福协会的水系有交叉，导致有一家农户可以同时从两个协会获得灌溉用水，于是在供水上产生了分歧。年逢干旱，两个协会互相推脱责任，导致该农户不能得到灌溉水。另外，因为长合村村民虽然也参与了通往两个小一型水库的渠道维修，但因无法从这两个水库受益，于是经常产生用水纠纷。基于此，三个协会有了联合的愿望。在长合协会主席（原镇水管站站长）的积极宣传下，同样由项目办牵头、水管站联系，于 2004 年组建了用水户联合会，长合协会主席担任新成立的长合用水户联合会主席。市委主管农业的副市长亲自参加了挂牌仪式。联合会成立以后，利用长合协会丰富的项目资金优势，能够统一配水、调配资金等。联合会用水户可直接从 T 灌区引水，并且进行统一的灌溉管理：内部合理配水、统一维护渠道、水费直接上交 T 灌区管理局及按供水量交纳水费（当时的水价是 16 元/亩）。

（3）“中继者”相互间的权力关系对于协会的组建至关重要，因为他们权力的制衡将直接影响着联合会的组建及进一步发展。协会所辖地理区域是以水文边界来划分的，跨自然村、行政村甚至跨乡镇的情况十分普遍。而协会的主要工作，包括灌溉管理、水费收缴及工程管护，多是以用水小组为单位组织开展的。通常一个村民小组（自然村）划为一个用水小组，在这种情况下，各小组出一个或几个代表来负责本组的具体工作，同时代表和维护本组农民的利益，就显得十分必要。这就不难理解，村民小组长被推选为用水小组长、担任协会执委工作的情况。村民小组长在组内拥有声望资源，又借助其社会网络资源，为其落实协会各项工作提供了条件，如收取水费、组织农户维修工程、调解组内用水纠纷以及协会日常管理、财务监督、配水份额等。

在长合协会的案例中，联合会同时覆盖长合、幸福、延年三个村，即便各村干部对“联合”已经达成共识，但就执委会人选问题上难免会产生分歧。长合联合会的做法是，三个村各户出一名代表，然后选出44名联合会的代表，再从联合会代表中选出5个执委。其中包括主席（长合协会主席担任）1名，工资4000元/年；副主席4名，幸福村支书和村长、延年村村长、长合村村长，负责水费收取及纠纷处理，工资3000元/年。另外，还有3名工作人员，即1名出纳、1名会计、1名工程员（水管站工人），工资每人2000元/年。没有女执委，但是44名联合会代表中，有8名女性。这种保证“每村至少一个执委”的做法，使得老百姓在工程投资、灌溉放水及水费收取等方面的权力才有可能达到均衡。

从另一个角度看，协会内部的行动者，尤其是潜在的协会领导，与外部环境之间的关系越密切，他们就越能够依靠这些关系来获取环境资源，并强化其在协会内部决策中的影响力。长合镇原水管站站长在联合会的组建过程中，继续利用其“中继者”的身份，并凭借自身在村委会中的权力或者在水利工程方面的专业化权力，积极推动联合会的组建。在联合会成立以后，其当选为联合会的主席，利用与外界的资源优势继续为联合会的管理、运转及发展争取资源。

（4）在协会组建的过程中，“中继者”的缺位、垄断，或者“中继者”之间的不合作。与长合协会案例中“内源主动式的”协会组建不同，“中继者”不在位的协会组建，我将之称为“外生被动式”。仝志辉曾总结过国内用水户协会组建的两个特点：一是“协会由政府和专业水利部门大力推广，而不是农民自发成立”；二是机制缺乏，“他们投入的精力和成本巨大，却难以看到合作的现实和得到回报”。这种类型的协会建设，我将其特征归纳为两点：一是农民无权参与协会的组建及运行管理，协会管理层与村两委管理层高度重合。在这种信息不称对、权力严重失衡的环境下，协会的组建依赖政府的强行干预，而协会的运转可谓被村干部所“垄断”。二是农民无权参与灌溉管理，在水价制定及收缴、对工程修建维护的投资投劳、放水优先序和用水量等灌溉管理的关键环节均无决策权，甚至都没有形式参与。尽管在各个灌溉管理系统中外生被动式的协会组建情况不尽相同，但我认为问题的关键都是“中继者”的缺位、垄断，或者“中继者”之间的不合作。

首先，分析“中继者”缺位或垄断的情况，即没有任何“中继者”积极推动协会的组建，或“中继者”完全垄断了协会的组建运行。协会是灌溉管理变革的新生物，其出现必定会给旧有系统中的相关行动主体带来不同影响。从农田水利工程的权属及管理到农业用水的权属和使用，变革的市场化走向意味着旧行政体系下的水管单位要变成现代企业制管理的经营实体，农民要变成水市场的“终端客户”，而农民用水户协会不但要成为灌溉管理的主体，还要为农田水利工程“买单”。在“中继者”缺位的灌溉管理系统中，农田灌溉往往并不是依靠供水单位，而是使用地下水资源。一直以来，中央与地方在水资源所有权的关系上界限不清、职责不明，限制了我国水市场的发育。同时，工业和城市用水挤占了农业灌溉水源、政府对水权的垄断等又造成了农业水权的弱势地位（李鹤）。从供水单位、灌溉管理机构以及地方政府的预期来看，协会的组建至少在短期内不能为其带来显著受益。另外，对当地农民而言，由于不能准确掌握社区地下水资源的使用情况，很多村庄就不用按量缴费甚至无须缴费。而协会成立的功能之一就是征收水资源费，这条新规则很可能会招致当地农民包括村干部的反对。在这种情况下，政府只有依靠强制力去推动协会的组建，最终往往出现“有名无实”的局面。

其次，分析“中继者”之间不合作的情况，即在变革的一系列互动过程中，各多行动主体之间的不合作和互相回避已经成了一种规则。就具体的组建来看，不合作的表现主要有三方面：①民政部门的注册。即便近年来国家不断出台相关的法律法规，但有些地方的登记注册费用仍是很高的

“门槛”①。②地方政府的态度。受多方面因素的影响，目前协会的推广仍会遭到有些地方政府的质疑或者轻视。③水利设施的完善。长期以来缺少国家的投入，加之工程“建管分离”，导致工程老化失修严重。协会成立的首要任务便是修复几近瘫痪的水利设施，而建设及维修费用是无法单靠农户投工集资来解决的。项目援助机构与相关政府部门的支持就尤为重要，当前主要的参与主体包括水利、农业开发、扶贫开发、土地治理等部门和单位，还有国内和国际的援助项目。但在组建协会方面，各参与主体常常出现标准不一、做法不同、信息不通、资源不能共享的局面。

4.2 协会的运行管理——各行动主体的“权力关系”与“权力使用”

在新型集体行动视角下，农民用水户协会被视为一种行动领域，对行动者既进行限制，同时也为行动者提供机遇。组织的运行管理问题在这一视角下，可重新定义为，各行动者在追求各自特定利益的过程中，通过各自地位、权力、资源及能力去实现必要合作的过程。协会中的主要行动主体（协会主席、协会执委和普通用水户）通常有着多种身份，他们并非消极顺应组织的管理，而是积极获取权力、调动可供使用的资源，进而获取其希望得到的收益。协会的运行管理所涉及的环节可大致分为工程管理、灌溉管理及日常管理（包括对突发事件的管理）。在本节中，我将采用“权力使用”这一概念作为分析工具。在具体情境中，各行动者的“权力使用”主要侧重两方面，即行动者在实施各项具体工作时的策略选择以及通过各行动者的经验来理解协会的组织建构。本节旨在通过分析在协会的三大运行管理领域中（工程管理、灌溉管理、日常管理）各行动者的“权力使用”，来理解协会真正的内部建构、运行管理的特点和规则以及实践中的问题。

长合用水联合会的最高权力机构是委员（用水者）代表大会，其权力包括选举和罢免执行会委员，审查、通过执行委员会的各项工作计划、用水计划和各项管理制度，审查执行委员会的年度财务预、决算，审议通过

①我在调查中了解到，虽然上面的文件有硬性规定不得超出300元标准，但实际注册下来一个协会竟要上交1000多元。

或修订协会章程，划分协会用水小组，负责制定用水小组的运行规则等。执行委员会是代表大会的执行机构，在会员代表大会闭会期间领导本协会开展日常工作，对会员代表大会负责。执行委员会实行会长负责制，执委会成员共5名，设会长1人，副会长4名，会长负责全面工作，副会长实行分工负责。执委会另有1名出纳、1名会计、1名工程员（水管站工人）。

4.2.1 协会内部各主要行动主体

1. 协会主席——“体制内精英”出“墙”来

根据世行贷款项目2004年湖北省的调查报告［5］显示，被调查的111个协会，共有498名执委，其中村干部206人，水管站技术人员和供水单位（非会员）人员11人，农民执委281人（占全部执委的56%）。而由普通农民担任协会主席的有50人，占45%。由此看出，体制内精英（村两委或政府水管单位）担任协会主席的情况占据多半。根据我的调查，这种情况在全国颇具普遍性。

首先来分析村干部担任协会主席的情况。根据贺雪峰从村干部的动力机制对其角色类型所做的划分来看，有四种角色类型的村干部：社会性收益为主，经济收益为辅；以较高正当报酬为基础的动力机制；主要报酬来自灰色（或非法）收入；既无法获取社会性收益又无稳定正当工资收入且很少有捞取灰色收入空间的情况。由此观之，村干部作为村庄的政治精英、传统精英或经济精英等，其社会资源（尤其是与外部环境的密切关系）、声望资源（尤其是在村民中的威信）、经济资源（稳定或较高的经济收入）等，为其当选为协会主席赢得了村民和领导的选票。

再来看水管站技术人员和供水单位人员担任协会主席的情况。工程管理和灌溉管理是协会的两项主要工作，前者涉及工程的建设及维修管护，后者包括从制定灌溉计划到取水、配水的一系列具体做法。毋庸置疑，水管站技术人员和供水单位人员在这些方面的专业技能为其赢得了充足的选票。此外，他们作为水管站或供水单位的体制内精英出任协会主席，会为协会同外部环境（水管站和供水单位）的互动联系带来十分重要的资源。

2. 协会执委——各用水小组的“代言人”

协会所辖地理区域是以水文边界来划分的，跨自然村、行政村甚至跨乡镇的情况十分普遍。而协会的主要工作，包括灌溉管理、水费收缴以及工程管护，多是以用水小组为单位组织开展的。通常一个村民小组（自然村）划为一个用水小组，在这种情况下，各小组出一个或几个代表来负责本组的具体工作，同时代表和维护本组农民的利益，就显得十分必要。这就不难理解，村民小组长被推选为用水小组长担任协会执委工作的情况。村民小组长在组内拥有声望资源，并借助其社会网络资源，为其落实协会各项工作提供了条件，如收取水费、组织农户维修工程、调解组内用水纠纷以及协会日常管理、财务监督、配水份额等。

3. 普通农户——“自主管理用水”的主体

农民用水户协会的组建和运行一直强调“自愿”和“民主”，即“自主”的理念。为保障普通农户作为自主管水的主体，协会从组建程序到运行管理都做出了相应规定①。以农民用水户协会的形式开展农民自主管理用水，是参与式灌溉管理改革的一项创新，它试图通过协会这种组织形式赋权于普通农户。但这种介入本身具有一定的限制性，它无法单纯通过约束或意识形态的灌输在短期内实现，如培训教育或能力建设等。这里，自主管理就变成了一个应该进行思考的问题。在调查时，有些协会主席就向我抱怨在面对“钉子户”时的“无力感”。协会主席要实施强硬措施，需获得“会员授权”（百姓认可），而这并不是形式上召开所谓民主决策大会的问题。因为老百姓都知道即使把会开了，也达不成一致意见，甚至越开会越公开讨论越乱套。因此，关于农民自主管水的思考，还是要回到具体的行动系统中去分析，即通过协会开展的具体工作，来看各行动者在权力关系中事实上可以动用的资源以及它们的实用价值。这就引出下一节要讨论的问题。

4.2.2　协会运行管理中各行动主体的权力使用

1. 工程管理——协会主席的权力赋予与制约

联合会主席负责协会的全面工作，按章程及大会通过的决议行使其权力。其主要负责：组织执委会成员和部分用水户代表制定协会各项工作制度，并形成文件；负责召开协会会议，安排日常工作；每年年末向用水户代表大会报告年度工作情况等。结合长合用水户联合会的运行实践，我认

①用水小组召开全体会员大会，选举本小组的代表参加用水户协会代表大会，用水户协会代表大会则是协会最高的权力机构。

为协会主席的权力使用主要体现在工程管理方面，具体包括协会工程管理范围的划分、工程管理制度的制定、工程建设的实施、工程的日常维护等。运行良好的工程设施是协会可持续发展的必要条件。过去的灌溉管理实行“建”“管”分离，而协会的成立落实了灌溉管理的主体。除政府或项目对工程建设和维修的资金投入外，协会组织农户投资投劳、开展日常管护也必不可少。组织的赋权以及协会主席在工程管护或动员村民方面的各种资源优势，使田间工程管护和灌溉管理得以落实，工程的产权有正式发文。

成立联合会之前，长合用水户协会主席积极争取项目和上级政府的资金支持，实现渠道硬化7400m。幸福和延年这两个用水户协会也分别硬化渠道12000m和8000m，并且修建了自己的支渠，得到T灌区的灌溉用水补充。三个协会的农民还共同投资投劳修建了通往两个小一型水库的渠道。

但是，主席的权力使用并不是无制约的。协会或联合会是以水文边界为单位来划分的管水组织，主席在协会所辖各乡、镇、村的影响力不尽相同。并且，若有少数村民拒不参加工程的投工投劳，其他农户也可能效尤，这就加大了协会主席在工程管理方面的难度。即便拥有组织的赋权，但在实际运作中，协会主席的“管理能力”更多依赖其个人的资源优势①。成立联合会以后，面对日益老化的渠道（主要发生在干渠，造成干渠水源的浪费）以及亟待配套改造的田间工程，主席难以有效调动整个联合会所辖范围内的老百姓参与工程改造，并抱怨“进行渠道改造工程的人工费也涨了”。在小组访谈中，老百姓普遍反映干渠老化是他们面临的最大困难。

2. 灌溉管理——协会执委的权力弹性空间

按照用水户代表大会章程，协会执委（副会长）负责灌溉管理工作。灌溉管理工作主要包括按照本地实际，适时与用水小组协商制定年度内每轮或每月、每季供水计划；及时向供水单位报送本协会年度内各种灌溉用水计划；安排好每轮水的灌溉顺序、时间，并协调和记录好放水过程中用水小组之间的交接；负责协会总的水账记录，并负责做好“三公开、一监督”工作；指导检查用水组配水员做好本组水账；负责水量调度分配，并向会长或用水户代表大会报告灌溉管理工作情况。

过去的灌溉管理过分依赖行政干预，出现了很多问题，如地方政府可

①调查发现，有的协会主席就曾让“地痞”亲朋担任执委，以便于搞定“恼火的情况”。

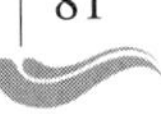

以决定渠系的水量分配，上游可能侵犯下游水权，地方政府可能截流灌溉水费等。联合会成立后被赋予了直接收取水费的权力，并通过协会执委来落实以免地方政府的截留。有的协会执委还借此减免组内弱势群体的水费负担，如老弱病残户等。这不但增强了农户对协会的拥护，也提高了自己的声望，便于调解用水纠纷等其他灌溉管理工作的开展。协会同时还被赋予了调配用水的权力，联合汇总计划，统一配水、统一调配。各分会主席负责各协会，各负其责。协会执委之间以及执委和主席之间各自的权力使用和博弈，使得用水调配更合理，农业水资源得到了更好的利用。就算在大旱年也能保证农业灌溉的正常进行，实现农业增收①。如此一来，也减轻了农民用水户的灌溉管理负担，得到了他们的普遍认可。村组之间以及农户之间的用水纠纷得以解决。

但在实际的灌溉管理过程中，主要是在用水调配和收取水费等环节，协会执委对这项特殊权力的不同使用则可能带来或积极或消极的不同影响。有的协会执委借机“搭车收费”或“截留水费”，使农户对协会的信任度大打折扣。调查中了解到，2008 年，联合会就遇到了这样的困难。因为上级政府的补助款被乡政府截留而没有下发到村里，各村执委（村两委）就把收取的水费充作这部分政府补助而没有上交给联合会。有的协会还被赋予自行核定水价的权力，甚至同一协会内部处于上下游的各用水组之间的水价标准可以不同。这又提供了一个权力使用的弹性空间，协会执委可以动用其各种资源积极为本组争取公平合理的水价。另外，在放水次序等方面，他们也可以通过动用同组织或外部环境的关系为自己小组争取更为合理公平的待遇。

3. 日常管理——普通农户的权力来源和能力建设

按照法兰西学派的组织观，普通农户的权力来源可分为四类：“第一，存在着源自专门技能以及功能专业化的权力；第二，存在着与组织和其环境之间诸种关系相连的权力；第三，存在着通过对交流传播以及信息的控制而制造的权力；第四，存在着以一般组织规则的形式而现身的权力。普通农户虽然占协会成员的大多数，并且组织章程也规定了普通农户参与协会运行管理的各种权力，但通常他们既没有工程管理方面的专业技能，又

①来自实地调查中的小组访谈和关键人物访谈。

缺乏在灌溉管理方面与组织和环境的密切关系，更不用说对交流及信息的控制。因此，普通农户的权力主要源自协会这一农民合作管水的正式组织。也就是说，其可使用的权力源自在协会日常管理中的参与。其具体包括协会各项规章制度的制定要以会员代表大会等形式听取农户意见；协会实行“水费、水价、水量”三公开原则，年初财务预算和年终的财务报告通过大会向农户公开，保障了农户监督财务的权力。另外，还有维护妇女和贫困农户权利的特殊规定，如规定妇女在执委及代表中的最低比例以及对妇女和贫困农户的能力建设培训等（刘厚斌）。

由于是全国最早成立的协会，没有规范可循，长合用水户协会的章程的制定是通过项目办直接研究，拟定初稿，经过代表大会宣读、讨论、通过的。章程一直没有改变，直到成立联合会（联合会的章程也是项目办直接研究起草的）。三个协会联合以前，尽管供水单位提供的购水价（以亩计算）是一致的，但各协会自行制定的水价有高有低，各协会农户（尤其是交叉地带的农户）满腹怨言。联合会成立以后，由三个协会的用水代表共同商定，水费统一为 16 元/亩，解决了水价不一带来的矛盾，体现了农户在水价制定过程中的权力使用。

在水费的收取方面，联合会也面临着新的挑战。工业化和城市化加速了农村土地流转，但土地产权的结构缺陷，成员权的条件和用益权的转让没有明确（蔡昉等），这给水费的收缴带来了挑战。承包方与转包方互相推诿，谁都不愿意缴纳水费。对此，长合用水联合会的农民提出了自己的解决措施：水费不再让村两委代收，联合会可以委派各用水小组收取，同时还要协调好镇、村、农户间的关系，同时，加强规范协会的管理，对不交水费的农户加以严惩，提高联合会的管理能力。

4.3 本章小结

本章的研究旨在回答论文的第二个研究问题，作为我国灌溉管理改革的“新生物”，在农民用水户协会这一类型的行动系统中，各主要行动主体能否达成合作及如何达成合作，以提供有效的灌溉管理。在本研究所定义的新型集体行动视角下，研究分别围绕协会的组建过程——作为灌溉管理系统中多方实践者的建构和协会的运行管理——组织内部各行动者追求各自特定利益的互动两大环节展开。

第一节深入分析了协会的组建过程，将其总结为“内源主动式”和“外生被动式”两种类型，并指出“中继者”的角色扮演是影响协会组建的关键。因此，本研究认为，在协会组建之初，协会领导的人选至为关键。村干部、水管站技术人员或灌溉管理单位的负责人等在协会组建过程中扮演着不可或缺的“中继者”角色。从他们当中选举出的领导人，会调动其所能支配的各种资源，为协会的发展创造条件，特别是协会发育的外部环境和协会的内部环境。

第二节针对协会的运行管理，讨论了组织内部各行动者的权力关系及权力使用。研究指出，协会内部运行管理的状况，不但取决于协会的组织结构和管理规章，更取决于协会主席、执委及普通农户在工程、灌溉及日常管理中的权力关系和各自的权力使用。

为实现用水户协会的可持续发展，我建议从协会的组建过程与运行管理两方面入手。首先，在协会组建之初，协会领导的人选至为关键。村干部、水管站技术人员，或灌溉管理单位的负责人等在协会组建过程中扮演着不可或缺的“中继者”角色。从他们当中选出的领导人，会调动其所能支配的各种资源，为协会的发展创造条件。其次，在协会的运行阶段，即工程管理、灌溉管理和日常管理，分别体现出协会主席、执委及普通农户的权力使用。这些权力一方面来自协会这一正式组织，同时也得益于协会主席或执委其个人可支配的各种资源。然而，面对以水文边界为单位的管水组织，协会领导对其各种资源的调动难免受到多种制约。因此，要保障用水户协会的可持续发展，普通农户在运行管理中的实质参与才是关键。进而我建议，各地协会应结合实际情况进一步完善各项规章制度、强化落实，同时不断以培训等形式来提高妇女等弱势群体的能力，使普通农户得以真正参与灌溉用水的各项管理工作中。

通过本章的分析我们可以认识到，在实践中，农民用水户协会并非一个改革政策实施的对象、一个技术援助的主体，而是作为一个多方行动主体的建构。从协会的组建到运行管理的诸环节，它为基层政府、水管单位、村两委及用水农户创造了一个达成集体行动的平台，进而重塑上层政策（见上一章）和权力关系。但至少就当前及可预见的未来一段时期而言，农民用水户协会并非全国普适的灌溉管理组织形式。从理论层面来说，通过政府放权予基层政府或灌溉管理机构和政府转权给农民用水户协会来解决灌溉难题，其隐含的重要假设是，权利被政府下放或转移的程度与灌溉管理的水平成正相关。该假设的背后主要是新自由主义理论，即把无拘无束的市场力量与对（准）公共产品的管理联系起来；公民社会理论[①]，即通过鼓励公民社会，也就是第三部门的参与来弥补市场体制与政府体制的局限性。然而，这一重要假设却面临两个层面的挑战：第一，权利在多大程度上依赖于政府赋予（下放或转移）？农民用水户协会被赋予的各项权利，理当在协会所辖的水文边界范围均可适用。但当水文边界与行政边界冲突时，协会及协会领导人被赋予的权利在执行过程中难免受到当地既有的、以行政单位为边界的权力结构等挑战。在这种情况下，权利并非一种静态的、政府赋予的权利，而是多方主体共同参与灌溉管理过程中的（权利与义务）的再生产。第二，谁来监督政府、市场与公民社会之间权利界限的划定执行情况。市场化的灌溉管理机构被赋予了水资源和工程设施的受益权，以期从水费和管护费中获益、实现经济自立。但面对城市居民用水、工业用水与农业用水的不公平[②]竞争，按照市场机制运作的灌溉管理机构的权利边界又要受到政府体制的限制。政府以行政命令的方式来保障农田灌溉用水的配额。当市场主体的权利边界受制于政府的权力边界，需要第三方对权利边界划分的执行情况进行监督。然而在我国，尚处在发展阶段的农民用水户组织很可能不足以提供有效的监督来保护其灌溉用水权利不受侵犯。其次，在实践层面，协会呈现出区域间不均衡的发展态势，协会欠发达地区的灌溉管理困境更应当引起关注。政府对协会进行权利转让，这一过程是与资源供给相伴而行的。政府在将与水资源和工程设施相关各项权利和责任转让给用水户协会的同时，也在不同程度上为协会的组建和运行提供所需的资源，如人力资源（提供培训）、财力资源（办公设备）、工程资源（农田水利建设补助）等。与全国范围内的大量需求相比，政府的资源供给

---

①又有：水资源管理中的参与式理论。李鹤在其博士论文中对两个理论的关系进行了探讨，“考虑到参与式理论与公民社会理论产生年代的先后顺序，参与式理论并非起源于公民社会理论。那么，公民社会理论是否来源于实践层面参与式理论的发展和总结呢？研究还没有找到充分的证据来证明”。

②这里的“不公平”体现在农业用水、城市生活用水、工业用水的水价之差。如果仅按照市场机制的运作，灌溉管理机构为城市居民和工业提供用水的获利远大于为农民提供灌溉用水。但为了保障农业灌溉，政府会对市场化的灌溉管理机构提出强制性要求。

是相对稀缺的。因此，权利转让被优先放到了大中型灌区或水资源更为匮乏的地区，如湖北、湖南、新疆等地的灌区。在本研究的实地调研地贵州省K乡，至今仍无一例农民用水户协会形式的管水组织。其灌溉管理的主要形式仍是乡镇政府主导、村民自管或私人承包。

第五章　农田灌溉系统与农民集体行动

5.1　K乡社会经济情况

坐落在贵州省省城贵阳市东南57km处的K乡，从省城乘大巴行三四个小时山路才可望见，东南山峦叠嶂，西南沙丘起伏，点缀在座座青峰和片片秧田间的小小村落，还有一条狭长的沙石路面街道。这里便是K乡乡政府驻地，叫凯佐堡。根据民间传说，明朝永乐年间朝廷大军行军驻营打仗来到这里，为取吉利朝廷赐名为凯佐堡，意为胜利之师所驻城堡。民国时期曾改其名为凯歌乡，曾在解放初参加过球队的老人，他们的球衣上还写着凯歌二字。在乡辖管的村民小组中还有“大堡”“唐基堡”等名字，其“堡”取自“城堡”，即军营之意。

K乡属于黔南布依族苗族自治州，有布依族4675人，苗族553人。据《布依族简史》载：布依族源于“骆越”，属“百越”的一支。“骆越”系指耕种“骆田”的人，布依语称山间谷地为“骆”，“骆田”即指山谷里的田。旧时，贵州民间对布依族就有“水仲家”之说，意思是布依族居住在水边，以种植水稻为业。世居贵州高原的布依族，是我国最早种植水稻的民族之一（谷因）。

据《苗族简史》载：苗族源于远古时期的“九黎”。“九黎”是一个部落名称，其首领称“蚩尤”。尧舜、夏商时期，苗族被称为“三苗”，又称“有苗”。《国语·楚语》谓：“三苗，九黎之后也。”以后，“三苗”被放逐于崇山“以变南蛮”（《史记·五帝本记》），被赶到南方的苗族先民被称为“南蛮”。苗族的先民被放逐以后，陆续进入鄱阳、洞庭两湖以南的江西、湖南的崇山峻岭中。然而，苗族的先民并不因此得以定居，正如乾隆

《费州通志·苗蛮志》所言一样，苗族仍然“转徙不恒”“迁徙无常”。一部分苗族逐步迁入贵州，并到了长顺县K乡。据贵州省博物馆对长顺县代化镇交麻崔墓的发掘、整理，苗族在西汉时期就开始在这里存放死者棺木，说明长顺在西汉时就有苗族迁来。当地人习惯称苗族为“苗子”。寨子里的苗族媳妇往往会遭到布依族的“歧视”。

汉族在K乡则算是“少数民族”了。占多数的布依族称汉族为“堡子”，称他们讲的话为“堡话”（今南京话）。如前所述，“堡”字取自“城堡”，据说源自明朝开国皇帝朱元璋带部队到贵州安营扎寨用石头筑起的堡。当地的“堡子”最团结，一旦一人受欺负，众人一起反抗。民间一句俗谚，“堡子住街上，布依在山上，苗子躲洞里”，生动展示了多民族聚居的特点。

K乡海拔1295m，属长顺县海拔最高的乡。K乡东连贵阳市，西接安顺市，北与安顺市平坝区相连，总面积66.89km^2，辖4个村民委员会，37个村民小组，总人口9620人、2127户。其中，非农业人口120人，全乡劳动力人口5860人。耕地总面积17600亩，含水田14600亩，旱地3000亩。2007年，农民人均纯收入为2168元。2008年，因洞口村被定为国家二级贫困村，遂将凯村与之合并，并将村干部的待遇由原来的每月100元提高到400元。用乡党委书记的话说，“一来提高了村干部的工作积极性，二来可以集中力量办事情”。

5.2　K乡农作制度与水利系统

K乡耕作制度可按水田与旱地的标准来划分，水田又分为两种种植制度：一是一年一熟制，主要是水田多，又是泡冬田①的，收了水稻后就翻犁板田泡冬，第二年又继续种水稻，即水稻—泡冬—水稻。二是一年两熟制。这种种植制度较为普遍，即水稻—油菜—水稻。在旱地的耕作，即在土地上根据种植不同的农作物，在一、二年内采取轮换种植的方法，既用地又养地。例如，烟草—油菜—玉米，玉米—烟草—玉米，烟草—绿肥—玉米（表5-1）。

①种田人在冬天往田里灌满水，俗称“泡冬”，主要是用来解决春旱的问题。春天冰雪融化后，土地自然松动而不用再去锄地。此外，泡冬还便于来年犁耙省工。

全乡大部分地势平坦，为全县重要的优质大米产地。其中，核子村麻线河一带是长顺县商品粮基地之一，稻谷播种面积全县第二，素有长顺县“鱼米之乡”之称。亩产550斤，总产超过855.8万斤，全年农业总产值862万元。自1990年，省、县把K乡列为“长顺县农业综合开发试点乡”。其主要粮食作物有水稻、玉米、豆类、薯类，其中水稻占粮食总产的70%以上，玉米约为20%（表5-1）。近年来，新一届乡政府领导人紧紧围绕“强基础、调结构、抓产业”的工作思路，重点做好两项工作：一是农业方面稳步发展，优质大米生产稳步进行①，同时发展精品水果种植② 3000亩，主要种植苹果、梨、杨梅等，种植西瓜300亩；二是工业企业从无到有，规划3.5km^2，位于K乡政府驻地附近的县工业项目聚集区已成功进驻4家企业③，其中两家（宏治公司和康宏焦化厂）已投产并见成效，第三家、第四家企业东宇化工企业、瓷砖厂正在建设中。

表5-1 2008年K乡农作物种类及播种面积

（面积单位：公顷）

作物	面积	备注	作物	面积	备注	作物	面积	备注
杂交稻	389	籼稻、中晚一季晚稻	豆类	33	大豆25，杂豆8	烟叶	23	烤烟19，土烟4
小麦	85	硬粒、冬小麦	薯类	27	红薯	蔬菜	65	菜类36，瓜类20，西瓜9
玉米	330	杂交玉米占92%	油料作物	403	油菜籽	饲料	19	青饲料10，绿肥9

资料来源：2008年政府统计材料。

按照地理位置和气候带的划分，K乡属于亚热带季风性湿润气候，冬无严寒，夏无酷暑，无霜期长。但日照较少，辐射强度弱，多阴雨天气，春暖迟，秋凉早。K乡降雨充沛，但因各月降水量分配不匀，四季变化较大，

①2010年年初，乡党委书记激动地打来电话说优质大米加工厂已经落成了，很快就可以投产，“这是我来K乡最大的心愿，我真的好高兴啊！”

②水果种植最早引入K乡是在1995年由贵州省农科院主持的“中国贵州山区社区自然资源管理研究”项目，是林地资源管理的一项重要成果。项目区形成社区与农户两级管理的林地管理体制，退耕种果还林，同时还利用当地荒地资源，种果树建果园。该项目得到贵州省科技厅、加拿大国际发展研究中心（IDRC）和福特基金会的资助，一直持续到2008年。

③企业生产用水与农业灌溉用水之争已经上演，在后面章节会详细论述。

容易发生干旱。从降水量的四季分配来看，春季（3 月到 5 月）330.4mm，占全年总量的 23.6%，夏季（6 月到 8 月）728.3mm，占全年总量的 52%，秋季（9 月到 11 月）275.4mm，占全年总量的 19.7%。冬季（12 月到次年 2 月）的降水量最少，仅 65.8mm，占全年总量的 4.7%。这种夏季最多，春、秋两季次之，冬季最少的降雨特点，很适宜大季作物的生长。(县志)

唯一一条流经 K 乡境内的河流叫麻线河。该河流域面积 123.75km^2，在长顺县境内河长 23km，进口处海拔 1295m，落差 44m。最枯流量 0.2m^3/s，最大流量 507m^3/s，平均流量 0.61m^3/s。平均年径流量 7747 万 m^3，不同保证率径流量平水年为 7112 万 m^3，枯水年为 6350 万 m^3，特枯水年为 5207 万 m^3。每年 5 月到 9 月为汛期，此期间的地表径流量占全年径流量的 67.5%～83.4%。但麻线河水中有机物污染严重，细菌指标超过正常范围，用作生活用水时应进行沉淀、过滤、消毒处理。(县志)

K 乡由于地层、构造、岩性以及地貌等原因，地下水资源储量中等，属于碳酸盐岩夹碎屑岩裂隙溶洞水，其主要赋存于质地不纯、岩性复杂、岩溶不甚发育的碳酸盐岩夹碎屑岩地层中，出露泉点少，流量小。泉水流量 10～100L/s，地下径流模数 3～5$L/s \cdot km^2$。根据贵州地矿局的调查，凯佐乡地下水埋藏深度为浅埋区，埋藏深度小于 50m。境内地下水主要来源于大气降水，其动态特征受大气降水的制约，呈现季节性变化特征。每年 4 月到 10 月的雨季地下水流量大，11 月到次年 3 月流量大大减少，许多泉水或河源枯竭，丰枯流量变化大。水位动态变化与流量动态变化一致。水量大时，地下水位高，反之则低。(县志)

K 乡所辖村民组按地理特征可大致分为两类：一类是浅切割喀斯特中山区，受地质结构和地层的影响，水源缺乏、沟谷洼地明显，其耕地资源主要是旱坡地。K 乡有旱地约 3000 亩；另一类地貌多为宽谷丘壑，海拔高差低于 100m，坡度较缓，水源较丰富，耕地以稻田为主。K 乡共水田 14600 亩。被定为国家二级贫困村的洞口村即分布在第一类山地旱作区，其余大部分村民组集中在稻作区。旱作区的人畜饮水极端困难，更不要说稻田灌溉。特别是在冬春枯水的季节，为了家庭饮用水，村民不得不半夜起床到 1km 外的地方排队等水。一个四口之家，每天通常需派一个劳力，用半天时间取水。挑水成为村民的一大负担，尤其是对主要承担挑水任务的妇女来说，她们更是不堪重负。20 世纪 80 年代初，在上级政府的帮助下，K 乡为洞口、小寨两个村民组的每户村民各修建了一个10m深的水窖，缓解了部分牲畜的饮水问题，而村民饮水仍十分困难。稻作区的每个村都有由组内集资投劳修建的水井（建于10多年前），可满足人畜饮水需要。但因水井位于低洼地带，易被稻田内施用的化肥及农家肥污染。尤其到了雨季，水井易被洪水淹没，污染就更加严重。

2006年，受上级政府和贵州农科院小项目的支持，全乡完成了麻线河、唐基堡、基昌、花边、新尧、上总、核子寨、凯佐、朝摆一组、朝摆二组、翁井、稍寨、洞口等村民组的人饮工程。另外一项由县政府出资、工程队承包、总投资142万元的人饮工程已于2008年竣工。受益面包括K乡政府、学校及工业园区，还有政府驻地附近的5个村民组（凯佐一、二、三组，凯佐组，滚塘组）以及水源地附近3个村民组（冗春、小寨、新寨院）。但因水源短缺等问题，至今仍有如滚塘等个别组不能享用，其他组也只能接到每天定时放的水。

K乡有1座小一型水库，名黄家寨水库①，位于K乡乡政府驻地西北部。上游集雨面积为9.56km^2，包括引洪部分的8km^2在内。黄家寨水库是1973年设计并施工的，次年冬按设计完成坝高12.2m。到1982年，共完成大坝块石护坡1座，子坝2座（1号坝高2.9m，2号坝高2.9m），引洪渠1条长1.3km（末段800m用块石浆砌），渠长6.96km，隧洞2条共长540m（黄泥关隧洞420m，猫洞隧洞120m），溢洪道一条长105m，提水站1处，蓄水量达137万m^3，完成灌溉面积2571.5亩（设计灌溉2700亩），投资共35万元。时至今日，由于缺乏管护，沟渠损毁严重，底部渗漏、涵洞垮塌堵塞，加上缺乏维修资金和管护人员，水库有效灌溉的村民组从原来的12个减少到6个（凯佐一、二、三组，麦互组，大补羊，基昌组）。

另有1座小（二）型水库，即麻线河水库，位于麻线河村民组。其控制流域面积1km^2，总蓄水量为25万m^3，设计灌溉面积220亩，有效灌溉面积220亩②，覆盖全乡约12个村民组（团坡、稍寨、朝摆一组、朝摆二组、新尧组、腊蓬、葫芦、塘基堡、花边、核子、大堡、麻线河）。但沟渠坍塌损毁、提灌站损坏遭偷盗等，导致地上河流的利用效率很低。另外，因稻作区的田块呈梯状分布，且十分零碎，加大了农民抽河水灌溉的成本。不

①本章节重点将围绕黄家寨水库的修建、使用管理及维修等展开。

②数据为官方统计，引自长顺县统计局《凯佐乡乡志》。

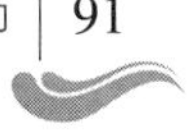

少村民组需要先从河沟抽到土渠，再抽到地势低洼的田块，最后才能抽到自家田块。

小（二）型以下的水库当地人叫山塘，大集体时期各生产队（村民组）都有修建。因工程老化、管理不善、年久失修，至今仍可用于农田灌溉的仅有滚塘龙潭、腊蓬山塘、花边水库（3个山塘相对较大），还有洞口、基田、基昌3个组的山塘相对较小。同期修建的还有15座提灌站，目前仍在使用的只有3座，即朝摆、大补羊、凯佐。山塘权属归村民组，由村民自我管理。但提灌站的权属归县水利局，村组只负责日常管理。

除地上河流、地下水井、小（一）型、小（二）型水库、小山塘以外，K乡的灌溉用水还有一个有趣的来源。我在山地旱作区的洞口村做调查时，发现有些村民家旁边有一口30m^{3}左右的小水窖。插小秧时节，他们会从自家水窖抽水到秧田。原来，这些临时用来灌溉的小水窖是烟草局的"烟水配套工程"。洞口村几年前种植过烟草，故而得了"实惠"。而据省政府办公厅文件①，计划2009年年内完成120万亩烟水配套工程建设任务。工程涉及省烟草专卖局、省水利厅、省农业综合开发办公室、省发展改革委员会、省地质矿产勘查开发局、省气象局等多个部门。另外，1992—1994年，省综合农业开发项目组织重建和维修了大量的灌溉设施。工程承包给了包工队，设计及施工等均出现了问题，工程质量较差。工程建成后，与原先的灌溉设施一样，缺乏管理机制，导致很快破损被弃置。

1995年以来，省农科院主持的"贵州山区社区自然资源管理"项目为K乡引入了"参与式社区水资源管理"的理念，提出以具体项目促进建立社区水资源管理机制。从项目设计、工程实施，到后续的管理维护，均由村民参与讨论制定。工程严禁承包给工程队，建成一个项目就建立一个管理机制。各项目村组制定的水资源管理内容大同小异，包括有关设施的管护、水源的管理、奖惩办法及水价等。水价由村民商定，包括电费、管理维修费及社区发展基金三个部分。但由于项目经费有限，项目村数量少，且以自来水项目为主，其解决灌溉用水方面取得的成效，就全乡范围来看并不十分显著。

地上（地下）水源不足、水库老化渗漏、山塘库容太小、沟渠损毁失

---

①《贵州省人民政府公报》2009年第4期，第23页。

修、提灌站遭偷盗等一系列问题，共同导致了K乡农田灌溉出现诸种问题。就水利工程的建设及维护来看，目前仍存在责任不清、主体缺位、缺乏投入保障机制、工程效益严重衰减等问题。而在用水管理方面，存在设施产权不清、缺乏维护资金、缺乏民众参与、水费及配水不公、放水不及时、用水纠纷不断等方面的问题。下面分别选取7个有代表性的K乡村民组农业用水管理的案例，来看当地灌溉系统的复杂多样性和以村民组为基础的集体行动的复杂性、多样性及动态性（表5-2）。

表5-2 K乡主要灌溉水源一览表

灌溉水源	灌溉面积（公顷）	工程类型
黄家寨水库（小一型）	251（水田）	蓄水工程
麻线河水库（小二型）	33水田	蓄水工程
山塘（19个）	130.1（水田）	蓄水工程，平均6.8公顷/个
翁井龙洞	16.74（水田）	引水工程
大堡提灌站	33.46（水田）	提水工程
凯佐堡提灌站	21.76（水田）	提水工程
朝摆提灌站	41.84（水田）	提水工程

5.3 以自然村为基础的农业用水管理

5.3.1 凯佐一、二、三组灌溉用水管理

大集体时期各生产队都有修建小山塘，用于农田灌溉和牲畜饮水。凯佐一、二、三队也不例外，1968年，各队组织劳力分别修建了自己的小山塘。1975年，黄家寨水库落成后淹没了一队的山塘，但二队、三队的山塘仍可使用。二队的山塘承包给本队村民养鱼，可灌溉面积仅为10~20亩。三队的山塘虽能灌溉100亩左右，但仅占全队田地的25%，其余田地均需从黄家寨水库引水。

2003年，三组的山塘坝体被冲毁，组长组织群众集资投劳搞维修。每家的集资份额从8元、10元到20、30元不等，视受益田土的面积大小而定。投劳按照自愿的原则，不分男女劳力。三组150个劳动力中有20个外

出打工，参加出工的共18人（10女8男）。时任组长（现任行政村村主任）认为，“大家出力的积极性还可以，主要是对自己有利，若对他无利就不好喊”。2005年，三组利用集体资金①买了沙、石头，动员各户出劳力，花了两天时间来硬化山塘（以免牛下塘打滚的时候踩踏）。据组长回忆，“全组只有两户没有出工，一户是只有两个娃在家，大人全出去（打工）了。另一户是老弱残废”。

从土地的生产经营来看，自大集体时期起，三个队（组）的田土就混杂在一起。1981年分包到户时，在小组的基础上，各组分各自的田土。下面以三组为例来做具体说明。首先，三组把组里的田土按照好、中、差分三等。好田有两大块：一是位于黄家寨水库下方的100亩，可从水库直接淌水下来，无须灌溉成本；二是位于乡政府与烟叶站门前的100亩左右，可从提灌站放水到水泥沟，每亩灌溉半小时即可，费用约10元/亩（但自2003年起，沟渠因损毁失修就不再使用了）。中田有三大块：一是山塘周边的20亩左右，可从山塘直接抽水灌溉（一次即可），成本约15元/亩；二是离山塘较近的4亩左右，需抽水两次，成本翻一番；三是学校对面的公路以下，即从铁厂下来那一片约80亩的田地。灌溉时需先经提灌站从黄家寨水库放水到水泥沟，再从沟里淌水（20亩）或再次抽水（20亩）到田间。这两种方式的灌溉成本分别为21元/亩、25.5元/亩。离沟太远无法抽到水的田地则要等“天落雨”（40亩）。差田有两大块：一是位于水库上方的50亩左右，可直接从水库抽水，成本约为15元/亩；二是离水库较远需抽两次水的10多亩田，成本翻至30元/亩。分包到户的第二步是按家庭人口数搭配土地，不分男女。但出嫁的女子、超生以及1979年以后出生的子女不得田地。大集体时期，三组（时为三队）出工时分成A、B两组，因此分地时A、B两组（各24户）各自分，由A、B两组的小组长主持。组长先是按照好中差的标准把田地分成五种，之所以分成五种，是因为田块的划分并非只看灌溉的便利程度，还要依据土壤的肥力。把人头与田地搭配好之后，组长召开集体会议，各家派一个代表去抽签。例如，王家5口人算作一股，李家10口人算两股。据村民们反映，老组长和时任小组长两家的田分得最好，地块大且易得水。老百姓不服气就重新调整，反反复复好几次才搭配好。

①队里机动田的承包费。大集体时期，这块机动田村里用。分包到户后，将地承包给了K乡学校校长，承包费300元/年。后来三组找乡政府把租赁合同要了回来，租金给了三组。

关于地块分布与灌溉用水的复杂性，下面以三队（组）现任钟队（组）长家的情况为例进行说明：

文框 5-1 黄家寨水库灌溉用水与地块分布案例

受访人：钟队长，男，凯佐三组组长

1981 年分地时，我家有四个女儿、两个儿子，加上我们夫妻二人，共八口人。按人均 2 亩地，总共得了 16 亩地，好田才 1/3。但现在好田长不动了（增产潜力已经不大），反倒是差田长得凶（产量高）。女儿嫁人田不收回，儿子分家时老人把地给平分了。老人还能种田时，自己划出了 4 亩，剩下的给我们两弟兄平分。现在老人岁数大了种不了了，我们每家各分得 8 亩。两家每年各给老人 800 斤粮食。现在出去打工的多了，就把田地包给别人种。除了自己的 8 亩田地，我又包了别家的 14 亩。不用租金，每年给那家的老人 300~500 斤粮食就行了。

说起放水（灌溉），现在不比过去（大集体时期）。那时候，三队有个提灌站，有专人管理，从自己山塘抽水。一个管水，一个巡坝（放水时查看哪里缺水），一个抬机子（抽水机，记 5 个工分）。抽水机烧的油都是集体出（柴油机抽水）。分包到户以后，各顾各的，集体的提灌站没人管就废了。1988 年以后，各家基本都买了小抽水机，一套 1700 到 1800（元）。我家 1982 年就买了，现在有三台，一台至少用十年没问题。我们自己的山塘每年都抽干，还要去黄家寨水库放水。加上承包的，我家总共 24.5 亩地，放水分成十来块：

①5.5 亩田直接用小抽水机从黄家寨水库抽，2.5 亩抽一次就行，15~20 元/亩，还有 3 亩需要抽两次（30 元/亩）。有时候别家田里有水，就用他的田（借田过水）。要是那家田里没水，就用锄头挖个能装几桶水的坑来抽水（$1m^2$、10~20cm 深）。②3 亩田是自来灌（从水库直接放水到田里，无须抽水或提灌），到九妹（负责开票的副乡长）那里交费，一块钱一小时。平时也很少开（票），现在沟渠坏了，大补羊一放水，水就会顺着淌下来（到三队田里）。这块田基本不花钱。③4 亩从三组小山塘放水，抽一次就能放到地里，15 元/亩。也有人家需要抽两次。④4 亩从水库流下来的水到别人田里，我再抽两次，平均 30 元/亩。⑤2 亩从提灌站放水到沟里，再用抽水机抽到田里，平均 36 元/亩。⑥2 亩从水库流下来的水抽一次就行，大概 15 元/亩。⑦3 亩靠近大补羊，从水库淌到沟里的水，直接抽到田里，15 元/亩。⑧还有 1 亩（荒田）找不到水源，就靠天下雨。

5.3.2 大补羊组灌溉用水管理

大补羊村民组有 70%的田地要从黄家寨水库放水，另外有 100 亩田受益于本组的提灌站（这节重点关注大补羊组的自来水井提灌站）。该组有两口老水井，较小的一口用作生活用水，较大的一口用来灌溉。每年插秧时村民就会用自家小抽水机抽水打秧田。据说这两口井自古代就有，从来没有干枯过。据寨老老班分析，该井与一条地下河相连。村民一直想建一个提灌站，把水提到井旁的小山上，便可使100多亩“望天田”受益。早在1991年，作为贵州省农业综合开发实验区之一的K乡政府，听取了村民的意见，同意修建提灌站。水泥沙石等原材料也已经购到。动工之前，K乡政府请县水利局一位技术员到现场考察，得出的结论是此地水源不充足，不能修建。K乡政府当即就把原材料运走了。

1995年，省农科院课题组来到大补羊，召开村民大会后了解到“水利系统的修建和管理”是村民最迫切要解决的问题。于是，他们召集村组干部、村民代表还有寨老等组成评估小组。调查评估之后，应大家的一致要求，课题组决定动工修建提灌站。先是由组长组织10多个村民代表商议，之后召开群众会，全组分为3个工作小组施工，并选出3个小组长。提灌站由该组寨老（原乡拖拉机站技术员）负责设计，另外，村民因有外出打工的经历，组上木工、水泥工、粉刷工都有。课题组人员不会每天到现场监督，但会一起去购买原材料。资金每月公布一次，乡政府跟踪监督。财务人员每月拿发票找到组长、村民代表、小组管理人员、乡长等人签字后方可报销。历时15天，村民自己建成了提灌站，自来水工程也同期竣工。提灌站运行至今十多年，从未出现过断水。“清明时水不够，就马上停机子，顶多半小时水就又冒上来了。”就是在发生严重春旱的1996年和1999年，村民连续抽水也未将井水抽干。另外，以前种水稻，老百姓的做法是在清明前后撒种，1995年后在农科院课题组的指导下开始育秧，加之灌溉设施的改善，每亩水稻的产量提高了200kg左右①。

工程建好后，村民选出管水员和水费收取员各一名，负责收费、放水及维修。饮用水以m^3计量，灌溉水按照用电量来收取费用。规定水费的一定比例用作社区发展基金，但迄今累积的基金额度很小。为保证自来水的可持续使用，在与村民座谈后，课题组拟定了详细的管理章程②。章程经村民一致同意后，于1996年4月1日起正式生效。用提灌站抽水井灌溉后，

---

①孙秋. 重建公共产权资源管理——以贵州农村社区为基础的自然资源管理研究为例［M］. 贵阳：贵州科技出版社，2008：130.

②章程就水管员的责任、水管安装和维护、水资源的管理、水费管理等均做出了详细规定。

大都是各家单独去排队放水，按照“先来后到”的顺序。水价由村民共同商议决定，饮用水为 1 元/m^3（各家都安装了水表）、灌溉水为 0.7 元/度（其中 0.03 元/度作为管理人员的提成，另有 0.1 元/度作为维修费用）。规章运行一段时间后，特别是“水费收缴”等问题逐渐暴露出来①：一是村民组长兼任规章管理员，缺乏来自第三方的监督和支持。二是规章并不能有效执行，特别是对拖欠水费的处罚。据村民的看法，原因主要归于“面子”。在这个仅有 67 户人家的自然村，村民大多有亲戚关系，他们碍于“面子”，在村民大会上并不会检举拖欠水费的农户，而负责水资源管理的时任组长又是个“老好人”不够强势。三是管理小组并不能及时定期地收取水费（按规定每月一次）、公开账目。这方面的主要原因是水费提成过少，不足以吸引管水员尽职尽责。

总的来说，因“不能服众”（如有漏水却不维修、水费收取和账目公开不及时等）及制度要求（同组长一起换届）等问题，管水员更换频繁。过去，管水员一上任，往往先收取 500 元押金，不然就很难收取水费（主要是电费）。“人多事多，又不得钱，就没人想搞了。”几位曾任水管员的村民均如是说。后来变压器被盗，很难集资，于是集体出钱去买变压器（集体有 2 座矿山，本村人租来开石灰石厂）。面对水管员更换频繁、缺乏积极性以及水费收缴等难题，村民代表商议后，决定将提灌站承包给个人，水价不变动。承包给个人这一方案背后的逻辑是，以前拖欠水费的农户感觉是“亏欠集体”，承包后他们会感觉是“亏欠个人”。采访现任承包人时，他也表示现在收取水费比过去容易了。

5.3.3 基昌组灌溉用水管理

从“三提五统②”到完全取消农业税，国家在减轻农民负担的同时也带来一定的负面影响。在税费改革前，共同生产费统筹在村集体和乡镇一级，老百姓对政府行政干预灌溉用水形成了依赖。税改后，面对老化失修的水利设施，村委会很难再组织动员农民，而乡镇政府又失去了资金来源，“心

---

①1999—2001 年，课题组在大补羊开展了参与式监测评估。

②“三提五统”，所谓“三提”是指农户上交给村级行政单位的三种提留费用，包括公积金、公益金和行管费，“五统”是指农民上交给乡镇一级政府的五项统筹费，包括教育附加费、计划生育费、民兵训练费、乡村道路建设费和优抚费。

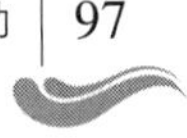

有余而力不足”。另外，在湖北、湖南、新疆等国家大型灌区调查时，我了解到农业税的取消还对灌区水费收取带来了负面影响。原先农民没有把灌溉水费当成一项生产投入，对取消农业税后还要收取水费，不少农民就有了抵触情绪（当成一项负担）。“完成国家任务的难易，提供公共物品的组织成本，农民对乡村组织的期待及乡村组织的行动等，构成了农业用水这一乡村治理绩效的关键词。”（贺雪峰）

自2004年黄家寨水库部分沟渠坍塌后[1]，基昌组每年有40%的田地需要到外村借田打秧。据当地村民反映，沟渠坍塌的原因，除年久失修外，还有国土部门的“土地平整”项目加快了水土流失。“县国土局负责人贪污，骗取国家工程款。上面人来了就推（坡地），松树、油菜全推翻了，也没讲要种什么，土地都荒了四、五年了。”村里田地的灌溉，一是靠“天落雨”；二是他们去亲戚家“借田打秧”；三是同时用四五抬抽水机抽井水育秧，但水量很小；四是从塘基堡提灌站[2]抽水到基昌，提灌站也是从黄家寨水库引水过来。

面对290多亩秧田不得水育秧，2008年4月，组长老袁召开群众会，动员群众集资买一个大型抽水机，计划从距村组1.2千米的麻线河[3]抽水。在反反复复召开了数次动员会后，80户中有50户同意集资，还有30户因不会从中受益拒绝参加。集资额也由原计划的50元/户提高到100元/户。但大型抽水机需万元以上，还有几千元的缺口。组长袁仁贵跑到乡里找领导，乡财政一时拿不出那么多钱，乡长（现任书记）立马掏出自己的银行卡，取出8000元做垫付[4]。书记此举动感动了组长，还被拿来动员群众，“政府无钱，乡长自己掏钱”。抽水机使用后，组长同群众商议后，制定了两套水价：针对当初未集资的30户抽水为12元/小时，集资农户抽水是6元/小时。

---

①沟渠坍塌后，上级组织过一次维修，从黄家寨水库到新尧组的一段全部用石头砌成，原计划一直通到大堡，但新尧处施工时因施工失误致一人死。自此，维修工程告终。

②20世纪70年代提灌站建成后，基昌组请到一个外地人在水泵旁住下，村民组的集体田给他种，还可以搞点养殖。2006年，外地人与当地村民发生了矛盾就走了。此后，基昌组请组长父亲去守站。一日，组长父亲晚到后发现变压器被窃。

③K乡唯一一条地上河，但有意思的是，各组村民对这条河一直没有一个统一的叫法。

④这件事最早是听书记亲自说的，后来又在组长老袁那里得到了证实。最后，基昌组为这8000元申请了农科院课题组的小项目资金。

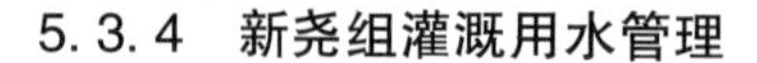

5.3.4 新尧组灌溉用水管理

在新尧组乃至整个K乡，组长没有他的妻子华月名气大。华月是四川人外嫁到这里，读过初中，还在新尧组所在的核子村小学代过课（1991—2001年），同时兼任村计生专干①。作为村里的文化人，华月自省农科院课题组在K乡开展项目以来，经常参加项目培训、出席会议并做发言。自2003年以来，黄家寨水库至新尧组段的沟渠涵洞堵塞，新尧组百姓引不到黄家寨水库的水灌溉，水田变成了“望天田”。华月写了一份小项目资金申请交给了乡主管水利的陈部长。华月想组织群众集资，修建一个小山塘，以解决灌溉难题，还能让“牛打滚”②。但若山塘建好后，上总组有三分之一的田土也要用到该山塘的水。项目就一直没有启动。

2008年夏，当我在K乡调研期间，课题组的工作人员也正在K乡进行项目的后期评估。华月抓住这次机会，向课题组再次表达了修建山塘的意愿。一日，我有幸同乡长、课题组工作人员小农前往新尧组，参加他们讨论小项目修建山塘一事。新尧组已经决定不与上总组“合作”，单独提交了“牛塘修建申请”。计划牛塘面积9亩，组长带乡长、小农和我去看了一下准备修建牛塘的田块。群众同意每年“兜谷子”给让出田块的任家（在外打工）。但有关集资和实施方案还没有达成一致意见，争议点是集资是一家100元还是每人100元。实施方案，根据组长家的意见是承包给工程队，理由是年轻人都外出打工缺乏劳力。在现场，乡长还亲自打电话给在省里工作的工程师表哥，请他帮忙核算工程成本。

2009年春，再次回到K乡调研时，我了解到新尧组的“水塘修建项目”已改为了“修建水泥路”。其主要原因是组里选了新的组长，因为收钱出了矛盾，新组长索性把集资的5000元全数退还给了各家。而村主任对这个小寨子不太重视，支书曾表态要求他们重新开会，但是一直无人组织。

“……当时集资，我们家因为少出一个劳力，有一户跟我家不合的（也是会计亲戚），闹事让我们家出500（元）。闹到刘主任那里，因为他没参加我们的群众会不知情，就动员我，让我高姿态，就掏了那500（元）。其他

①负责统计村内出生和死亡人数，做婚出婚入报表，对打工外出及返乡人员进行统计，另外还给孕妇发放宣传资料。华月曾当选为县优秀计生专干。

②K乡几乎每个村组都有一个小山塘，有的甚至有一亩，作为水牛的饮水打滚池。

的老百姓都同情我家，哎，队里的事只有自己人知道。出工时候，这个队长让出20（元），我家那个（前任队长）认为出10元比较合理。传到大家那里，以为是我家那个让出钱，有几户就堵住我家大门骂……我真是寒心，以前集体没有收入，几年前卖了那个变压器得了800（元），修路花了500（元），剩下300（元）我都转给了下一任。他们都说我没脑水（太老实）。这个队长跟以前那个会计不合还是我当和事佬……”（华月）

5.3.5　新寨院组灌溉用水管理

新寨院是个移民村，也倒不奇怪。第一次随何组长来到这里，我就纳闷为什么所有的房屋齐整地分成两队、清一色的砖瓦平房①。新寨院住户有28户，其中5户举家外出打工，还有10多户的男劳力常年外出。在整个K乡，新寨院的总体经济水平属于中下等，主要原因是这里恶劣的自然条件。全组人均旱地1亩左右，水田只有几分且都集中在3km外的黄家寨水库附近。在这个大杂院里，卢姓最多，共11家，其他还有何、陈、李、张、丁、蒲、梁和魏②等姓。新寨院一般是“望天落雨”栽小秧，所以比黄家寨水库边上的凯佐村栽秧要晚半个多月之久。当然，不是所有人家都干等“老天”，有门路的人家就到凯佐那边亲戚家借田栽秧。所谓“借”田，自然是用不着支付人民币的，给亲戚家田里拉几车大粪就可以了。另外，铁厂那边的田，几番周折后，还是能从铁厂抽到水的。铁厂周边那片田有凯佐一、二、三组，滚塘，新寨院等五个村寨的，因此，联合灌溉的行动单位出现了跨村民组的情况。一到用水时节，周围村的百姓得“求”着铁厂给放水。据说是8元钱一度电，但具体多少，访问的多数老百姓倒也不清楚，他们只

---

①自1999年开始，在原高山组和原沙地组两个组组干的努力下，他们向上申请移民，直接找到县和省里相关部门。这两个组分别坐落在相邻的两个山头上，中间隔了一个峡谷，谷口就是现在的新寨院所在地。恶劣的自然条件为当地村民的生产生活带来了很大的不便，如交通、人畜饮水等。这使得两个组很早就有共同移民的意愿，加之两个组历来关系就很好，且每个组的人口都不多，于是，两个组一起向上级政府申请移民项目。到2002年下半年，由财政扶贫资金支持的统一住房全部在新址修建完毕（政府每户补助3000元），大部分农户都从高山和沙地原址搬到了新居，只剩下几户老人还留在山里。

②到这个新的大家庭，邻里之间来自不同寨子，虽说也认识但并不相熟。在原来的寨子，妇女们去田里做活，路上都是搭伙结伴。但初来到这里，大家都是自己搞自己的。大概过了二三年，妇女们才慢慢融合起来，农闲时节也去串串门、跳跳舞，还各家兜钱集体旅游过两次。红白事的“走动半径”很大，不论是从高山下来的卢家还是从沙地下来的李家，哪家有事都互相随礼帮工。就连附近的洞口、野毛井和小寨，甚至大冲和冗春等组也都相互“走动”。

管总共需要多少钱。栽秧时节，还有的人家去沟沟里慢慢抽（雨水），或者靠寨子挖的小坑塘取水。

2009年春，何组长欲组织村民集资投工修建一个小山塘，一是解决新寨院的“水牛打滚”（牲畜饮水）问题，二来为本组的灌溉用水提供水源。新寨院组三次召开组民大会商讨，确定了工程选址和每户集资额度（100元）。因买不到村庄下面的地皮，山塘定在村庄上面的空地修建。如此一来，村庄有名的“钉子户”卢仁海家不能受益，他家的牛不往上面放。4月10日是K乡每周一次的赶场天，卢仁海和组长一起找到硐口村村委会，找村干部说理。何组长说，“集体的事不参加，以后就不要享受新寨院的任何政策”。此话果然奏效，卢仁海立时掏出100元。何组长却摆出了秉公办事的姿态，“不要给我，到时候会有人来收这个钱”。当天上午各行政村召开村组干部会议会后，所有组村干部和乡干部一起在乡食堂吃午饭。饭毕，何组长向乡党委书记反映“修牛塘钱还不够”。书记说乡里没钱。何组长进一步暗示，“是让乡里往上面要钱”。因为听说鲁老师的项目[①]来了，书记本不想放在新寨院，何组长示威，“不给新寨院，以后有事别找我”。话奏效。按照项目要求，每个试点社区共得项目资助15000元，分为三期拨款（5000元/年）。

组长返回村子的当天晚上[②]，召集六名村民代表开会。九点钟过后，大家陆陆续续到齐了。何组长很认真地把赶场买来的六个硬皮笔记本分发给六位村民，“从现在开始，大家用这个本去记录开支还有其他相关的事项。这个比写在纸上好，不容易丢”。大家开始讨论修建牛塘的各项管理工作，尤其是村规民约的拟定。何组长委托我帮忙起草和记录。大家集思广益，在忙碌了一天农活之后，兴致盎然的讨论一直持续到夜里十二点。不日，项目方组织乡政府干部和项目村村民组长召开了一次项目启动会议。根据项目管理要求，我协助组长和六位村民代表草拟了“新寨院组牛塘修建项目基金申请报告”。申请报告在村民代表会议的基础上，详细陈述了集体投

---

①“鲁老师的项目”是指美国新一代研究院和中国农业大学合作的“生态文明示范社区项目”。经前期在K乡做过论文调研的鲁静芳老师推荐，项目组准备在K乡选择几个试点。在这个节骨眼上施压，新寨院于是被列为示范社区之一。

②我也随何组长来到新寨院组，并为跟进动态在组长家住了下来。

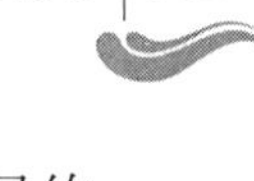

工投劳的施工方案[①]、时间进度和经费预算等事项。牛塘管理的村规民约，组长邀请任小学教师的弟弟一笔一画誊写在一张大红纸上，次日临去工地干活前将其方方正正地张贴在社区墙上。其后，因项目方管理不善，拨款迟迟未到，修建牛塘工程无果而终。

5.3.6　牛安云组灌溉用水管理

牛安云组家庭人均总收入2000元左右，以前90%以上的收入来自农业，主要是水稻种植和出售牲畜（猪和牛），农户间贫富差距较小。最近几年，一半以上的劳动力选择了外出打工或在附近打零工以补贴家用，大部分家庭非农收入占总收入比重约为一半左右，农户间收入的差距在扩大。牛安云村民组的集体收入主要有砖厂、沙厂、烧制石灰石的矿场等所缴纳的承包费。这些都是外地人承包的，也雇用了几个本村的人干活。牛安云村民组现共有土地（包括水田、旱地、林地和经果林）1600多亩。其中，水田500多亩，多分布在山谷间河流冲积而成的“大冲”里，是村寨海拔最低的地区，能够蓄到足够的水源。

1998年，牛安云组成为K乡参与式农村发展项目的第二批试点村寨[②]，解决人畜饮水和植树造林成为项目组和牛安云村民的共识，而自来水工程被放在最急需项目之列。1998年4月，在项目组和村民的共同考察下，选定了后山的一个泉眼作为自来水水源。在经过细致协商之后，自来水建设工程很快就开工了。但当时选择水源点的时候是雨季，可工程竣工时为冬季枯水期，完工后仅有下游的10%的农户可以享用到自来水。在这种情况下，地势高的人家就产生了极大的意见，并在自来水通水之后的不长时间里，就被村里的“霸王”胡贵友[③]给暗中破坏了，因为胡贵友住房比较高，

①经群众会讨论决定，每户集资100元、投工1名（18岁以上的劳力），违者由管理小组收取相应罚金。所收罚金将注入社区滚动资金，人人受益。牛塘投入使用后，每年冬季由组长组织群众进行一次集中清理。

②项目组进驻牛安云组后，迅速开展了声势浩大的活动，如植树造林、成立妇女小组、修建灌溉引水渠等，但也有一些不成功或失败的项目活动，如修建自来水工程，牲畜银行项目推进等。

③在牛安云组，乃至整个凯佐乡，胡贵友可谓是“大名鼎鼎”，并不是因为其卓越贡献或者超强个人能力，而是因为其霸气和匪气。胡贵友今年42岁，现在的主要工作是开农用车帮别人拉东西。从年轻的时候开始，胡贵友就因为其调皮捣蛋、偷鸡摸狗而“三进宫”，并因此在凯佐乡成为名人。20世纪80年代中后期最后一次从监狱中出来之后，一者因为在监狱中受了伤，二者因为年纪大了之后跑不动了，他开始比较安心地在家里种田。但其性格中的霸气和匪气始终未变，并成为牛安云中一霸，只要和别人有什么过节，一般都是武力解决问题。因此，一般牛安云组人并不愿意多得罪他。

用不上自来水。此事被人发现后，也没人敢说，连主任村长都不说话。就这样，牛安云组的第一次自来水工程最终以失败告终。

一时间，村内上下游的农户间矛盾四起。在这个节骨眼上，时任行政村村支部书记的吴登学临危受命，于1999年兼任牛安云组组长。在农科院项目组和村民共同讨论后，植树造林的项目活动开始启动。根据当时大补羊组妇女小组的成功经验，项目组在牛安云组也推动了妇女小组的建设，并在群众大会上由群众推选明小二担任妇女小组[①]组长，另外选出几个能力强的妇女担任管理小组成员。群众会议同时决定植树造林的主要工作由妇女小组组织实施。在吴登学和明小二的带领下，牛安云组的植树造林很快就通过一系列规章制度的制定而走上正轨，其成功的经验同时也成为参与式发展项目中成功项目的典范。由于考虑到自己担任凯佐村支书，并且自己的责任田也非常多，因此，吴登学不久后决定辞去牛安云组长一职。在群众会上，牛安云组的另一个强势人物蒋家兴，被群众推举为新的组长。在蒋家兴和吴登兴的共同带领下，结合农科院课题组的项目，牛安云组又相继开展了一系列的项目活动，其中最重要的如修建灌溉引水渠（表5-3）。

表5-3 牛安云组灌溉水渠工程建设动态

工程动态	具体实施环节
需求表达/决策	组长召开村民大会，持续了2个星期。 极个别农户因享受不到灌溉水渠，十分不配合。其思想工作不好做。 组长和其他几名村里能人几经努力，做通了其中1户，其他几户也就同意投工投劳。 组长的原则是不想参加也不勉强，但若“喊你出工你不出工，以后有事别找我”

①牛安云组的妇女小组在项目早期非常活跃，不但促进了项目的顺利开展，而且对当时牛安云村庄气氛的活跃和社区关系的融合产生了非常积极的作用。但牛安云组的妇女小组缺乏具有号召力且深孚众望的“领袖人物”。因此，以2001年的一次“奖金风波”为转折，牛安云组的妇女小组开始走下坡路并最终名存实亡。当时，项目组组织了6个试点村寨的妇女小组举行实用技能比赛，结果牛安云组获得第三名，并获得100元奖励。大补羊妇女小组在奖励的基础上，每人再加了2元钱，全村所有妇女搞了一次大聚餐（当地叫“打平伙”），取得了很好的效果，每个人都很满意。但牛安云妇女小组则因为当时组长没有及时把奖励拿出来向大补羊一样公开处理，事后也没有及时说明，结果引起妇女小组内部成员的不满和猜疑，加之之前的一些累计矛盾的集中发作，最终导致牛安云组妇女小组事实上的解体。

续表

工程动态	具体实施环节
集资过程/机制	K乡政府资助40吨水泥，农科院课题组出资1万元。 农户每户集资10元。 县水利局前来考察后，认为需要9万元。 村民自己建设，认为18000元就够了
修建过程/使用	全村24户为一大组，6~12户为一小组，选出最“坏”的当组长（偷、懒，甚至坐过牢的）。 吴支书的报酬一分不要（当时180元/年），全部分给这8个小组长，他们自己随便分。若收不上来集资，就扣他们的工资。 作业组轮流作业，若不出工则出钱20元/天，用来雇其他人出工。1999年，工程历时2个月修好
设施管护/维修	建成后，召开群众会议，“组里出300斤粮食，哪个来管?”村民老张自告奋勇，“我来管!”获得大家同意后，老张任沟渠管理员，每年负责清沟一次。300斤稻谷由集体的机动田出。 组长蒋家新负责抽水，监督由东风水库至提灌站段的放水情况。 村民按田块分布连片灌溉。全村500多亩稻田不到1个星期即可灌完

“农业学大寨”时期，K乡出资，农民出工出力修建了东风水库，水库修好后当地大多数农田都可以得到水库的水进行灌溉。东风水库地点在广顺镇和K乡的交界地，两地在水库使用权属上存在纠纷。近十年来，由于管理不善，水库渗漏，储水量减少。沟渠建成后，从1999年至2001年，村民们享用了三年东风水库的灌溉水。后因水库承包给了私人企业养鱼，导致水源不足，加之上游沟渠坍塌严重，村民自建的这段沟渠被迫废弃。当地政府也无力承担巨额的维修费用，现在牛安云组的农田已无法得到水库的水源。到了插秧季节，村民多是抽取团坡河的河水来灌田插秧，或者从水井里挑水浇田。

5.4　以社区为基础的集体行动路径及可能性

结合本研究对集体行动给出的定义，某类具体的农业水资源管理系统中，相关行动者有意识或无意识地依赖于系统结构提供的惯例性和区域性，获取并支配权力，调动可供使用的资源，通过系列性的互动进而达成一种冲突或合作的过程。透过集体行动的视角，本章案例间的异同之处归纳为表5-4所示，并结合不同案例的进展情况，采用了不同的案例撰写格式，以便更完整地呈现各村组灌溉系统的复杂性、多样性以及集体行动达成冲突或合作的过程。

表 5-4 集体行动视角下的案例比较

案例社区	灌溉水源	相关行动者	系列性互动过程	达成冲突或合作	主要因素
凯佐一、二、三组	黄家寨水库	普通村民、组长、妇女能人	集体修建—集体管理—集体维修—小抽水机单独灌溉	达成合作，后解体	抽水机的引入和政策的改变
大补羊组	本组水井	普通村民、组长、课题组成员、管水员、承包人、村庄能人	集体修建—集体管理—承包个人	达成合作，后解体	缺乏对使用者和资源的有效监督
基昌组	麻线河	普通村民、组长、乡干部	个体灌溉—集体购买抽水机—集体灌溉（“两部制”水价）	达成合作	
新尧组	本组山塘	普通村民、组长、妇女能人、村干、课题组成员、乡干部	集体修山塘—集体修水泥路	未达成合作，持续冲突	缺乏对领导权的最低限度的认可
新寨院组	本组山塘	普通村民、组长、课题组成员、乡干部	集体修建牛塘—需求表达和动员工作之后，因外部资金不到位无果而终	未达成合作	外力干预不当
牛安云组	东风水库	普通村民、组长、妇女能人、村干、课题组成员	集体修建沟渠—集体农田灌溉—个体抽水灌溉	达成合作，后因上游沟渠坍塌无法继续	外界条件改变所致

与池塘资源管理系统不同，农业水资源管理系统，涉及工程系统（修建、管理、维修）、体制系统和灌溉系统。工程系统中的集体行动包括水库、山塘、水井、沟渠、提灌站、大型抽水机的修建或购买、维修和管理诸环节。灌溉系统中的集体行动主要是以自然村为单位或村民小规模行动单位的集体灌溉活动。如若基于此进行多案例比较研究，面临的挑战在于集体行动发生在不同自然村的农业水资源管理系统的不同子系统中，有的是工程系统，有的是灌溉系统，很难进行多案例比较研究设计。本章描述这些案例，旨在展示 K 乡各村民组农业水资源管理系统的复杂性和多样性。由于灌溉水源（水库、山塘、降雨等）和田块分布（地势高低、距水源远

近等）等自然因素的不同，导致各村民组灌溉管理所面临的集体行动的难题各不相同，如维修或修建提灌站、购买大型抽水机、修建山塘或水井等。面对不同的难题，各村组的相关行动者不一而同，有普通村民、村民组长、村干部、妇女能人、男性能人、乡镇干部以及来自省农科院的项目课题组成员。集体行动的动态过程充满着戏剧性，有的是村民自发，有的是有外界干预；有的从个体走向合作，有的达成合作后解体，有的未达成合作且持续冲突。

结合本研究主题——微观层面上农业水资源管理的集体行动之路径和可能性，最后决定采用个案研究，其作用主要体现在三个层面：一是这些个案本身所代表的“经验的复杂性和多样性”，包括基层（尤其是社区层面上的）灌溉及灌溉管理实践的“复杂性和多样性”，并进一步展示社区层面上为解决灌溉难题所要达成的集体行动的路径和可能性之“复杂性和多样性”。二是所采用的个案研究“在理论上的有效性”，特别是在当前中国社会结构转型期。通过对各村组集体行动走向合作或冲突的实践过程进行分析比较，可以对基层（尤其是以社区为基础的）集体行动的达成路径和可能性进行解释，并进一步归纳出作为多方行动者建构的基层（尤其是以社区为基础的）集体行动的逻辑。三是本研究的理论创新“在实践中的实用性”。也就是说，蓝图范本的时代已经过去了，如今研究应该让理论反过来再参与实践的建构中，去探讨其对农民灌溉管理的影响和作用，乃至去探讨灌溉管理领域中新型集体行动的实践对农民生计的改善、对当前“国家—社会”关系建构的长远影响。

在本研究中，我试着探寻一种对集体行动的路径和可能性的精确的理解，尽管这种理解必然是不完整的。有时我试着通过多案例来进行概括和归纳，因此，一些案例间的比较就必不可少。在研究伊始所做出的有关集体行动的路径和可能性的归纳，随着我对案例的接触和认识的加深而需要做出修改。有时候是案例选择了我们，有时候是我们去挑选案例。在进行选择的时候，最好是挑选那些能够加深我们理解的而非那些最典型的案例。事实上，高度非典型的案例有时能够提供有关集体行动的路径和可能性的最佳洞察。本研究最终确定了两个案例：K乡最大的灌溉水源黄家寨水库和滚塘这一当地农民自组织进行工程和灌溉管理的自然村。黄家寨水库是案例选择了我，因为有正在进行的（研究伊始未曾预期的）集体行动；滚塘

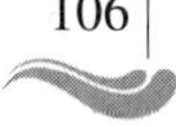

是我选择了案例，因为考虑到案例的代表性（作为全乡仅存的以自建自管的自然村为基础的农业水资源管理系统）。研究侧重对每个案例的复杂性和特殊性进行深入分析，以期获得对基层集体行动的路径和可能性更为深入的洞察，包括在乡镇及自然村层面上。

第六章　一个乡镇级的灌溉资源系统：黄家寨水库案例

> “真正的‘活历史’是前因后果串联起来的一个动态的巨流。”
>
> ——费孝通

作为第一个微观情境的研究案例，本章以一个乡镇级的灌溉资源系统——K 乡最大的灌溉水源黄家寨水库为研究案例，重点采用奥斯特罗姆的集体行动理论框架，分析系统内部已结束、进行中和将要开展的农业水资源管理实践，包括工程的建设、维修、管理，体制的建设与变迁，以及灌溉管理三个子系统。透过多行动主体在该系统中的实践，理解系统内部的结构特征，并深入分析在系统内部不同子系统中（工程系统、体制系统、灌溉系统），集体行动达成的可能性和路径。

6.1　黄家寨水库的修建历史——“真、伪集体行动”之辨

对于人民公社时期我国水利建设的成就，罗兴佐总结过一句话“国家的强力介入，克服了几千年来农民的组织困境，从而在短短的 20 余年中建造起了无以计数的大大小小的水利工程，基本上实现了农田水利化”。依靠强大的政治力量将农民组织起来兴修水利的这段历史，学界普遍不将之视为农民的集体行动，主要归因于农民自发性的缺失。“狭义的集体行动是指

有许多个体参加的、具有很大自发性的制度外政治行为。”① 罗兴佐也认为，在这一体制中，农民的合作问题实质上变成了国家的一个组织问题。

20 世纪 70 年代，国家树立“农业学大寨”的榜样。“农业学大寨”可谓农田水利建设上的一个契机，搞以治水、改土为中心的农田基本建设，如兴建小型水利工程、坡改梯、平整土地等形式。K 乡党委书记、乡长前去参观学习归来后，动员老百姓自己投工投劳，开土地蓄水塘。在此期间，K 乡共修建了“大水库”（小二型）两个：黄家寨水库（库容 148m^3）和东风水库（库容为 86m^3）；四五个大队分别修建了“小水库”（小二型以下）；各生产小队自己修建了小水塘（后来不少水塘因为太小被填埋了，现仅存 6 个）。

1973 年动工修建的黄家寨水库，由乡党委书记、乡长牵头、乡武装部部长组织管理。各队队长命令全队劳动力不分男女老少一律出工，分为主劳力（18 岁到 50 岁之间）和半劳力（女劳力以及小于 18 岁或大于 50 岁的男劳力），出工一天最高记 10 个工分。不出工者就扣工分、不给粮食。有磨洋工或迟到者，其队长也要受乡长批评和处分。一到饭点各自回家。就这样一掀一铲一拖车，历时两年才把水库挖好。据当时估计，这项出动了全乡 100%劳力的浩大工程将会给全乡 60%的人口带来益处。但那 40%不受益的群众也必须出工，“喊你来就得来”“命令风”，或者叫“统一行动”，不出工就会受到处分。水库于 1976 年建成。

1975 年动工修建主渠道，乡政府将其划段分给各队。队长负责命令全队出工、各司其职。待全线贯通后，武装部部长带领“专业队”硬化渠道。所谓“专业队”，即从各生产队挑选 4~5 名精壮劳力组成。上级政府负责炸药费和运费，老百姓自行爆破采石，再由乡拖拉机站的 28 辆拖拉机拉到施工现场。人工挖土方、运土方，每人每天记 10~20 个工分。乡食堂负责专业队队员的伙食。1977 年渠道工程竣工。1976 年，由凯佐村的 11 个组集体集资，老百姓投工投劳还建成提灌站一座，紧邻水库（位于凯佐一组）。

尽管这一段兴修水利的历史并非被归为“集体行动”的研究范畴，但通过对其修建过程的描述不难发现，大集体时期组织群众投工投劳的作业形式同当今农民自发维修或新建农田小水利的施工方式几乎一致。省农科

---

①赵鼎新. 社会与政治运动讲义［M］. 北京：社会科学文献出版社，2006：2-6

院课题组在K乡13年的参与式发展实践期间，许多村民小组都开展了水利新建或维修的项目，其一般的做法就是“分成二三个作业组，选出小组长”“各家集资出工”“以出工天数计分、迟到或旷工受到处罚（现金形式多）”。既然如此，为什么前者就不属于集体行动的范畴呢？这两者的根本区别何在？

在总结当前中国“集体行动”研究时，有学者指出，目前的研究在研究取向和方法上，结构性分析多而过程分析少，理性主义分析多而建构主义分析少（王国勤）。因此，对上述问题的回答，我认为还是要回到集体行动的研究范式中：首先，比较两者所面临的集体行动的困境来划分其集体行动的类型；其次，从动力机制、动员机制，到成员的策略运用，由过程分析来动态地比较两者的起因、组织与运作的不同之处。

从面临的集团行动的困境来看，人民公社时期，“政社合一”和“三级所有、队为基础”为其两大组织特征。生产队作为基本的生产单位，决定了灌溉用水也是以队为单位，与家庭联产承包后土地细碎化的经营方式虽不同，但农民对灌溉用水的利益诉求具有高度的一致性，而大集体时期不存在因“水源不同、地块分散”所带来的集体修建或维修水利的困境。

从动力机制来看，即探讨集体行动是如何发生的。在人民公社体制下，国家依靠“政社合一”的组织形式以及由此产生的高度集中的权力，与集体所有制相结合，使作为行动主体的农民完全被动地参与水库修建。农民的被动或“非自发性”主要表现在两个方面：一方面是农民被动参与投工。这项出动了全乡100%劳力的浩大工程（最乐观的估计）仅能给60%的人口带来受益。但那40%不受益的群众也必须出工，“喊你来就得来”“命令风”，或者叫“统一行动”，不出工就会受到处分。而当今，村民小组内无法修建或维修水利的主要困境之一就是这部分不受益的群众，更不用说这覆盖全乡的大规模集体行动。另一方面的“被动”则体现在工程的设计，尤其是工程的选址上。位于K乡政府所在地的黄家寨水库，作为一座小一型集雨蓄水工程，其选址与其说是个技术选择，倒不如说更像是个政治选择。同样使用黄家寨水库灌溉的不同村组乃至不同农户间，因其梯田距水库的远近、较水库位置的高低各不相同，直接影响到了灌溉成本的多少（详见表6-1）。与黄家寨水库相比，大集体时期各生产队修建的小山塘，尽管也是依靠强大的政治力量进行组织，但农民的参与并非完全被动。在工程选址方面，队长在考虑到技术因素的同时也会听取社员的意见，这也是为什么有些村组的小山塘在后来维修时仍能动员全村组村民参与的重要原因。

表 6-1 黄家寨水库概览

水库选址	政治选择
水库用途	农田灌溉
水库渠道	集体出工修建 14km 主沟渠
覆盖范围	涉及 12 个村民组、共灌溉 2571.5 亩
水源性质	集雨蓄水可达 137 万 m^3
水闸管理	集资建提灌站一座

有关动员机制的比较，于建嵘将中华人民共和国成立后至十一届三中全会前的这一段时期的乡村政治结构称之为“集权式乡村动员体制”。罗兴佐进一步概括为“集权式动员机制”提供了启动、推进水利建设所必需的强有力的组织保证、劳力资源以及强大的舆论氛围和精神支持。西方学者（Gould①，Tilly②）对集体行动的外部动员机制进行了研究，将人际网络和组织、阶级认同和邻里关系、地域和情节空间等视为在动员中起重要作用的要素，还强调了文化在塑造符号和话语中的动员作用。在国内学者的研究中，“精英动员”③ 视角和“草根动员模式”④ 等均被用来解释当下中国农民集体行动的现实。在 K 乡各村民小组维修农田水利的实践中，是“草根行动者”（省农科院课题组）同村庄精英一起，动员群众开展维修水利的集体行动，两者缺一不可（有关论述请见下面两章的案例）。

集体行动的策略运用，即对其运行机制的探究，主要有两种视角：结构主义和建构主义。前者注重结构对策略和技术选择的作用，如吴毅认为

---

①Roger V. Gould. Multiple networks and mobilization in the Paris Commune [J]. American Sociological Review, 1871 (56): 716-729.

②Tilly Charles. The Contentions French, Four Centuries of Popular Struggle [M]. Cambridge: Harvard University Press 1986.

③于建嵘. 当前农民维权活动的一个解释框架 [J]. 社会学研究, 2004 (2): 49-55.

④于建嵘. 集体行动的原动力机制研究——基于 H 县农民维权抗争的考察 [J]. 学海, 2006 (2): 26-32.

既存的“权力—利益结构网”越来越成为影响和塑造具体场域中农民维权行为的优先因素。后者则强调行动主体在过程中对策略与技术的主动选择。例如，应星认为农民运用一系列“问题化”技术，将自己的困境建构为国家重视的社会秩序问题。但这些研究都是针对集体上访、集体维权、集体抗争等群体性事件，而在修建或维修水利这一性质的集体行动中，农民又是如何运用其行动策略的呢？在大集体时期，“政社合一”的组织机构以及牢固的政治信仰，都保障了农民在修建水利过程中的合作行为，“农业学大寨”、“自己动手丰衣足食”、“不出工就扣工分、没饭吃”、家庭联产承包责任制、灌溉体制改革、“乡政村治”以及一系列惠民政策的实施，转型期的社会结构改变了农民集体行动的基础，同时又带来了新的合作困境或利益诉求，“一事一议”为农民自发修建或维修水利工程提供了法律依据。但农田水利工程老化失修等问题却一直未得到解决。什么是新形势下农民集体行动的逻辑？这也是我在实地调研过程中一直关注的重点，将在后面的章节展开详细论述。

6.2　黄家寨水库管理体制变革——以不变应万变

继2003年12月9日水利部农村水利司下发《小型农村水利工程管理体制改革实施意见》后，2004年6月23日贵州省水利厅联合省发展改革委员会、财政厅、人事厅等11个部门联合发文《贵州省水利工程管理体制改革实施意见》。根据实施意见[①]，黄家寨水库属于国家投资兴建的小（1）型及跨乡（镇）行政区划的小（2）型水利工程，由工程所在县（市、区）水行政主管部门直接管理。因此，黄家寨水库建成后的前30年间交由乡政府

---

①水管体制改革的主要内容和措施包括以下十个方面：❶明确权责，规范管理。实行枢纽与灌区统一管理和按工程类型、行政区划分级管理，并完善责任追究制度。❷划分水管单位类别和性质，严格定编定岗。根据水管单位承担的任务和收益情况，将水管单位分为纯公益性（全额拨款事业单位）、准公益性（依其收支情况确定性质）和经营性（定性为企业）三类。规范水管单位的经营活动，严格资产管理。❸全面推进水管单位改革，建立良性运行机制，严格资产管理。❹积极推行管养分离。❺加大水价改革力度，强化水费计收管理。❻规范财政支付范围和方式，严格资金管理。❼妥善安置分流人员，落实社会保障政策。❽完善新建水利工程管理体制。❾改革小微型水利工程管理体制。积极推进小微型水利工程改制，努力探索拍卖、租赁、承包、股份合作等多种小微型水利工程经营管理摸式。❿加强水利工程的环境保护与安全管理。

管理（1975—2005年），但2005年以后水库所有权上交给县水利局①。实施意见并没有就工程权属上交后如何做好工程管理做出说明，故而黄家寨水库名义上由乡管到县管，但日常使用仍由乡政府管理。

乡政府委派2名工作人员负责水库的灌溉管理：1名主管计划生育工作的副乡长负责开票，水费归乡财政；另外1名由乡政府指派凯佐的村民老陈负责收票放水。放水以村为单位，一开始不收取水费。1981年分包到户后，各户"兜钱"交水费。上下游各队上交的水费（按亩计价）价格不一，上游要少一些。放水并非按照"上游优先"的顺序，而是"谁先开票，谁先放水"。水价由县水利局制定，从黄家寨水库坝后到核子村全程为14千米的主沟渠，每年由受益户（共1000多户）负责出工清理（除杂草、清淤泥）。针对参与清淤的农户，灌溉水价是每小时6元、8元或10元不等。一般地，越下游水价越高。未参与清淤的农户则是每小时35元。每年都会有80%以上的受益户参加清淤，哪户没参加清淤各村民小组长都清楚。放水时，一般的情况是一个组共同放一次。到乡政府开票时，办公室再询问老班（上一任工作人员）应该按哪个价格收取水费。

上下游的用水纠纷也时有发生，如出现上游偷水，村民会到乡政府去调解。提灌站则由乡政府"抽"凯佐大队（村）的人管理（提灌站位于该村民组）。1976年至1999年，提灌站共换了10个管理人员。自1999年至今，提灌站一直由凯佐大队（村）一位老支书管理。1998年，乡政府在事先并没有让农民知晓的情况下，将水库承包给了一户四川人养鱼，乡政府每年有7000元的承包费收入。黄家寨水库工程及灌溉管理相关行动主体如图6-1所示。

雨季时节，养鱼户不断放水来保持水库的水位，以免大水冲走鱼苗。但这样一来，水库下游地势低洼的稻田就会遭淹。而当旱季来临时，又因为没有足够的集雨量，导致有些农户不能得到充足的灌溉水。另外，养鱼使用的饲料污染了水库的水，附近几个村民组的饮用水安全无法保障②。当然，各方对水库承包给私人养鱼一事，看法不一。对当前"一人放水、一人提灌"的管理安排，老百姓也表达了不同意见。

---

①县水利局、乡政府负责水利的副乡长、水库管理人员对权属移交的时间说法不一，且没有文档记录。乡水利服务站小吴于2008年2月接上任老班的班，称"老班走得急，很多文档都没有留下"。（老班因待遇太差，辞职从商了）

②2005年，凯佐村民小组一家举办婚礼喜宴时，20多位村民中毒，经检查是黄家寨水库的有毒污染物所致。

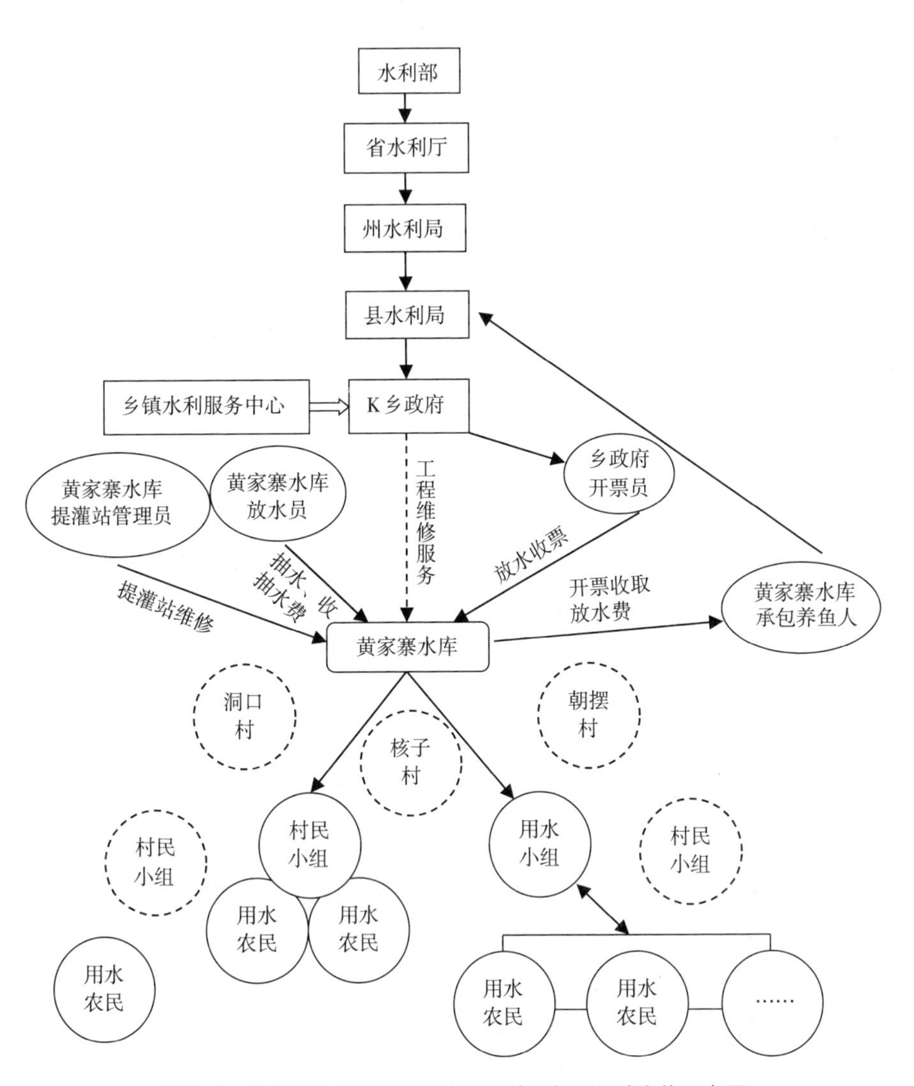

图6-1　黄家寨水库工程管理及灌溉管理相关行动主体示意图

乡里管时承包给私人养鱼，不会影响农民灌溉，但对老百姓生活用水有影响，因此有人不满。

——长顺县水利局张主任（2007.7）

签合同的时候说好了，先保证农业用水。

——K乡主管水利的原乡武装部陈部长（2008.8）

该放水时就放，但不能放干了。

——曾组织过水库修建的退休干部原乡政协罗主席（2007.7）

乡（政府）管好，了解群众需要水的时间。县里管，看（照顾）不上。

——水库提灌站管理员王大爷（2009.4）

毛（主席）时代农工（农业与工业）用水泾渭分明，黄家寨水库肯定先保证养鱼，（但）跟庄稼用水冲突。（我）在那放过两次水，水费高。而且国家修的水沟也没利用上，水利资源管理漏洞很大、效率低下。

——K乡某村民小组王组长（2008.8）

找到放水的，就找不到抽水的（提灌站）。我们群众的意思是待水库修好以后，让老王既管放水又管抽水。当时王副乡长也讲过，后来还是（让胡）贵友管放水了。不知道乡里怎么安排的。

——K乡凯佐一组村民（2009.4）

纵观改革开放以来我国的灌溉管理体制改革，始终围绕两大不确定性：一是谁来为水利工程的建设及运行维护买单？二是谁来担当农田灌溉管理的主体？改革涉及宏观[①]和微观[②]两个层面，催生出两大灌溉管理的主体：一是负责管理支渠及以下的农民用水户协会；另一个是负责管理水源工程和骨干渠道的供水公司。关于农田小水利（小农水），水利部又提出了“三位一体”的改革计划，即农民用水自治的协会管理方式+深化农业水价改革+完善农田水利工程。那么，为何时至今日黄家寨水库的管理仍未出现实质性变化？当前的管理方式对于农田灌溉又会带来怎样的影响呢？

改革开放以来，我国的灌溉管理体制改革将公私合作（Public-Private Partnership，简称PPP）模式引入中国，成为我国当前灌溉管理新兴模式（丁平）。然而供水公司这一新型灌溉管理的主体在K乡并未出现。负责管理水源工程和骨干渠道的供水公司是享有独立管理权力、自负盈亏的非政府经济实体，一般设在县（市）级以上。而单凭黄家寨水库的灌溉能力显然不足以供养这样一个经济实体。黄家寨水库的开票员是负责计生工作的副乡长，其工资由县财政支付，无须“另开炉灶”。乡水利服务站也只有1名工作人员，不属于公务员（不在编制），要靠自己想法养活自己[③]。另外

①宏观改革是指国营水管单位（支渠以上骨干渠系工程）管理体制改革。

②微观改革是指小型农村水利工程（支渠或支渠以下）管理体制改革。

③2008年老班因为对经济待遇不满而主动辞职。

2名，提灌站管理员和黄家寨水库放水员都是当地农民，从水费收取部分提成①。如此一来，节省了正式组织的管理运行费用，黄家寨水库松散无组织的管理才得以持续。谈到这里，不得不提到省农科院课题组。他们在了解到黄家寨水库松散无组织的管理所带来的种种弊病后，试图于2006年夏联合当地水管站、乡政府及相关村民推动黄家寨水库水管改革的尝试。但是根据当地政府规定，类似小一型的水利系统权属归政府，其管理也应当由政府负责。②

目前对于我国灌溉管理的研究多在宏观层面，如农村公共政策、土地制度的变迁、农村传统文化、乡村治理等对灌溉管理的影响。他们多采用经济学、制度经济学、政治经济学、社会学的理论进行分析，有助于我们在宏观上理解灌溉管理体系，及其如何嵌入宏观政策、经济结构中（王金霞、黄季昆、罗兴佐、李育珍、唐忠、李忠民、李鹤、Lohmar 等）。而对农田灌溉管理在微观情境下的动态研究，主要是中国乡村治理研究中心的成果。贺雪峰教授总结了农田灌溉的四种均衡③，指出农户以村组为单位组织用水户协会是最理想的均衡，农民出资少又可获得稳定廉价的灌溉用水。但是三个前提必不可少：一是规模不能太大，二是内部要有强大的向心力、道德感或乡规民约，三是内部对未来有稳定预期。因此，他认为“今日中国可以达成第四种均衡的农村，只是少数，如存在较强宗族意识……或一些传统依然保存较为完好的少数民族地区”。依此，K乡可谓完全符合达成第四种均衡的标准，但作为变革催生的两大管理主体之一的农民用水户协会却从未在K乡出现过。相反，中东部（如湖北、湖南等省）以及西北部（如新疆维吾尔自治区）的大型灌区④出现了不少作为全国典型的用水户协会。通过比较分析，我认为，第一，协会组建离不开上级政府的权利转让。

---

①提灌站管理员王大爷是用20元或30元/小时的提水费作为电费和自己的工资，同时负责电线、房子、机子和抽水。放水员老陈是从乡里开票时收缴的水费中提成0.3元/小时。

②孙秋. 重建公共产权资源管理——以贵州农村社区为基础的自然资源管理研究为例［M］. 贵阳：贵州科技出版社，2008：129.

③一是税费改革前，乡村组织以收取共同生产费的形式来组织农田灌溉的均衡；二是由村庄“能人”出面组织农户进行灌溉的均衡；三是既无乡村组织借重国家强制力，也无村庄强人借重私人暴力来抑制搭便车行为，从而形成的以微型水利灌溉为主的均衡；四是以村民小组或村为单位建立用水协会，组织农户灌溉的均衡。

④例如，湖北东风灌区、湖南铁山灌区及新疆三屯河流域。借助DFID项目调研机会，我有幸亲临这些灌区协会深入了解协会的组建过程和运转情况。

而政府对协会进行权利转让，这一过程是与资源供给相伴而行的。在实践中，政府在将与水资源和工程设施相关各项权利和责任转让给用水户协会的同时，也在不同程度上为协会的组建和运行提供所需的资源，如人力资源（提供培训）、财力资源（办公设备）、工程资源（农田水利建设补助）等。同全国范围内的大量需求相比，政府的资源供给是相对稀缺的。因此，权利转让被优先放到了大中型灌区或水资源更为匮乏的地区，如湖北、湖南、新疆等灌区。第二，工程设施的完善与否是影响协会能否成立的又一关键因素。年久失修加无组织的管理导致黄家寨水库坝体渗漏、沟渠几近瘫痪，使灌溉面积锐减，受益农户数逐年递减，这无疑会影响到农户组建协会的意愿①。第三，在“供水公司+用水协会”的管理模式中，供水公司可谓用水协会成立的诱因。没有供水公司，当地政府及老百姓就没有成立用水协会的压力或需求②。无论是上级政府还是供水公司，都在协会组建过程中扮演着“中继者”③ 的角色，中继者的“缺位”，是导致用水户协会没有成立的主要原因。

综上所述，我认为，供水公司和用水协会这新兴的两大灌溉管理主体的缺失，是K乡灌溉管理变革“以不变应万变”的主要原因。那么，当前黄家寨水库松散无组织的管理模式给农田灌溉带来了哪些影响呢？我认为，管理主体的缺失导致了三个后果：第一，社区“集体水权”代理的缺失，使社区在流域或灌区内水资源的调配中，没有谈判和磋商的组织平台，社区的用水权利受到侵害，进而影响社区发展。例如，政府为增加税收收入，将水库承包给私人养鱼，对农民的灌溉用水造成了不利影响。但由于缺乏组织平台，农民的权益得不到有效表达。又如，各村村民小组间争水抢水的情况时有发生，又没有组织出面调解，有些村组的利益难免受损。第二，工程管护主体的缺失，导致坝体及沟渠的建设、维护缺乏经费来源。而工程的运行维护往往又由乡政府和村委会等“精英”代管，村民无法参与和监督管理过程

---

①在湖北、湖南、新疆等地做DFID项目调研时，我发现若渠系等工程设施不完善，即便协会在外力的作用下得以组建，其实际运转效果也往往不甚理想，如湖南付朝用水户协会、新疆阿克苏的部分用水户协会等。

②协会成立的一个重要功能就是水费的收缴，作为供水公司和协会运转的重要经费来源。就湖北、湖南、新疆等协会发展较快的地区经验来看，协会组建之初的外界资金支持十分关键。不少协会正是因为缺少运转经费而难以持续。

③见第四章。

（见下节黄家寨水库维修工程）。

6.3 黄家寨水库的维修工程——不关老百姓的事

自2004年，贵州省水利部门就倡导对水利设施进行拍卖、转让等市场化改革，但却一直没有下发实施办法①。也就是说，长顺县的水利管理体制并没有出现实质性变革。每年自治州政府拨出20万~30万元用于小山塘的维修（冬修），上级会视沟渠损毁程度决定维修的优先次序。据长顺县水利局负责人反映，当前的问题：一是申报维修的太多，上级给的钱太少。若有沟渠漏水需维修，村民集资后方可得到水利局的配套资金。比如，村民出资20%，水利局配套投入资金80%。二是农民用时不爱惜，坏了上来要钱，还有钱（水费）收不上来，无法维修。

如今，黄家寨水库能够有效灌溉的村民小组从原来的12个减少到6个（凯佐一、二、三组，麦互组，大补羊，基昌组），县乡均没有实际灌溉面积的统计数据。黄家寨水库灌溉能力减小的原因有二：

第一，最主要的是沟渠损毁严重。水库坝体是由全乡各生产队的劳力投工投劳修建而成的，故而工程质量不会有问题。但是沟渠的硬化，则是由国家出钱请"专业队"修的，偷工减料致使沟渠质量较差。加上山体滑坡等自然灾害的影响，主沟渠的坍塌是导致其他6个组无法再利用黄家寨水库灌溉的直接原因。2007年，主沟渠总寨段垮塌（约14km）。水利服务站老班找到县防汛办主任（老班的师兄），县防汛办免费发放了2000个编织袋，由下游基昌组群众施工完成。但此举也仅是缓兵之计，并不能解决主沟渠严重损毁的问题。有关主沟渠的维修计划，诸位关键受访人的说法不一。

估计明年动工，（向上级）报了100万（元）。报10万（元）能给8万（元）就不错。

——水利服务站负责人老班（2007.8）

---

①2009年贵州省人民政府工作报告，明确提出要完成水利管理体制改革任务。按照督办要求，省水利厅：完成水利管理体制改革任务。省财政厅：加强对水资源费、水能资源使用权出让金征收、使用等管理工作的检查监督，确保收入按规定及时足额征收和缴库。省物价局：执行国家及省的水资源费征收标准，加强收费管理。请各牵头承办单位分别将全年工作完成情况上报。

计划组织老百姓投工投劳，向上报了10万（元）。

——省农科院项目在K乡的负责人老杨（2007.8）

第二，水库渗漏严重。2005年，乡政府请县政府出资进行维修，同年9月，将水库放干进行修补（200多个小时才将水库抽干，四川籍的养鱼人也清了塘，把鱼都打了卖了）。不料，次年大旱，水库无法集雨。2006年春灌时将水库放干都不能满足百姓的灌溉需求。乡水利服务站的老班建议负责开票的副乡长规定一个单位面积放水额度（如不得超过300m^3/亩），不能让村民“想开多少就放多少”。所幸2007年雨水较大，水库集雨120万立方米（基本满了）。目前水库已不再渗漏。

2005年，黄家寨水库权属上交县水利局后，按照规定①：维修小（二）型以上的水库，需向上申报，由国家出资。2007年，我初入K乡进行本研究调查时，关于沟渠维修我了解到的情况并不乐观。2008年夏，当我再返K乡进行调查时，乡长不无激动地说，“贵州省新来的林省长很重视基础设施这块，明年就要迎来水利的春天。省政府计划从2009年到2015年，所有水利设施都将维修、新建。长顺县争取到两亿元。我们K乡是水利大乡（农业、水利不分家），应该至少能争取2000万元左右。另外，我们还向国土部门跑来了国土项目（县国土局有关人员亲自到省里跑），从朝山到这边共4000亩机耕田的改造，包括田间渠道维修等”。

2009年贵州省人民政府工作报告指出，2009年重点抓好的第一方面的工作就是，“把重大基础设施建设作为贯彻落实中央扩大内需方针的关键，加快构建现代化交通体系和城乡供水安全保障体系”。第五点要求省水利厅实施180座病险水库加固工程。2009年春，当我满怀豪情再次回到K乡计划趁清明灌溉时节深入调查农民的灌溉管理时，惊讶地发现“放眼过去，哪里是K乡的黄家寨水库，简直就像新疆的戈壁滩。黄土地都干得裂开了口子，冷不丁还能捡到海螺和贝壳。一边是工程队施工，挖掘机、大货车、小推车、抽水泵、小铁锨、安全帽……另一边还有薄薄一层碗底的水，还有两群鸭子无忧无愁地游来游去……②”

在访问了几个关键人物（乡党委书记、主管水利的副乡长等），并几次

①日常的维修管理由县水利局的管理股负责，小二型以上的水库维修则由建设股负责。

②笔者调研日记，2009.3.18

到施工指挥部和施工现场后，我才大概了解到这个项目的来龙去脉。作为全州仅有的两个病险库加固工程之一，黄家寨水库得到了国家40万元的资金支持。工程由州水利局承包给了工程队施工①，县乡两级政府没有参与（均没有项目资料）。且不论这项工程耗费的巨资，单把坝体加固与沟渠维修相比较，对老百姓的灌溉孰重孰轻就不言自明。再者，工程于清明前动工，正赶上老百姓最急需灌溉水的时节。而我的这个看法也在乡领导、水利服务站负责人以及当地老百姓那里得到证实。以下摘自笔者2009年4月的访谈日记。

如果用于沟渠维修效果可能更好。

——乡党委书记

用于坝体加固的资金，按理说应该先用在沟渠上。（黄家寨）水库的坝体没有危险，渗漏并不严重。但这都是水利局操办的，我们也没办法。

——水利服务站负责人小吴

今年的田要撂荒了，不得水（黄家寨水库已经干了）。

——凯佐一组村民

工程破坏了我们的自来水，找到乡里，乡长说项目是州里下来的，不关他们的事。这自来水是我们投工投劳修的！

——凯佐二组村民怨气十足

往年不用（从黄家寨水库）放水，还要放给别人。水库水满了直接压下去，这块田就溢满了（坝体用水泥硬化加固后，就溢不出来水了）。现在修水库溢洪，就把我们引水到田的沟用泥巴（给）堵了。这个要找政府给我们疏通，不然就无法（灌溉）了……我们老百姓见不到书记，书记是坐办公室的。

——凯佐一组村民（其田块在水库下面右边第一家）

四川养鱼的已经打完最后几条（鱼）回家了。水库修好后，下拨（儿）来承包的要找王书记了（K乡前任书记，现任水利局局长）。

——凯佐二组村民（当时正在工地帮工）

①据一位乡领导透露，该工程承包给了州水利局下属的工程队。

还没打田呢，干得恼火……能打几块（秧田）算几块吧。

——凯佐一组某妇女

修水库今年比较恼火，但是也无法。国家要修嘛！从大河流到小溪，再淌到我们沟沟里的水，哪晓得上面怎么搞，要拿多少钱来搞。像这个自来水最恼火，我们根本不得水吃，只有街下面的几家还有乡政府吃得到，我们还有学校的老师还不是都得挑水。当时到冗春吃了酒，就定在那里了。我们这里也有水井的，那边的水量不大。还有这个公路，下面那段都修好了，又说没钱了，我们上面这段就不管了，石头堆在这，不几天都被人搬回家盖房子了。乡里的人也不下来，都不晓得哪个长什么样子。上回去开那个蘑菇会，才见到乡长。你们这些女同志下来还好点，那些男的来了就喝酒，醉醺醺地回去干不了什么。

——凯佐一组老村民

放水到乡里开票，有时候二十来家一起放。等人家田放了，再抽到我家田。（村民）也会争水，你家放得多了，我家流得慢了这些的。但是吵了还得在一起放水。今年黄家寨（水库）的水干了，听说五六月份完工，没过去看过，也不晓得怎样搞。以前下面都是泥巴，只有上面一点是水泥，不敢积满水，怕冲毁坝。漏水倒是很严重。今年老天不下雨，就只有到滚塘去放水了，还不知道够不够用。我家田在公路这边，要等人家那边的地放满了才行。

——凯佐二组村民

我们把水都抽干了，但是没人来闹事。

——黄家寨水库加固工程项目部管理人员

2010年农历九月，由州水利局招投标的黄家寨水库加固工程竣工①。历时两年的工程也使K乡老百姓2009年和2010年两年的春灌无法保障。对于工程质量的监督，在分别采访了乡党委书记和现任水利局局长（原K乡党委书记）后，他们一致的看法是，“工程属于州水利局直接负责，县、乡两级不具体参与”。随后，我又访问了黄家寨水库守机房的王大爷，“州里下来人检查，还拿着相机照了相。当地老百姓和乡政府都没有参与。县水利

①2011年春节一过，我又回到了K乡，并进行了调研跟进和研究回访。

局人员来了一趟，没有权力监督，施工队都不给递烟。我在机房看鸭子，这个我最清楚”。在工程尚未竣工之际，黄家寨水库的进水沟仍是泥沟没有得到硬化。向工程队人员反映，没有得到回应。于是，乡政府出资3000元，由凯佐一组的组长承包，王大爷带队7个人，连续搞了3天，完成了硬化。

郑振满在分析了明清福建沿海的农田水利制度后，认为水利在明清时代由“官办”向“民办”转变的关键在于地方官府缺乏财权。张建民又指出明末清初按照受益田亩均派水利工役的利益原则是和“均田均役”的役法改革并行不悖的。1985年劳动积累工的取消，等于取消了农民的水利工役。2006年农业税的全面取消，导致了“乡级政府自身财政状况的恶化和农村公共物品筹资、投入和供给等新的问题”[①] “一事一议”或“乡政村治”，不仅改变了基层政府对农田水利的管理方式，而且重新构造了农村基层的行政组织与管理体系[②]。尽管2005年的1号文件[③]进一步刺激了民办小型水利设施遍地开花，但像黄家寨水库这类大中型的农田水利工程（权属归县级政府、实际由乡政府管理），其维修在无法依靠民办解决的情况下，只有转向对官办[④]的依赖。

对黄家寨水库维修案例的描述，为我们提供了一个得以观察各级政府、村两委、各村民小组、用水农户等行动主体间互动的平台，同时也为我们提供了一个观察乡村政治运行机制和农民集体行动的逻辑的视角。在黄家寨水库维修管理的这个平台上，显然是“自上而下”以国家为主导的，基层政府被动参与，而作为用水主体的农民却无法参与。尽管县、乡两级政府领导在“跑项目”时发挥了作用，但却无法介入项目实施的过程中。基层政府在工程实施过程中的“缺位”，一方面导致了上级政府的资源供给与底层老百姓的实际需求不符。对K乡老百姓的田地灌溉来说，最大的制约在于损毁的沟渠而非似漏非漏的坝体。此外，工程维修的时机选择与老百

---

①蔡昉，王德文，都阳．等．中国农村改革与变迁：30年历程和经验分析［M］．上海：格致出版社和上海人民出版社，2008：266.

②项继权．集体经济背景下的乡村治理：南街、向高和方家泉村村治实证研究［M］．武汉：华中师范大学出版社，2002：164。

③文件提出，“国家对农民兴建小微型水利设施所需材料给予适当补助”。

④根据《贵州省水利工程管理体制改革实施意见》，省级水利建设基金的20%用于省属非经营性水利工程维修养护及贫困县中型以上非经营性水利工程维修养护经费补助，各地（州、市）、县（市、区）水利建设基金中应安排不少于30%的资金用于本地区水利工程维修养护；各级水利工程维修养护资金，不足部分由同级财政给予安排。

姓的灌溉时节冲突，导致不少农民的田地丢荒。另一方面还导致了农民的诉求无法得到回应，“项目是州里下来的，不关他们（乡政府）的事”。“权力是行政管理的生命线”①，作为国家行政管理体制“神经末梢”的乡镇政府无权参与项目实施，使其不能成为农民公共利益的代言人和各利益集团的仲裁者②。退一步讲，即便基层政府有权参与，又能在多大程度上代表农民的利益？

灌溉管理体制改革引入了农民用水户参与灌溉管理的理念，用水协会有专门针对工程管理的制度③：“协会享有工程的管理权和使用权”“维修由协会制定方案报用水户代表大会审批，维修资金从末级渠系维护费中支出或采用‘一事一议’的方式，通过用水户代表大会研究落实”“会员有对辖区灌溉工程维修、养护的义务。”其实这些管护规则并非“舶来品”，早在清代兴办农田水利的实践中（熊元斌），我国就逐渐形成了一些行之有效的维护和管理制度，如岁修制度④、撩浅制度⑤、轮浚制度⑥、保固制度⑦、公共巡防制度⑧、启闭制度⑨等，至今仍在许多灌区协会的工程维护和管理中使用。我认为，这些地方灌溉管理的优势并非在于协会先进的管理制度，而是得益于协会这一正式的组织。一旦有了协会这一组织平台，即便工程维修无法依靠协会的末级渠系维护费或一事一议来解决，仍有外界资源（上级政府、非政府组织或国际机构等）的支持，但协会以用水户代表大会的形式保障了农民就资金如何使用、工程如何实施等重大问题的参与决策的权力。因此，我们就不难理解，K 乡老百姓在面对黄家寨水库维修不能

①诺顿·朗，权力和行政管理［M］//张国庆. 行政管理学概论（第二版）. 北京：北京大学出版社，2000：102.

②魏福明，刘红雨. 利益集团视野下的农民权益保护［J］. 江苏科技大学学报（社会科学版），2005（12）：41.

③新疆三屯河灌区，《农民用水者协会的各项制度》（内部资料）。

④清顺治年间设立了专门的岁修经费，嘉庆年间还设立了浚湖局，作为官府派驻西湖岁修的管理机构。这同县水利局每年的冬修款项相似。

⑤清代湖州府设立了撩浅夫，实际是一支水利专业队，不仅维修水利设施，还进行挑泥肥田、养护航路等。

⑥岁修使农民负担加重，轮浚便于集中力量，河港的修治有先有后、有主有次、互相配合。

⑦这是官府对工程修筑和维护管理在质量上的要求，如“具结保固五年……仍归官修”。黄家寨水库的坝体和沟渠修建竣工后，并没有类似的要求。

⑧这种公共巡防制度，使得民间共同体的利益得到了强化。我在新疆、湖北、湖南等灌区调研也发现，有些用水户协会（跨村组）也设有专人负责巡水。

⑨清乾隆年间都派有塘夫看守水闸，这跟黄家寨水库的提灌站管理员王大爷的工作性质相似。

“对症下药”时的“束手无措”。

但是反过来看，黄家寨水库坝体加固工程，迫使老百姓当年的田地撂荒，破坏了某村民组的自来水，而且并没有解决其余六个村民小组（因沟渠损毁而非坝体漏水）得不到灌溉用水的问题。面对以上种种，“我们（工程队）把水都抽干了，但是没人来闹事”，为何农民并没有达成维权的集体行动？

关于集体行动的发生机制，西方有许多社会运动理论，都希望总结出一套充要条件，如“结构性紧张”理论①和现代的“资源动员”理论②这两种解释范式③；又如 Smelser④ 总结出六点，即有利于社会运动产生的结构性诱因、剥夺感或压迫感、一般化信念、触发社会的因素或事件、有效的动员、社会控制能力的下降。国内方面的研究，于建嵘认为，经济利益并不是那些体制外农民利益的“代言人”所看重的，那些人往往更看重的是“面子”。他在总结了当代中国农民维权活动的两种解释框架⑤的基础上，提出了农民“以法抗争”的新框架⑥，并指出“压迫性反应”是促使农民维权活动的原动力机制。同时他也认识到，尽管自 1998 年以后，农民的抗争实际上已进入到了“有组织抗争”或“以法抗争”阶段，但“它还是一种非结构的软组织”。郭景萍提出了集体行动的情感逻辑，应星认为，当代中国乡村集体行动再生产的基础并非利益或理想，而是伦理，即“气”。吴毅用“权力—利益的结构之网”解释了影响和塑造具体场域中农民维权行为的因素。

在黄家寨水库的案例中，我欲从结构、场域及行动者三个层面来分析集体行动为何没有出现。结构包括两个方面：一是国家结构及其行为方式，二是社会结构以及社会行动者的结构性行为（赵鼎新）。我国自上而下的行

①“结构性紧张论”认为支持运动的最关键资源是一大群愤愤不平的普通民众。

②“资源动员论”则认为不满和抱怨是否成为关键资源，主要取决于有无能够积极地激发群众情感的资源。

③戴维·波普诺. 社会学［M］. 北京：中国人民大学出版社，2002：616.

④Smelser，Neil. Theory of Collective Behavior［M］. New York：Free Press. 1962. 转自赵鼎新. 社会与政治运动理论：框架与反思［J］. 学海，2006（2）：20-25.

⑤即斯科特的“日常抵抗”和李连江与欧博文提出的“依法抗争”。

⑥农民维权活动以“上访、宣传、阻收、诉讼和逼退”为抗争的主要方式，基本目标从“资源性权益抗争”转向“政治性权利抗争”，其组织特点是：有一定数量的意志坚定的抗争精英；具有明确的宗旨，即维护中央政策和国家法律赋予农民的种种合法权益；成员之间有一定程度的分工；具有一定的决策机制和激励—约束机制。

政管理体制和K乡黄家寨水库“自上而下”的维修工程管理制度，加之供水公司和农民用水户协会这两大新生灌溉管理主体的缺位，使得国家和农民的对话渠道和有规则的互动难以形成，如“修水库今年比较恼火，但是也无法。国家要修嘛!”。而“乡村社会中无所不在的‘权力—利益的结构之网’，使农民在官民博弈中一般采取忍让而非诉愿的态度，即使诉愿，也尽可能留下回旋的余地，以为诉愿后官民关系的修复留下后路”①。如凯佐村民抱怨道，“找到乡里，LXX（书记）说项目是州里下来的，不关他们的事”。村民在得知乡政府也没有办法后，尽管满腹怨言但还是决定不再诉愿。对作为主要“行动者”的各组用水农户而言（尤其是因沟渠坍塌不得水用的六个组的村民），尽管沟渠维修远比坝体加固要紧，但黄家寨水库并非他们唯一的灌溉水源。面对灌溉困境，各组纷纷通过不同的渠道寻求灌溉水源（见下节案例），村两委和各组小组长就没有足够的动力去充当农民利益的“代言人”。缺乏“代言人”的有效动员，又没有一个组织化的平台(用水户协会)，单家独户生产的用水农民难以达成反抗上级政府维修工程的集体行动也就不难理解了。

6.4 黄家寨水库的灌溉管理——农民集体行动之路径和可能性

黄家寨水库所处地势并不低，但由于K乡田地的梯状分布，加之各家细碎化的土地经营，提灌站是灌溉引水必不可少的。1976年由3个村民组集体集资、农户投工投劳建成后，提灌站由政府指派特定的管理员(1976—1999年，共换了10个管理人员)。1999年，提灌站承包给了德高望重的退休村干部老王，此后一直没有更换过管理员。所谓的承包，实际上是由老王负责看管电线、房子、机泵等硬件，还有灌溉季节放闸提水（4月中旬插小秧，5、6月份插大秧）。工资和电费合在一起，每小时20元（入股农户）或30元（未入股农户）。近些年来，由于沟渠损毁、受益田地面积锐减，到提灌站放水的农户遂越来越少。2008年由提灌站放水灌溉总共才20个小时。

---

①吴毅.“权力—利益的结构之网”与农民群体性利益的表达困境——对一起石场纠纷案例的分析［J］. 社会学研究，2007（5）：23.

1993年，省农科院课题组曾出资修建道房管（防渗铁管）。工程包给了当地的工头，工头将400m左右的铁管埋到地下，把黄家寨水库的水引到公路对面地势高的地方，使滚塘、大补羊等组受益。但据这几个组的老百姓反映，“自修好后就没怎么用”，原因主要是设计有问题，还有铁管太细、流量小。加之无人看管，不出几年便被偷盗。另外，水泥砖修铺的沟渠由于占用了农田，也遭到了村民的破坏。

自老王看管以来，遭偷盗、房屋倒塌的情况时有发生。2005年电线被偷，2006年补掌器被盗。这些都是老王自己掏钱重新添置，“罗支书答应补助300元，一直没兑现。找了多次，（现在）懒得找了”。由于年久失修，2005年7月，提灌站房屋倒塌，造成700多亩良田靠天落雨，148户村民受到影响。老王去找组长不起作用，后来去找村支书，支书说向“上面”要钱。2006年3月13日，由凯佐村村委组织凯佐一、二、三组召开了村民会议，讨论如何修复提灌站一事。村民们一致认为，“当务之急是尽快修复提灌站，这是关系到148户农户吃粮的重大问题”。农户愿意集资（10元/户），投工投劳，共集资1400元。同时向农科院课题组小项目资金申请了2300元资助。

在组织实施的过程中，项目组将受益的农户划成6个施工小组。各组推选1名组长，成立该工程实施管理小组，负责监督该工程的实施进度和质量检查。没有参加投工投劳的农户，每天交纳25元的误工费，由管理小组统一收存，作为日后的维修费用。财务管理实行报账制，每张票据必须2人经办，2人代表证明方可做账，账务用红纸列项张榜公布。项目结束后，规定承包给专人管理。维修由承包者自行负责，承包者从水费中提出10%作为管理费和维修费。

这三个组的村民早在提灌站修建之时便“兜过钱”“入了股”。提灌站建成后，村里交给一、二、三组统一管理。三个组的“股民”在灌溉用水时可享受内部价，为便于论述提灌站的日程管理，我将引黄家寨水库灌溉的几种模式进行总结（表6-2）。

表 6-2 黄家寨水库灌溉类型

灌溉方式	灌溉特征	灌溉成本	受益面积
无须提灌站	地块低洼，无须提水，直接从水库淌水到田间	因1976年建提灌站时，这三组村民均有“入股”[①]，到乡政府开票为1元/小时。每亩田不足1元	水库坝下（凯佐一、二、三组）共100亩田地可受益
仅需抽水机	直接用自家小型抽水机从黄家寨水库抽水到田间	若田离水库较近，抽一次水便可到田，每亩需15~20元；若田较远，需先抽水到沟渠或到别人田地，再抽一次才能到自家田间，即同时用两台抽水机，成本为30元/亩	水库坝上约100亩田地可受益
仅需提灌站	经提灌站提水后，无须抽水机，水直接从沟渠淌到田间	乡政府开票放水：入股的农户1元/小时，未入股的农户2元/小时。 提灌站提水：入股的农户20元/小时，未入股的农户30元/小时。 总计：15~20元/亩	一共有约200亩田地可只经提灌站提水便能灌到田间。但目前因沟渠损坏，有些还要抽，有些则靠天。受影响的田地约100亩（田间有条小沟，靠上游淌水下来，再抽到田间）
提灌站+抽水机	地块地势高，且距离水库远，需经提灌站提水后，再用小型抽水机从沟渠抽水到田间	乡政府开票放水：入股的农户1元/小时，未入股的农户2元/小时。 提灌站提水：入股的农户20元/小时，未入股的农户30元/小时。 抽水机抽水：约15~20元/亩。 总计：30~40元/亩	约有30亩田地可受益

由于黄家寨水库的灌溉覆盖到4个行政村的多个村民小组，当前松散无组织的管理方式带来了不少问题：①由于各组甚至组内农户间用水价格不一，出现了“倒卖灌溉水”的情况。比如，基昌组几个人去乡里放十几个小时的水（6元/小时），再以高价卖给朝摆组（10元/小时）。②村民私下

① “入股”意指“兜了钱”。这在其他村组也很普遍，修建工程集资时“兜了钱”的农户享受优惠水价。

把提灌站承包给个人，不清楚承包费归了组内、村委，抑或乡政府。一旦提灌站损坏或遭偷盗，村民就到水利服务站找老班。③若干旱季节来放水，乡政府不给开票，农民就自己去放水。“一下上来几十个人，管都管不了。”[①] ④县政府要求乡镇搞水利体制改革，改革最大的阻力来自群众。用水利站老班的话说：“一要拍卖，群众不打死我！还好分管水利的县长是我朋友。”⑤村组间的用水纠纷时有发生。上游“偷水”的情况每年至少3~5起。过去有纠纷，乡政府会派一个人去调解，一般不处罚。如今作为提灌站的管理员，德高望重的退休村干部老王经常出面调解纠纷，“过去都是男劳力放水，但最近两三年老人和妇女多了”。黄家寨水库灌溉用水纠纷案例如下：

文框6-1　黄家寨水库灌溉用水纠纷案例

事件：**用水纠纷**

人物：朝摆一组、三组，麦瓦组

时间：2003年春插小秧时节

地点：朝摆三组田地交界处

事件经过：朝摆一组、三组到乡政府开了5个小时的票放水灌溉。5小时后，轮到麦瓦组放水。麦瓦组的村民到地头后，朝摆三组的人将放水口堵了起来。麦瓦组得不到水，便与朝摆组的村民打了起来。最后由负责提灌站的王大爷出面调解，给麦瓦组不但补上了耽误的那一小时（放水），而且还给延长了5个小时。

通过前两节的分析可以看出，无论是黄家寨水库的修建历史，还是工程维修，都没有体现出农民的集体行动。而黄家寨水库的灌溉管理，也呈现出松散的自组织管理模式。按照Kelly[②]的划分，灌溉分为四个步骤，即对水源的控制（控制出水口）、将水放到地头、从地头灌溉到田里作物以及排涝。每个阶段又有几项任务，即工程修建、工程维护、工程运行、分配

①20世纪90年代K乡还曾发生过群众殴打乡长、乡党委书记的事件。

②Kelly, W., 1982, Water Control in Tokugawa Japan: Irrigation Organization in a Japanese River Basin, 1600-1870. East Asia Paper Series. Itchaca: Cornell University China-Japan Program. 摘自Robert Wade, 1988, Village Republics: Economic conditions for collective action in South India [M]. UK: Cambridge University Press: 74.

水资源以及调解用水冲突。下面分两项大的步骤，来论述当前黄家寨水库松散的自组织灌溉管理模式，并进一步分析其成因和特点。

1. 对水源的控制

在黄家寨水库的灌溉管理中，开票员、放水员以及提灌站管理员共同“控制水源”。放水按照开票先后（一般年景，村民对乡政府开票的认可度还算可以），没有专人监督放水时长（放“人情水”的情况不时发生），无论财务还是工程都缺乏有效的监测或监管（提灌站设施遭偷盗时有发生）。并且，放水员和提灌站管理员仅是从水费中收取提成，并没有专门的工程维护资金。一旦水库（尤其是水库坝体或沟渠）出现问题，村民一是无力应对（高额）集资，二是缺乏“一事一议”的组织平台（跨四个行政村）。但因为提灌站的工程量小、修建时的“股民”少（参与投工的村民），出现问题后在外界的干预下（乡政府、省农科院、村委会），农民达成了维修提灌站的集体行动。

在提灌站房屋倒塌后，管理员老王作为农民利益的“代言人”，先是向村干部反映情况，提出了维修倒塌房屋的需求。再由村干部“向上”反映给乡干部，乡干部同省农科院课题组商议。（一年后）课题组以召开村民代表大会的形式，同农民讨论需求并达成一致意见（每户集资10元、投工投劳）。参与农户的确定，则是根据在提灌站修建之初参与投工的凯佐一、二、三组的组民而定（尽管提灌站惠及的农户范围超出了这三个组）。在课题组的指导下，农户在集资及工程建设过程中以工作小组的形式参与，并且制定了简单有效的处罚措施（如没有参加投工投劳的农户，每天交纳25元的误工费，由管理小组统一收存，作为日后的维修费用）。

黄家寨水库提灌站的维修这项集体行动得以达成，离不开以下几个条件：①提灌站灌溉作为引黄家寨水库灌溉的主要形式，其灌溉面积占总受益面积的53%以上（尤其是在凯佐一、二、三组，受益群众占大多数）。房屋坍塌导致农民无法引水灌溉是集体行动的动力机制（群众一致同意“这是关系到148户农户吃粮的重大问题”）。②提灌站的修建历史为组成小规模且边界清晰的维修行动单位提供了依据。由于需经提灌站引水灌溉的范围太广，涉及K乡的四个行政村，根据奥尔森的集团规模理论①，如此大规

①“集团越大，它提供的集体物品的数量就会越低于最优数量。”引自曼瑟尔·奥尔森. 集体行动的逻辑［M］. 上海：上海人民出版社，1995：29.

模的行动单位往往难以达成集体行动。但因提灌站坐落在凯佐一、二、三组所在地，且大集体时期由凯佐一、二、三组群众投工修建而成。因此，提灌站建成后，交由这三个组来管理。这样的管理规则由来已久且至今仍在发挥作用，在保证了村民灌溉时享受内部价的同时，还增强了组民对提灌站的拥有感。③省农科院课题组所提供的资金支持，不但节省了成员达成一致的成本（使得每户的集资额度在农户经济承受范围之内），并且在三个村民组的行动单位之外，为集体行动的落实提供了来自更高一级的组织监督或约束机制。④房屋坍塌的发生提供给了当地农民一个机会，结合外界的支持（政府或省农科院），去实践集体行动并使之内部化。当类似事件再次发生时，农民可以利用这次经验，自我组织起来，达成集体行动以解决他们的问题。

2. 引水到田间作物和排涝

从工程维护、工程运行、分配水资源，一直到调解用水冲突，黄家寨水库的灌溉管理并没有一个正式的组织。黄家寨水库覆盖 K 乡四个行政村的灌溉用水，“集团越大就越需要协议和组织”[①]，这也解释了大集体时期依靠国家“大一统”的组织模式黄家寨水库得以建成的历史。但在工程的运行维护及日常的灌溉管理方面，大规模的行动单位、模糊多变的边界（在各村民组中，黄家寨水库灌溉的受益农户与非受益户）、缺乏对违规者的有效监督等，导致了跨村的或在乡镇层面上的集体行动无法达成。换句话说，在跨村或乡镇一级，缺乏一个正式的组织，使在工程建设或维修时的农民集体行动难以维持下去。尽管目前在我国一些大型灌区出现了跨社区的管水组织形式（如用水户协会或联合会），但其组建及运行都离不开外界（项目和上级政府）的支持[②]，且目前仍处于探索阶段并局限在大型灌区。根据工程的范围和用水户的数量，外界为社区提供有不同的社区管水机构框架[③]。

①曼瑟尔·奥尔森. 集体行动的逻辑［M］. 上海：上海人民出版社，1995：38.

②仝志辉. 农民用水户协会与农村发展［J］. 经济社会体制比较，2005（4）：74-80.

③以英国国际发展署（DFID）和水利部联合执行的“中英合作中国水行业发展项目农村供水项目（WSDP）”为例（表6-3），并按照工程的规划与设计、施工、运行管理等不同阶段，明确了用水户代表大会及社区管水委员会的职责与任务，包括管委会的组建——管理制度的制定、水资源分配制度的制定、水利设施维护制度的制定、水资源利用监督机制的制定、水利设施权属的规定、水费标准的制定，以及各项规章的执行——收取水费、抽水放水、设施管护维修、用水纠纷调解。

但如前文所分析指出的，多种原因导致了用水户协会这样一种正式的管水组织没有在K乡出现。由于缺乏一个正式的组织平台，黄家寨水库的灌溉管理并没有在乡镇或跨村层面上达成集体行动。但这并不代表各村民组及以下层面在引水到田间等环节没有集体行动。Robert Wade在对印度村庄的灌溉管理进行了深入的案例分析后，也指出“社会组织在灌溉管理中的参与主要体现在引水到田间这一阶段”，主要任务包括为村庄争取更多的灌溉水、将水分配到各户田地以及解决用水纠纷。社区每年都会选出12个或13个共同灌溉管理员，2人或4人一组，平均负责100英亩①。(表6-3) 这种灌溉管理方式所带来的好处有：为村庄争取更多的灌溉水、减少水的浪费、保证边远田土的灌溉、节省了劳力、维修沟渠（道路）以及看护作物以防被盗等。类似的，在K乡引黄家寨水库灌溉虽然没有所谓的共同灌溉管理员，但也出现了以十几户或者几十户为单位的松散的灌溉管理自组织。并且由于地块分散零碎，K乡引黄家寨水库灌溉还出现了跨村跨组联合行动的情况。

表6-3 社区管水机构框架

名称	1	2	3
	社区管水小组	社区管水委员会	跨社区管水委员会
适用范围	覆盖10~40户 简单技术	覆盖40~70户 简单技术	覆盖70户以上 中等技术 跨社跨村
最高决策机构	用水户大会	用水户大会	用水户代表大会
日常管理机构	社区管水小组	社区管水委员会	社区管水委员会
机构内部设置	小组长 会计 管水员	主席 会计 出纳 抄表员 管水维修员 纠纷协调员	主席 副主席 会计 出纳 抄表员 维修小组 纠纷协调小组
独立监测机构	独立监测员	独立监测员	独立监测小组

黄家寨水库跨村联合灌溉案例如下：

①1英亩=6.07亩。

文框 6-2　黄家寨水库跨村联合灌溉案例

事件：跨村联合灌溉

小组访谈：新寨院组，凯佐一、二、三组

时间：2009年春插小秧时节

联合灌溉经过：

往年都是和高山、小寨的几十家一起放水，我们的田挨着。每年放水之前，我们这几十家要一起掏泥（清沟），不掏泥就不收他的水费，他就不能得水。

放水时，就先到乡里随便一个办公室，找（随便）哪个给开票，一块钱一小时。一开就开十几个小时，一般都是这样，（放）一天一夜，多退少补。然后到提灌站开票，35块钱一小时（外部价）。

开票后，水从我家田里慢慢流到最远处那家人的田里（离提灌站约2千米）。我们这几十家，只有两家还需要抽水机（因其田块高，需将水抽到田里）。这么一来，就多（浪）费了集体的时间，但老百姓都是种庄稼的，相互能够体谅。最后，收费是按田的"升"数来算，不会多收那两家的。有的人家分两块田，一块栽秧，一块蓄水。等秧田干了，再从小蓄水田放水过去（以免天旱需放二遍水）。如果天不落雨，没有蓄水的人家就要放二次水了。

这几十家，田（离提灌站）最远的，往往喊他去管水（跟上面开票，找老陈放水、找老王提水、向下面收水费等）。因为他家的田最后一个放满，所以他知道啥时候跟提灌站喊一声停止放水。他也同意去干这事，关系到自家利益。

就这样，水要放一天一夜。所以得有人去巡水、守水，以免有人偷水、漏水这些情况发生。有组内偷水的，第二年就不跟他联合。有时候也架了架（纠纷争吵），第二年就不让他从自家田里过水（他就再去借别人家的田过水）。我们几十家就分成几个小组，每个小组值班一个小时，轮流看守一天一夜。如果有的人家男人出去打工了，女人在家也一样可以去巡水、守水，但是跟上面打交道还是男人的事。

等最后一块田水放满了，他就到提灌站喊停，交钱。总费用/总升数（田面积）= 水费（每升）。

在K乡（包括黄家寨水库）的灌溉实践中，尽管没有出现以村民小组为单位组织用水户协会，也没有国家强制力作为供给的保障，但却出现了多种形式的自主灌溉管理组织。例如，有以村民小组为单位的联合灌溉管理形式，还出现了松散的跨越村组的灌溉管理形式。十几或几十户土地连片的农户联合放水，组成了一个非正式的灌溉管理组织，并依据成员自主制定的非正式规则进行操作。从新型集体行动的视角来分析，传统习俗、行政权力、合作机制、市场机制以及暴力强制等共同发挥着作用，达成了有效的集体行动。

灌溉小组根据灌溉放水的便宜性来确定边界或水文边界，即土地连片的十几或几十户为一组。因家庭联产承包责任制后土地细碎化的经营方式，连片的土地可能出现跨组甚至跨村的情况：①这种非正式的灌溉管理自组织形式，虽然打破了传统的正式的以行政边界划分的农民集体行动单位，但是有其清晰的边界。②其用水调配和灌溉次序更为合理有效，并且节省了农户的劳力支出和每户的放水成本（尤其是地块最偏远的农户）。③有关巡水、守水、放水次序、水费计算等规则均是小组内的所有农户共同商议的结果，农户能够参与对规则的修改。④分成小组、男女共同参与、轮流守水巡水的组织安排，为灌溉管理提供了有效的监督。⑤对违反操作规则的农户，如不参加清淤、偷水、拖欠水费等，采取最严厉也是最有效的制裁手段——驱逐出组。⑥一种是遇到用水组内的纠纷，有的能够通过组内的权威（一般是寨老）来调解。但因有的用水组跨越村组，组织内部缺乏传统习俗和行政权力的强制力，难以达成有效的冲突解决机制。例如，“有时候也架了架（纠纷争吵），第二年就不让他从自家田里过水（他就再去借别人家的田过水）”。另外一种情况是，遇到同组织外用水农户的冲突，往往需要借助超越该组织层面（如提灌站管水员、乡或村的干部等）的强制力出面调解。但这种调解方式缺乏机制的保障，具有随机性和滞后性。⑦组内制定的管水规则，尤其是水费的计算规则，完全由内部成员共同制定，不受乡村两级行政权力的制约。并且如上文案例中“不论地块远近，一律按面积均摊水费”的规则，还体现出了传统权威在组织内的强制力。⑧这种自组织的灌溉管理方式，仅是发生在强制执行、监督制裁、冲突调解等部分操作层次。而在工程的所有及维护、用水的供给等方面，则是分别体现出了行政权力和市场机制的强制力，自组织的灌溉合作机制并没有发挥作用。

以上几点，均在一定程度上符合埃莉诺·奥斯特罗姆教授在案例分析的基础上总结出来的八条原则，它们是长期有效的公共池塘资源自主组织、自主治理制度的基本构件。但如上文案例所述，在黄家寨水库自组织的灌溉管理实践中还有一条特殊的规则，即“这几十家，田（离提灌站和水库）最远的，往往喊他去管水（跟上面开票，找老陈放水、找老王提水、向下面收水费等）。因为他家的田最后一个放满，所以他知道啥时候跟提灌站喊一声停止放水。他也同意去干这事，（因为）关系到自家利益”。这项特殊的规则，降低了实施的（劳力）成本，并且在组内达成了互惠的共识（他为大家服务，大家与他均摊水费），这种共识还可能转化为灌溉自组织（尤其是跨越村组的）的社会资本。更进一步地说，这种社会资本不仅用于灌溉管理，还可以用于村庄治理和村庄其他自然资源的管理，如林地、草地管理等。当然，这项规则发挥作用的前提条件是，灌溉用水组织的群体规模相对较小（多也不过几十户），也较稳定①。

6.5　新型集体行动视角下的乡镇级灌溉资源系统

本章对黄家寨水库这一当地最大的农业水资源系统进行案例研究，分别从四个方面展开论述：工程建设/维修、体制变迁、工程维修和农民自主组织的灌溉管理。第一方面是工程建设，追述了大集体时期的工程修建，采用集体行动的研究范式对这一过程进行“真伪之辨”。从动力机制、动员机制和运行机制三方面进行论证，揭示了这一过程是“伪集体行动”并结合案例做出解释。研究认为，大集体时期“政社合一”的组织机构以及农民牢固的政治信仰，都保障了农民在修建水利过程中的合作行为。第二方面是体制变迁，黄家寨水库的管理体制没有顺应当前的灌溉管理改革趋势，没有出现作为市场化管理主体的供水公司，也没有组建加强农民参与的用水户协会。“以不变应万变”的主要原因有二：一是缺乏来自中央或省级政府的权力转让和资源供给（如人力、财力、工程等资源）；二是水库的基础设施和灌溉范围，加上当地相对落后的经济条件，不足以催生出作为市场化管理主体的供水公司。这样松散的管理模式就导致了三个方面结果，即

①由土地流转制度改革带来的新问题将放到下面一章进行分析。

社区集体水权代理的缺失、工程管护主体的缺失、灌溉管理主体的缺失。第三方面是工程维修，论述了这一“自上而下”的国家投资是如何将包括基层政府和当地用水农民排除在外的过程。工程管护和灌溉管理主体的缺失，导致了上级政府的资源供给与基层老百姓的实际需求不符，甚至由于工程维修的时机选择不当而导致一些农民的秧田撂荒。而同时，农民的诉求又没有向上反映的渠道。我还进一步从结构、场域、行动者三个层面分析了为何在此种情况下农民维权性质的集体行动却没有出现。第四方面，也是本案例研究的重点，即农民自主组织的灌溉管理。当地尽管没有出现有正式组织的用水户协会，也没有国家强制力作为灌溉供给的保障，但在引黄家寨水库灌溉的各村组却出现了多种形式的自主灌溉管理。当地用水农民通过不同路径、不同规模达成了集体行动。我对当地农民达成集体行动的过程和机理进行了归纳，结果发现这些非正式的灌溉管理自组织形式均在一定程度上符合埃莉诺·奥斯特罗姆在案例分析的基础上总结出来的那八条原则。

基于奥斯特罗姆的社会生态系统多层次分析框架，我对黄家寨水库这一农业水资源系统进行了要素分析，分别从资源系统、资源单位、治理系统、使用者四个方面，识别出了第二层面上的关键变量，更强调这些要素变量的动态性和复杂性（表6-4）。

表6-4 黄家寨水库灌溉系统的关键要素分析

资源系统（RS）黄家寨水库	治理系统（GS）
RS1：灌溉用水、渔业 RS2：水库灌溉边界 受气候和灌溉设施影响，灌溉边界不稳定，覆盖范围呈缩减趋势 RS3：灌溉覆盖跨多个自然村 RS4：灌溉基础设施 主沟渠——外请专业队硬化 提灌站——大集体时期修建 坝体——大集体时期修建 RS5：水资源相对稀缺 受气候影响的年份间用水相对稀缺 受渠道影响的村庄间用水相对稀缺 RS6：位置处于乡政府所在地，属政治选址 RS7：集雨蓄水型	GS1：治理组织 水库权属归县水利局 具体管理由乡政府负责：将水库承包给私人养鱼；提灌站承包给个人管理 坝体工程维修由国家出资，县乡政府和当地用水农民均无权参与 渠道工程失修，至今尚未修复 提灌站维修由主要受益的三个村民组达成集体行动来完成 GS2：用水组织结构 非正式的用水小组 以自然村为单位 跨村组以几家到十几家不等稻田连片的农户为单位

续表

资源系统（RS）黄家寨水库	治理系统（GS）
使用者（U） U1：用户数量 整个水库灌溉系统共有12个村民小组 单个用水单位的农户数量从几户到十几户、几十户不等，联合灌溉的农户范围跨自然村、行政村 U2：用户的社会经济属性 种植结构同质性强 无明显经济分层 灌溉田地权属复杂：责任田、转包田、托管田、借秧田等 灌溉单位相对稳定 U3：灌溉历史 人民公社体制下，灌溉以生产队为单位、由专人负责 土地包产到户后，灌溉以家庭为单位，用水农户因时因地因事而异的非正式联合（距离水源远近、灌溉方式、成本、田块分布、家庭劳动力、冲突调解等） U4：领导权 非正式、不固定 并非一定是村庄精英，可能是用水小组内部的理性选择 U5：共享社会规范、社会资本 U6：灌溉知识 放水按"开票先来后到" 引水到田间按"地块距离水库、主沟渠远近" U7：对灌溉的依赖性 具有季节性（插秧时） 因年份间季节降雨的不同而不同 U8：采用的技术 自水库建成起使用提灌站 于2000年后引入抽水机	GS3：权属 水库产权归县水利主管部门 提灌站产权实质归当年共建的三个村民组 灌溉用水属集雨蓄水，收益权归乡政府 GS4：规则 不成文的运行规则，受到多种要素的共同作用 行政命令，如水库工程维修、乡政府开票放水等 市场机制，如承包私人养鱼、提灌站承包私人管理等 合作机制，如组内合作放水小、组内监督与制裁等 传统习俗，如水费差价、提灌站电费差价等 暴力强制，如冲突解决、倒卖灌溉水等 GS5：集体选择规则 在对水源的控制环节无法体现 集体选择规则体现在引水到田间作物和排涝环节 GS6：监测与制裁 工程建设、管理、维护中没有集体监测与制裁 灌溉管理中体现出非正式的集体监测和集体制裁 **资源单位（RU）灌溉单位** RU1：灌溉单位流动性较小 灌溉的农户组合因时因地因事而异 主要受灌溉方式、成本、田块分布、家庭劳动力、上次冲突调解情况等，自然、地理、经济、社会诸多要素影响 RU2：水资源获取环节的互动 无须开票"搭便车" 乡政府集体开票 提灌站集体提水 抽水机集体/各家抽水

从资源系统来看，①水库承包私人养鱼后，出现了用水性质的冲突；

②黄家寨水库的灌溉边界并非清晰，主要受沟渠失修的影响，灌溉范围逐年缩减；③灌溉范围跨多个自然村；④灌溉设施包括主沟渠、坝体、提灌站，其供给维护和管理的方式各不相同；⑤灌溉用水的相对稀缺性：清明降雨多的年份，农户的灌溉需求大大降低；渠系完善的村组，农户的灌溉需求能得到满足，反之则大大提升了灌溉用水的稀缺性；⑥黄家寨水库的选址有别于组村内小山塘的选址，更多是出于政治考虑而非技术选择；⑦黄家寨水库的水源并非引自河流、湖泊，而是集雨蓄水型，即水源无上下游之分、不受上级干渠的管辖。

从灌溉单位来看，①灌溉单位的流动性不大，进行联合灌溉的农户主要考虑的是他们的田块分布，尽管灌溉方式、成本、家庭劳动力以及用水冲突纠纷等要素也会起到一定作用。这也在一定程度上保障了集体行动的达成。②水资源的获取涉及乡政府开票、放水员放水、提灌站提水、抽水机抽水，还有搭便车偷水等各环节，为多行动主体的互动提供了多种路径，包括乡政府、政府指派的放水员、提灌站的私人承包者、拥有抽水机的农户、地块低洼距离水源近的搭便车农户以及其他普通用水农户之间的互动。

从治理系统来看，①缺乏正式的、统一的治理组织：水库权属归县级、具体管理归乡级、坝体维修靠国家、渠道工程无人管、提灌站归村民小组；②同时拥有非正式的、相对有效的用水管理，规模或者跨村民组或者由几户到几十户联合；③从权属来看，水库、提灌站、水资源的产权归属各不相同；④在涉及灌溉管理的集体行动达成的规则中，行政命令、暴力强制、传统力量、合作机制、市场机制共同发挥作用；⑤集体选择的规则仅在有限的环节发挥作用；⑥灌溉管理中有非正式的但却是行之有效的监测和制裁，而涉及工程管理则缺乏来自用水农户和当地政府的监督。

从使用者来看，①尽管水库的灌溉系统涉及12个村民组，但联合灌溉的农户规模不超过几十户。②用水农户无论是否来自相同村组，其社会经济属性相近。但随着劳动力转移，田地权属呈现复杂化趋势。③灌溉历史经历了由专人负责、以生产队为单位到各户负责、以个体或小组为单位的转变。④灌溉管理系统中领导权并非单单传统的、社会的或经济的权威，还有小组内部集体理性选择的权威。⑤拥有共享的社会规范或资本[①]。⑥灌

---

①在下一章中会有更为深入的研究。

溉知识主要体现在灌溉次序上，用水组之间是“先来后到”，用水组内部是“按照地块高低远近”的灌溉次序进行。⑦对灌溉的依赖性，主要因年降雨的变化而不同。清明前降雨多的年份，一些农户无须到水库放水，便可直接插小秧。⑧采用的技术：提灌站由来已久，其管理维护、重建以及使用都体现了农民的集体行动；而抽水机这一技术的引入和推广则有加速灌溉管理个体化的风险。

历时近两年的黄家寨水库坝体维修工程于2011年秋终于竣工。根据国家和贵州省关于《水利工程管理体制改革实施意见》，黄家寨水库工程应由县水利局直接管理。水利局直接与承包人签订承包合同，一直负责具体管理的乡政府一时找不到“位置”。各方就灌溉管理的各事项还没有头绪。在分别同水利局局长、乡党委书记、提灌站承包人、黄家寨水库承包人、部分村民代表交谈并提出我的建议后，我们达成如下共识：①结合K乡的社会经济条件和灌溉实践，按照市场机制运营管理的供水公司和农民用水户协会不适合；②虽然名义上权属归县水利局，乡政府在黄家寨水库灌溉管理中仍将发挥作用；③承包人同意在乡政府的领导下进行水库养殖和管理；④为提高水资源的合理配置和工程的可持续维护，县乡两级政府同意协助成立一个由各用水村组代表、提灌站承包人、水库承包人组成的黄家寨水库灌溉管理委员会；⑤管委会组织一年两次或多次的议事会议，讨论拟定或修改各项规则（灌溉管理规则、工程管理规则、奖惩规则、财务管理、水费征收）、用水计划、工程维修及处理水事纠纷等事项。

综上在黄家寨水库这一K乡最大的灌溉资源系统中的各个环节，无论是工程管理（修建、维修、管护）、体制建设还是灌溉管理过程中，要么政府主导，要么农民自主管理的统一方案并没有出现。反思这一现实，我们可以从当地资源系统、治理系统、资源单位和使用者的复杂性、多样性、动态性进行解释。在灌溉管理过程中，农民以不同形式和规模达成非正式的自我组织，体现了在当地灌溉系统中农民集体行动的路径和可能性。在工程管理及体制建设过程中，黄家寨灌溉系统则涉及国家、地方政府、市场、村级组织等更多的行动主体。通过第四章的研究，我认识到农民用水户协会只是若干灌溉管理形式的一种，在全国范围内不具备普适性。今后的政策、体制改革和学术研究，应该多考虑如何为包括当地用水农民在内的多行动主体之间达成多样化的以地方为基础的集体行动提供平台，包括

从工程建设、管护、维修，到体制改革，再到灌溉管理的诸环节。这不仅有利于从长远解决我国各地的灌溉问题，还可能为建构新的“国家—社会”关系提供可能性。黄家寨水库的案例，揭示了新型集体行动的动态性和可能性，它涉及不同层面上的多行动主体，基于当地的资源禀赋、治理状况、灌溉单位和使用者的不同属性，在工程、体制和日常灌溉管理等不同界面达成集体行动的路径的多样性和复杂性。

第七章　一个以社区为基础的灌溉管理系统：滚塘自然村

晓莉姐姐，我们村子从外面看很小，走进去又很大。

——滚塘吴桂丽小朋友①

我们所看到的图景中最显著的部分是由村庄层面的“事实”构成的。

——詹姆斯·C. 斯科特

作为微观情境的第二个研究案例，本章以一个农民自组织实现灌溉可持续管理的自然村为研究单位，重点采用赋权学派的社会历史主义路径，来分析一个社区内部达成集体行动的路径和可能性，识别村庄的结构特征和影响自然村层面集体行动的关键变量。

距离我怀揣着“农田灌溉管理”这样一个主题初次走入滚塘自然村（简称滚塘村）②，至今已有两年半的时间了。犹记得那天抱着问卷和记录本，在王应红大爷家生硬地抛出问题的情景。带着通过阅读文献获得的有关“农田灌溉”和“农民的集体行动”的认识和思考，我的发问使整个访

---

①我在K乡进行实地调研的日子里，吴桂丽、王链、韩熔、周文文一直陪伴着我，有时候还担任我的“翻译”和“调研助理”。这段日子的朝夕相处，我们结下了深厚的感情。在此特别感谢她们为我的研究调研所提供的一切帮助！可以说没有她们，我今天笔下的滚塘（论文）就不会是这个样子。

②尽管在第一和第二章我已经解释了之所以选择一个自然村而非行政村的理由，这里要补充的是来自实地的思考。在当地（当今）农民的意识形态中，寨子（自然村或叫村民小组）才是他们行动的认同单位。并且跟灌溉管理有关的各项活动，也多是在自然村层面上开展的。

谈“紧”扣主题。但在我后来的调查中，发现每次走入村庄，总会听到各种各样的故事，或者目睹戏剧性的故事正在上演。渐渐地，在村里很多人都不把我当“外人”之后，在了解了各种故事的来龙去脉之后，我才深刻体会到阿金（滚塘吴桂丽）那句话的含义，“晓莉姐姐，我们村子从外面看很小，走进去又很大”。

土地家庭联产承包责任制如何带来土地细碎化，细碎化的家庭耕作对灌溉管理产生了怎样的影响，当前的土地制度与土地撂荒又有何种关联；劳动力外出如何改变了家庭的生计结构，而这又怎样影响到农民的灌溉管理；一系列惠民政策在村庄层面的执行，怎样导致了转型期乡政府的角色变迁，这对干群关系带来了哪些影响；村民自治在实践中表现为哪些方面，它怎样影响着农民的集体行动；参与式发展项目的实施，对村庄层面农民的集体行动有何种干预……伴随着结构转型和制度变迁，这些宏观或中观背景在村庄层面，用斯科特的话来说“是一些被直接体验的‘事实’”。当我真正走进滚塘之后，才得以透析这些自上而下、自外而内的各种政策、法律和制度在农村实践的过程和机制，以及其在村庄层面所带来的或长期或短期的各种影响；当我真正走进滚塘之后，才得以理解村庄内部的家族关系、村庄治理、农业生产、留守妇女、民族信仰、宗教仪式和公共节庆等，以及其与农田灌溉和集体行动的关联。怀着一个发展研究的问题，基于社会学的相关理论，利用人类学的田野调查，我就这样走进了滚塘，为我更为全面深刻又具体地研究“农业水资源管理中集体行动的路径及可能性”提供了可能。

本章案例将从村庄的图景展开，具体围绕村庄的家族与民族、田土利用和农业生产、村庄治理、妇女在公共事务中的参与以及村庄的文化体系等主题，以期横向论述并归纳村庄层面上集体行动的路径和逻辑，并进一步对村庄的农业用水管理进行深入分析。

7.1 走进村庄

沿着省会贵阳到K乡的那条“东北—西南”走向的公路（主干道），从乡政府大院门口再走下去几分钟，就能看到一条朝东南通往滚塘的水泥路。路口有一块醒目的水泥碑——“IDRC 滚塘试验村”，是2001年在省农科院课题组所立。这条通到村里的水泥路就是受加拿大国际发展研究中心（IDRC）的资助，由村民筹资投劳集体修建而成的[①]。每逢周五赶场（集市）天，村民走水泥路或者抄田间近路，几分钟就可以到达市场[②]。平日里，村民们到这条街道的店铺购买日用品或者维修摩托车都很方便。大大小小的各式店铺、乡政府及其派出机构（如派出所、烤烟站）、乡卫生院、乡中心学校，都集中分布在这条500m左右的街道上，也算是集行政、商贸、卫生、教育等功能于一体了。

站在通往滚塘的水泥路上望去，小小村落布局得十分紧凑。阿金告诉我，他们村像一头猪，文文家住猪脑壳，她家在猪尾巴。它属于核心型[③]的村落布局，而非沿灌渠或道路的带状分布模式。水泥路的两侧是绿油油的稻田[④]，南侧的一直通到“猪脑壳”，北侧田则一直抵到村后面（东北角）的龙潭。这大片的稻田不光有滚塘村民的，也有凯佐一、二、三组以及大补羊等组的[⑤]。在龙潭[⑥]经常可见，三三两两来这里洗衣服的妇女，还有夏日里跳下水洗澡的孩子们。沿着龙潭继续往上走，是连片的山地（有石山，也有土山）。只保留了小部分集体林，大部分都承包给了各户。有些农户自己种植了果树，如梨、桃、苹果、板栗、樱桃等。也有的担心火灾[⑦]就没有栽种经济林。散布在这山谷间的就是滚塘村的（旱）地[⑧]，地势高无法得到灌溉水，只能靠天落雨。这断续散布在山间的“地”，即旧社会各户“开的土”，后来大集体时期，队上又来开过（土）。与“田”不同，这或大或小

①1998年，村民集资200元/户，历时3、4个月，55户全部交齐，经济困难的户借钱也要出。省农科院课题组按照1∶1提供配套资金。村民参与了全过程，从道路规划到分成3、4个作业组施工，包括开石头、打路面、砌地基等。在没有任何政府干预的情况下，10年后的今天，这条水泥路依旧完好如初。

②摊贩们分别沿K乡“主干道”的两侧一字排开。

③同贵州省其他少数民族聚居村落类似，此类核心型村庄据说最早用以抵御外来者入侵，其社会的或仪式的凝聚往往更强。

④10月秋收时，村民们经常在这条水泥路上晾晒稻谷。

⑤自人民公社时期，就与其他组的田地混杂耕种。

⑥这是村里唯一的山塘，初建于大集体时期，后由农科院项目资助加固过一面坝体。据村民说潭底有几泉“龙眼”，有水不断涌出，但自从乡里招商引资来一家铁厂后（一山之隔），水位连年下降。

⑦每年开春，村民会在自家地头点火，一是焚烧地边的杂草，二是认为有助于提高土地肥力。但因风势或看管不力等，火势经常会漫坡蔓延。省农科院引入板栗品种后，曾因火灾烧光过板栗树。

⑧当地的田、地分开：田，即水田，栽种水稻；地，即旱地，栽种玉米、豆类、瓜果蔬菜等。

的每一片“地”都有自己的名字，像风塘冲、小井[①]、龙岗、长地、干老三、牛角井、洞边、长坡、林木山、水淹冲[②]等。因“地”的特殊地理位置[③]，致使在滚塘犁田机并不如水牛受欢迎。过去大人们去地里干活，还会把小孩子带去，地头就成了村里的“托儿所”。随着年轻劳动力外出打工，如今很难见到这种“地头托儿所”了。除了旱地以外，走在山间不时还会看到大大小小的坟墓散落其中（并没有一整片的公墓）。当地尚未推行火葬，人们要按风水选坟址。据说人一生下来就先选定两个方向，等到八九十岁再看山行风水定下坟址。若是选不好会对后代不利，就连近邻村庄的也有人来这里“安坟”[④]。（图 7-1）

王双全新建的平砖房是沿着水泥路走到村口看到的第一家，算是坐落在“猪咽喉”处。由龙潭引水下来的那条水泥沟就是在这里“漫”过马路从北侧绕到了南侧，并沿着水泥路的南侧向西一直延伸到主干道处。由此继续上行几步（东北），就到了村子的岔路口何双顶家（大门口）。由此处向上望去，二、三层甚至四层的砖楼比比皆是，全村仅剩下几座残破不堪的老竹楼，且已是人去楼空。据村里人介绍，自 2000 年以后外出打工挣了钱回来的就竞相“起房子”[⑤]。由于村庄的布局原本就十分紧凑，有些户的新楼竟成了“接吻楼”。现在也有人家纷纷在自家田里建新房，使紧凑的布局稍稍外扩了些。水泥路在何家处分成了向北和向东的两支：南北走向的这条水泥路算是稻田与村庄的分界线，以西是稻田，以东是民居。有意思的是，沿着路边而居的大都是村子的“杂姓”[⑥]，依次为周家、罗家、任家、何家、韩家、韦家和吴家（“猪尾巴”[⑦]）。据说是因为最先来到滚塘的王姓已经在青龙山上建好了房屋，不方便再搬到山脚下（沿路边、交通更便利）。同杂姓混住在路边的王华生家（吴家南邻居），经营着全村唯一一个

---

①因过去此处有口饮水的小井而得名。

②有旱地，也有水田，地势低洼易涝。

③距离村庄较远、山路难行且没有机耕道。

④一般是托亲戚关系协商，占用谁家山林就要给谁家交几十元钱。

⑤有关建房的支出，以王江河家为例说明。王家新建房屋约 90m^2，买地皮花费约 1400 元，盖房子的总花销约六七万元。建房时，需从乡农村合作信用社贷款以及从亲戚家借钱，当时贷款的政策是“可以贷出存款两倍的钱”。王江河已提前一年还清了贷款，并计划房子建成后继续外出打工。

⑥在滚塘，王姓是第一大姓，其他另有八户杂姓。具体内容会在下节详细论述。

⑦从何家通往“猪脑壳”周家的一段并没有修通水泥路。

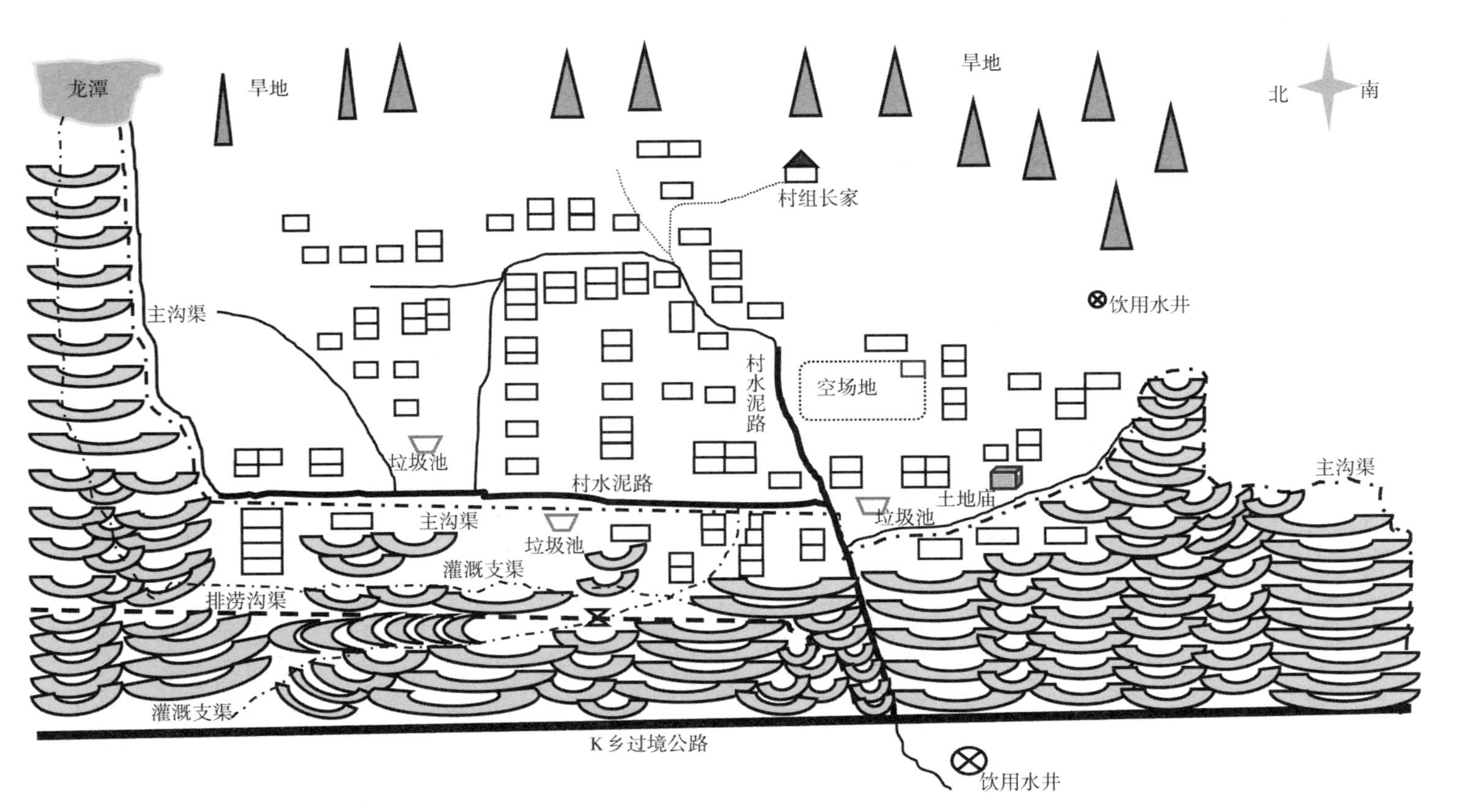

图7–1　滚塘社区与资源图

有经营证的小卖铺[①]。另外，在春夏之际蕨菜的生长季节，这家也会代收蕨菜[②]。另外一支向东延伸到寨老王应红家，后来位于全村制高点的现任组长王时云家（寨老家的后邻居），出钱将水泥路修到了自家门口。岔路口的何家屋后（东北）有一片空场地[③]，大集体时期用来晾晒稻谷。现任组长曾计划改造成篮球场，但因缺乏资金而搁浅。空地边上有两户人家刚添了小孩，妇女们来往路过会停下来在这闲聊一阵。空地边上还有一间老房子，是大集体时期的小队办公室，现已闲置。村里曾有人提议花3000元买套桌椅茶具，放在老房子里，谁家办红白事就轮流借用，但至今也没有办成。

7.2 滚塘自然村的族与姓

K乡隶属黔南布依族苗族自治州，有布依族4675人，苗族553人。滚塘村的76户中绝大多数是布依族，苗族和汉族仅占几户。相传，K乡的布依族是500年前明朝开元皇帝朱元璋[④]把老百姓从江西省吉安县杨柳井豆豉街猪市巷调来的[⑤]。调来的布依族有4个祖宗，2个在洞口村，1个在滚塘村，都姓王；还有1个在青山。他们最早都是从事农耕活动，如种植水稻、油菜、玉米、小麦等。因为迁来的早，所以占领的地盘很大，并立石碑为界。后来随着人口迁移把土地分出去一些，如后到的大补羊村就是分的布依族祖先占领的地盘。1958年“大跃进时期”取消了界碑，1965年政府重新划分了一次地界，迄今再未变动。滚塘的王姓布依族现都居住在青龙山的山头上，有山有水，土壤肥沃。

作为滚塘自然村的大族和最早的居民，王姓又分成了三大支，但是名字按照辈分排下来，没有区分。根据王氏的族谱，代表辈分排行的族谱字辈排行依次为“……维应时忠”[⑥]，“忠”字辈以下尚未定字，需重新排辈。

①全村共有2个小卖铺，另外1个无证，也是沿着这条路边的1户王姓人家开的。

②1斤的价格从0.15元到0.3元不等，一人一天最多的能采到100斤。

③作为旧时村庄的公共空间，也在日渐“萎缩”。

④朱元璋将元代的“等级制度”取缔，欲恢复宋朝的“全民制度”，全面设立“里社”，即“社区建设”。但是里社制度建立容易维系难，国家无力承担巨大的财力，最后里社落入地方和民间力量范围内。

⑤当时这边人口少，朝廷调他们过来开发贵州。据说因为老百姓不愿意，所以大家都是被捆绑着强迫过来的。

⑥“维”字辈的老人都已过世，村里的“应”字辈应该算是辈分最高、最年长的了。

"从族谱在民俗生活中的作用来看，它的一个重要功能就是承载村民的记忆。……首先，在农户个体层面，如家庭人口的生死葬的具体时间、祖先坟墓的方位等。其次，族谱还承载着村民们对远祖的记忆。最后，族谱还承载着村民们所共有的一些记忆。"① 时至今日，滚塘村村民仍会在一些传统节日中使用族谱，如春节"接祖送祖"、清明"挂山（上山挂坟）"等。另外，在一些传统的仪式上，村民也会用到族谱，如婚丧嫁娶等。但根据我在村里的调查，这些仪式上对族谱的使用日渐流于形式，"清明挂山"是唯一在今日村民的生活中仍能够起到强化村内各不同群体的凝聚力的仪式。

据有些老人回忆，人民公社时期，"清明挂山"是全寨"打平伙"，不分王姓和杂姓。因为那时集体（生产小队）有公共资金，买头猪一起"搞"也热闹。自从分包到户后，集体无钱，若继续一起"挂山"，则需要各户"兜钱"集资。有的人家弟兄多，有的人家又出不起钱，村民无法达成一致行动，就不再集体"挂山"。自此以后，王姓根据其三支分成三组"挂山"②。其他杂姓，只有吴家参与邻村同族的"挂山"，何家因为祖坟在云南遂加入王家最大的一支（何家媳妇），而剩下的杂姓人家都是各自去山上祭拜。由此可见，尽管族谱是宗族的象征、记忆的载体，但其对集体记忆的承载与维系还要受到社会转型和民俗生活的影响，具体到滚塘的案例中，还有政治因素对仪式的影响。人民公社时期"大一统"的政治制度，将全村不同"族"不同"姓"的农户聚合到一起，无论是生产还是生活。更进一步说，政治制度的变迁，对村庄层面的集体行动和灌溉管理产生了深远的长期影响。

滚塘的杂姓共有九家，即杨家、周家、罗家、任家、何家、韩家、韦家吴家和陈家。每家来此都不过三四代，各家规模仅限于几户（表7-1）。各杂姓家庭，大部分都是"土地改革"或者"文化大革命"时期迁入此地的。也就是说，他们对滚塘的记忆仅限于这段"新近的历史"③。

---

①华智亚. 族谱、民俗生活与村民的记忆——对安徽T村的考察［J］. 安徽师范大学学报（人文社会科学版），2006（5）：348.

②王姓最大一支包括王丙生4弟兄、王时云4弟兄、王老平3弟兄、王建林2弟兄、王和平4弟兄、王应红1个儿子，何双顶3个儿子；第二支包括王应华、王江河、王兴河、王小河、王树林、王家林、王洪林、王白林、王东洪；第三支包括王乔生2子、王乔发2子、王华生4子、王井寨1子、王时书4子、王福生2子。但这第三支，据说是最散的一支，人数虽不少但不和睦。

③按照贺雪峰（2000年）对村庄历史的划分，这段属于新近的历史，主要事件有土改、合作化、大跃进、四清、人民公社、联产承包责任制等。

表 7-1 滚塘自然村杂姓家谱

姓氏 辈分	杨家	周家	罗家	任家	何家	韩家	韦家	吴家	陈家
第一代	杨木将 杨和忠	周立信	罗文镇	任弘先	何双顶	韩少先	韦先生	王有才	陈丙华
第二代	杨光明	周顺 周昌	罗庭斋	任志华 任小才 任国才	何道同 ……	韩连庚 韩连强	韦会庭 韦会明	吴忠发 吴发恒 ……	陈腊筛 陈腊生 陈国生 陈国富
第三代	王海平 王海成	周文文 周斌 周海清	陈小国 改名为 罗小国	任南方 任长英 任长娥 任友贵	何照谦	韩富 韩继	韦米才 韦明华 韦家才	吴贵福 吴桂丽 吴美琪 ……	陈代辉 陈代斌 陈荣丽
第四代			罗红平 罗继平 ……			韩法文 韩法武	韦明礼 韦明叶 韦景能		

先从在滚塘已经消失的杨家说起吧。王家某女招一上门女婿杨木将，得一子取名杨光明。其后杨木将病故，王家又招来一何姓女婿改名为杨和忠。何姓女婿杨和忠与王家女得一女儿姓何。按照“三辈还宗”的规矩，杨光明的两个儿子均改姓为王，自此杨姓在滚塘就失传了。

据说周家的老祖公是旧社会的大地主，“文化大革命”时期从平坝区搬来滚塘躲难（斗地主）。周家是汉族，周立信的妻子也是汉族，用当地话叫“堡子”①。老人随丈夫来滚塘大半辈子却还只会讲“堡话”，村里很多人都听不懂。周家的两个儿子都在外打工，大媳妇留在家里种地，小儿媳随丈夫一起在外打工。孙辈留在家跟祖父母生活。

罗家土地改革时自改尧镇迁来，作为罗家在滚塘第二代的罗庭斋有六女，又从长顺买来一子陈小国，后改名为罗小国。罗小国得二女一子。

K 乡“小寨并大寨”时（1958 年），任家从 K 乡冗春村（山上）搬来此地。两老有 3 儿 3 女（其中 2 个女儿都因没钱看病而早早夭折了）。目前

①“堡”字取自“军堡”，据说源自明朝开国皇帝朱元璋带部队到贵州安营扎寨用石头筑起的堡。当地的“堡子”最团结，一旦一人受欺负，众人一起反抗。民间一句俗谚“堡子住街上，布依在山上，苗子躲洞里”，生动地展示了多民族聚居的特点。

女儿已经出嫁，大儿子在广州当兵逢年才回来，二儿子全家在外打工，小儿子在家务农，他有两个儿子在读书。

何双顶，祖籍云南，30 多年前在贵州当兵认识了现在的妻子王玉兰，并在云南老家成婚。退伍后回云南种了 11 年玉米，但老家条件比 K 乡还要恶劣。另外，妻子一哥①一弟②四姐一妹③均在外地工作，父母需人照顾，于是在 1985 年何双顶全家搬来了滚塘。但因不算是招女婿，何双顶成了“没有田地的上门女婿”④。迫不得已，何家只好拿起镐头自己上山开荒⑤，20 多年累计“开”了十亩左右的旱地⑥。但没有水田就无法保障口粮，王玉兰大哥家田地较多，就分给了何家一部分水田。何家大儿子离婚后在重庆打工，留下他的儿子照顾老人。何家二儿子作为全村第二个大学生，毕业后任教师⑦。小儿子在外省上大学。

韩家老祖韩少先是从马场镇入赘滚塘的，也是布依族，据说因脾气倔强而拒绝改姓为王。韩少先与妻子王小桃育有二子一女：女儿嫁到 K 乡翁井村；大儿子韩连庚 1958 年参军，现已在八青镇退休；二儿子韩连强，曾于 1978—1981 年任队长，膝下二子五女。五女都已嫁到外省或外乡，两个儿子也都常年在外打工，两个儿子的子女都留给老人照顾。

韦家老祖在“土地改革”前就迁来了滚塘，是当地的教书先生，膝下唯有一女名叫韦顺妹。遂从邻村招来一婿，本名陈小糯后更名为韦会庭。韦会庭有三个儿子：老大韦米才因家境贫寒 40 多岁才成亲，现一子一女就读于 K 乡小学；老二韦明华娶姑妈家的女儿为妻，有二子一女，举家在外打工；老三韦家才现年 50 岁，一直未娶（光棍），与父亲同住。韦家还有另外一支，韦顺妹在平坝的堂哥韦会明，“土地改革”时期迁来滚塘，有四个儿子：老大韦山林在家务农，老二韦山志和老四韦山海（光棍，没钱娶媳妇）在外打工，老三韦山国举家在外打工，因家里的老房子坍塌，已经

---

①即寨老王应红。

②作为村里第一个大学生，从新西兰留学归来在都匀市工作。

③大姐、四姐在贵阳市，二姐在贵定县，三姐在安顺，小妹在长顺县农业银行工作。

④按照习惯，嫁出去的女儿尽管不能分得娘家土地，但若是招女婿上门则可以分得田地，如其他杂姓。

⑤当时上山开荒还没有人管。

⑥现在大都已经种上了樱桃树，大概有 170 多棵。

⑦据何家说，二儿子读高中时，在外工作的姨、舅条件很好却都不提供资金支持。无奈自己去借高利贷供儿子上了大学。

几年没有回家过年了。

吴家父亲王有才本姓吴，布依族，K 乡凯佐组人。因招为上门女婿后改姓为王，但根据当地“三辈还宗”的规矩，王有才的四个儿子均还本姓“吴”。其中，三个儿子举家在外打工，老大吴忠发在家打短工，老大的两个女儿、一个儿子都在 K 乡读书。

陈丙华同任家一起，也是 1958 年从冗春搬来滚塘，有四子：老大陈腊筛有二女一子，女儿出嫁、儿子在外打工；老二陈腊生，原先任中学教师，后因超生回家种田；老三陈国生，在 K 乡街道派出所对面（自家田块）建房生活；老四陈国富有两个儿子，现都在读书。

在《生育制度》一书中，费孝通多次提到家庭社会关系之外的氏族、地缘等关系类别，他认为超越家庭局限的社会区位和关系体系有的是家庭关系的推衍和发挥，有的则是独立于家庭关系、亲子感情以及社会行为的制度体系①。但在滚塘这样一个典型的“单主姓+多杂姓”的村庄，一直以来却并没有出现宗族、户族或小亲族②等冲突。究其原因，我认为，这可将其归纳为历史、政治、经济、文化、社会等因素综合影响的结果。杂姓家庭于土改后迁入滚塘，对村庄的记忆仅限于这段“新近的历史”，大集体时期“大一统”的政治制度将杂姓和王姓的无论生产还是生活凝聚到一起。加之“知识崇拜”③ 的影响，村庄历来的治理由杂姓、王姓交替当权。家庭联产承包后，各户的农业经营的同质性很强，并受到劳动力外出的影响，村庄层面上家庭间的生产互助十分普遍。村庄内部规模较小，历来有婚丧嫁娶全村帮忙的传统。在文化娱乐方面，特别是妇女的热情参与，亦没有区分杂姓和王姓④。在历史、政治、经济、文化、社会等多因素的综合影响下，村庄层面上呈现出以血缘、地缘和利益关系共同作用的，生产生活方面以家庭为行动单位、公共事务的治理以村庄为行动单位的特征。

---

①王铭铭. 走在乡土上——历史人类学札记［M］. 北京：中国人民大学出版社，2006：36.

②在《农民行动逻辑与乡村治理的区域差异》一文中，贺雪峰将构成农民行动逻辑差异的核心家庭以上的各种可能的认同单位分为联合家庭、小亲族、户族、宗族、村庄共同体等。其中，小亲族是指以血缘关系为基础形成的一个既对内合作，又对外抗御的认同和行动单位；而户族主要是农民办理红白事的一个单位，规模一般在 20 户左右，主要功能是对内合作而不再一致对外；宗族是聚族而居形成的，是血缘和地缘的结合体，其规模多达数千户，少者也有百十户。

③在滚塘历来各界当选的村组干部中，特别是杂姓干部，其共同特征就是接受过文化教育（初小或高小等）。

④如村庄的秧歌队有 6 名成员，分别有周家媳妇、吴家媳妇、陈家媳妇及王家媳妇。

7.3 田土利用与农业生产

7.3.1 从人民公社时期“忆”（“议”）起

土地制度改革与农业生产经营制度改革相伴而生，到改革前夕（1958—1984年），中国农业在人民公社体制下维系了近30年。国家为了服务与重工业优先发展战略的需要，20世纪50年代通过农业合作化运动，即通过互助组、初级社、高级社三个阶段，将全国3亿多农民私人拥有的土地等生产资料，由个人所有逐步转变为集体所有，采取“三级所有、队为基础”的所有制模式，即生产资料分别归公社、生产大队、生产队三级集体所有，相应建立三级管理机构。其中，生产队是最低一级，也是最基本的所有者和生产单位，它拥有农业的最主要的生产资料，包括土地、耕畜、农具和中小型农业机械，公社和生产大队则分别拥有农田水利设施、大中型农业机械、山林和社队企业（蔡昉等）。

“从更大的范围看，公社是一场广泛的、国际性的农业集体化运动的组成部分，……农业集体化是人类历史上最大规模的按理想的蓝图有计划地改造农村社会的一次尝试，……农业集体化运动悲壮地终结了，它却给追求着希望和理想的人类留下来一串长长的问号。……‘以村为队’提供了一把揭开公社秘密的钥匙。”① 作为人民公社时期最基本的所有者和生产单位，滚塘（生产队）的土地利用和农业生产是如何管理的？它是如何影响着当今村庄层面的集体行动？作为拥有独立的水源（龙潭）的最低一级管理机构，大集体时期的滚塘是如何管理农田灌溉的？这与今日的农业用水管理有哪些区别？对其又产生了哪些影响？带着这些问题，我深入走访了人民公社时期的队长或会计以及其他对这段历史保有深刻记忆的老人。通过他们的描述，我得以拼凑出一幅动态的画卷。

人民公社时期，滚塘共有水田175亩、旱地18亩，20多户、90多人。水田一年分两季耕种，收完麦子就栽秧，因当地不适宜栽种双季稻。旱地栽种的作物有玉米、黄豆、向日葵等。每年由作业组组长决定作物品种的

①张乐天. 告别理想：人民公社制度研究［M］. 上海：东方出版中心，1998：2-7.

去留，但几乎都是“金包银”和“小红谷”这两样常规稻品种。新品种由队长去公社或县里引入[①]，种子由队长去公社购买，在全队统一推广。当时尚未使用化肥农药：老百姓割来“秧青”（草），腐烂后埋到土里打成一个小窝，用来栽种玉米；田间杂草不用除草剂，就是人工拔草（妇女劳力）；肥田只用农家粪，但挑农家粪育稻田是苦力活，“拉粪栽秧，哪个都怕”，当时公社派人来命令村民“拉粪到田”。如今年长的村民都知道农家肥的好处，用他们的话来说，“如今化肥催秧苗，但施化肥种出的大米不好吃”“粮食增产靠化肥，却害了土地”“用化肥省力，可土地都板死了”“化肥只能用在旱地里，现在年轻人种的水田里也撒肥料”。

全村开始只有一个作业组，1970 年以后分成两个作业组（人口增多难管理），一组十来户。每个作业组一男一女 2 个组长，分组按照各家房屋的位置，划成两片，并无姓氏区别。队长每周二、四、六到公社开会，总结这周的生产活动，安排下周的生产计划。回到生产队，队长每晚召开社员大会，安排第二天的生产工作、分配工作量。每天早上八点敲钟，队长到街上喊一圈，统计人员出勤，“迟到者扣工分（1~2 分）、早到者加工分、因病不出工只得基本口粮”。每日的劳动时间分两段（一日两餐）：上午 8—11 点，下午 12—7 点。1958—1960 年，吃集体食堂，各家不敢“烧火”[②]。1961 年政策放宽松以后，各家才开始“开小灶”。劳动分工将老人、妇女和男劳力区分开来：安排老弱劳力“串田坎”、打杂工；男劳力负责“整田”；妇女的工作由专门的妇女队长管理，妇女负责“拉粪、挑粪[③]、薅苞谷（玉米）、插秧、种小麦[④]”。

相应地，劳力也分等级：男劳力计 4 分/天；老人、妇女或小于 18 岁的算半个劳力，计 3 分/天；由队长安排几个妇女共同完成的生产任务，则计总工分，如 20 分/天。每月公布一次工分手册（保管十年之后若无人投诉即丢弃）。秋收后，总结工分，全队按“人七劳三”[⑤] 分配粮食。队长的工

---

①1964 年，时任女队长的李顺珍去长顺县引进的水稻新品种“珍珠矮”，在滚塘推广成功，上级还曾组织群众来此参观学习。

②谁家冒烟火，队上就去严查。

③按路线远近计工分。

④过去插秧只是女人的活路，据说因为男人的腰太硬弯不下去。但是我在滚塘调研期间走在田间，还是能看到男人女人一起插秧的情景。

⑤人七劳三指在分粮计分时，家庭人口数占 70%，家庭总工分占 30%。

分参照生产队工分最高的劳力来定。历年的队长和会计分别是：互助组、初级社时期，队长为任会先，会计为韩连强；高级社时期，队长为陈丙华，会计为王井寨；人民公社时期，队长为王兴忠，会计为韩连强。全队每年上交公益粮①约10万斤，留7~8万斤稻谷分给各户做口粮。除此之外，全队还要积累部分粮食做“储备粮”，以防“天灾人祸”。

公社同时承认农民家庭在经济活动中的重要性，保留着农民家庭的消费职能和部分生产职能②。村民在服从公社耕种集体的田地之外，各家还保留着一小块自留地（每人1分旱地③）。每周日不用出集体工，各自在家耕种几分自留地，栽种玉米、小麦等（一年两季），犁地时须向集体“借牛”。有的人家也喂两头猪、养几十只鸡，一年能有200~300元的收入，买油盐、供孩子读书。也有的人家小孩多，工分不够就拿钱买口粮。鞋帽衣物都是家庭（妇女）“半自给自足”，妇女队长到K乡商店用布票、线票统一购买布料和针线，回来分发给队里的20多个妇女自己加工。

大集体时期，除了集体生产劳动以外，与其相关的其他农事活动如放牛、灌溉等均采用集体管理的方式。当时还没有犁田机，全队共20多头耕牛，1958年“土地改革”时各家的牛入股归集体，但仍分给各户饲养，由生产队提供饲料。队长指派两位年长的男社员长年放牛，按照二等劳力计工分。当问到集体放牛同现在各户放牛的区别时，村民普遍认为“集体放牛，牛不吃秧（苗）”。但集体放牛带来另外一个问题，“集体的牛，不爱护”。于是不少牛饿死病死，据有些村民回忆“那时牛肉都吃厌了”。灌溉方面，也是由专人负责放水，放水员也是按一等劳力计工分。另由队长指派劳力到需要放水的田块，队长和放水员及时互相沟通，保证田里有水。175亩水田中有100亩属于自流灌溉，另有75亩需要抽水机灌溉。全队有一台柴油机负责干田（“水淹冲”的田）、一台汽油机负责临时放水整田。在滚塘，责任心强又勤快的韦会明老人曾担任放水员十多年。从效果上看，村民认为集体放水更有其科学合理性，“一坝一坝往下放，由高到低，节约用水”。而现在按照各户开票的顺序放水，次序不合理，造

①用老百姓的话来说，公粮是“白白交给国家”，益粮是国家以收购价支付。益粮款项的1~2%收归集体，其余按照工分分给各户。另外，公益粮需晾晒后才能上交，队长抽3~5名老人去晒米。自己分的都是“湿谷子”。

②张乐天. 告别理想：人民公社制度研究［M］. 上海：东方出版中心，1998：7.

③1分地=0.1亩。

成水资源浪费。

在深入研究了自己家乡的人民公社制度后，张乐天将其特征总结为“集权体制”和“以村为队”。高度集权的权威模式确保了制度的稳定、政令的贯彻、体制的单一和计划的执行；村队模式使输入的制度与传统的村落社会相契合，使农民在凛冽的政治气氛中看到了自己的利益，体察到地缘的亲和与血缘的亲切。结合滚塘的历史，从村庄层面的集体行动这一研究视角来看，我认为人民公社制度至少在三个方面产生了或短期或长远的影响：①促进了杂姓的社区融入。人民公社时期的集权体制，在很大程度上促进了杂姓的社区融入。王姓是迁来滚塘的第一代，也是人数最多的家族，而其他9家杂姓中有7家都是“土地改革”以后才迁来此地的。人数的悬殊加上来此年代的差异，却并没有带来家族势力的扩展或家族之间的冲突，这主要“归功于”人民公社体制。首先是作业组的划分，并非按照家族规模而是依照房屋的布局。将不同姓氏的家族或家庭联合起来作为一个生产活动的单位，从互助组、初级社到高级社、人民公社，这一系列的制度安排，为杂姓融入村庄提供了环境。其次是生产队队长和队务委员会委员，并非王姓家族垄断，而是出现了多家杂姓担任的情况。担任队长的杂姓家长，其共同点就在于文化水平相对较高。因为大队基本上是按照得票多少来确定生产队领导成员的。这说明，在对生产队干部的政治要求之外，村民在投选票时更看重的标准是文化水平而非血缘的远近。而杂姓当选干部之后，也会秉着为集体着想的态度来努力获得群众的拥护。②形成了集体行动的传统。人民公社时期以生产队或生产小队为单位的生产方式，使得与之相关的其他生产活动乃至社会活动都采取了“队为基础”的集体行动方式，如集体放牛、集体放水、清明“挂山”、大年三十上午的全寨大扫除以及三月三集体抬龙船等。但随着人民公社的解体，在以家庭为生产经营单位的体制下，上述传统的村庄集体行动正在逐渐消逝。③划定了集体行动的单位。一方面，人民公社时期生产队作为农民的生产单位，使村民在生产队（村民小组）一级密切互动的基础上产生了强烈的认同感，以致在人民公社解体以后村民小组成了农民重要的认同单位。另一方面，在“农业学大寨”时期，以生产队为单位兴修小型农田水利工程（如山塘、沟渠等）或其他村庄公共设施的这段历史，为当今村庄层面上的集体行动划定了清晰的行动单位边界。人民公社时期投工投劳参与修建的村民，称为

"股民"。"股民"不但要参与村庄公共设施（尤其是水利设施）的定期维护，还能在使用时享受内部价，最重要的是，为设施的大型维修工程划定了清晰的行动单位边界。

7.3.2 从"分包到户"到"土地流转"

学界对人民公社制度解体的研究，有些将其归因于"小农本质"，认为未被集体化改变的小农本质使集体制度内部始终存在一种离心倾向，或者说"农民对缺乏经济基础和人文支撑的'道德说教'没有发自内心的认同"（张乐天、张海荣）；也有学者从制度分析视角将其最根本因素总结为"生产队的产权残缺"① 或者说"劳动力产权残缺"②；于建嵘将这个时期乡村政治结构总的特征归纳为"集权式乡村动员体制"，认为这是一种政治上高效率、经济上低效益的动员体制。

无论将公社解体归因于体制还是农户个体，工分挂帅、搭便船、爬梯级、负攀比、损公肥私等现象在人民公社时期的滚塘也都曾发生过。单就这些现象来分析，我认为其发生的直接原因是缺乏有效的监督。而人民公社体制下的生产管理实质上是现代组织的时间管理方式，这与农业生产的特殊性，尤其是与其自然特性③相抵触。于是1981年分包到户以前，各生产队就已经开始私自分田给农户，公社"睁一只眼、闭一只眼"。

在滚塘，1981年重新分包到户的只有水田，没有旱地。因为自从1961年政策放松、自家"开小灶"以后，村民就纷纷开始私自开荒（地），"挖一个小洞，插一棵草就可以将这块地据为己有"。集体开的土（地）在高坡上，后来分给了韦家、何家和陈家。这段时期，滚塘共开了100多亩旱地，目前已撂荒40亩左右。滚塘的水田在大集体时期就已根据土壤肥力、距离村庄远近、获取灌溉水的便利性等，划分成了好、中、差三等④：第一等的水田土质好、好要水，面积约占60%；第二等的水田土质中等、需要抽水，

---

①吴志军. 制度分析视角下的人民公社史研究［J］. 北京党史，2008（3）：23-26.

②葛笑如. 人民公社制度的另类分析——新制度经济学的视角［J］. 湖北社会科学，2007（5）：171-174.

③与工业生产可以在工厂中昼夜进行不同，农业生产主要在广阔的田野上进行，而这又是动植物的自然再生产的过程，因而必然受到自然环境的制约。（朱启臻. 农业社会学［M］. 北京：社会科学文献出版社，2009：75.）

④无论犁田还是栽秧，均要按面积计工分。例如，栽秧1斗计30~50分不等，好田栽秧计30分，差田则计50分。

占30%左右；第三等的水田是沟中田、不保水、收入薄。分包到户的具体做法是：按照家庭人口数搭配土地。不分男女，但出嫁的女子、超生以及1979年以后出生的子女不分田地。按照人民公社时期的两个作业组，各组自己划分，由两个组的小组长主持。按照灌溉便利程度和土壤的肥力等标准，组长把田进一步分为五类。把人头与田搭配好之后，两个组召开集体会议，各家派一个代表去抽签。例如，王家5口人就算做一股，陈家10口人算两股。若有村民不服气就重新调整，土地划分反反复复好几次才搭配好。

在家庭承包责任制下，滚塘的农业种植结构仍以水稻为主。全组的水田增加到了250亩，旱地160亩①。水田主要种植油菜和水稻②，旱地主要种植玉米、葵花、黄豆和烤烟③。在分包到户以后的近30年里，无论国家的政策如何变化（从2002年通过的《中华人民共和国农村土地承包法》，到2007年通过的《中华人民共和国物权法》，再到十七届三中全会中“土地承包关系的长久不变”），滚塘的田地再也没有重新划分过。也就是说，村民小组集体调整土地的权利未曾用过。具体到个体层面，因为每户的人口都有变动，如去世、生养、嫁娶及外出务工等，导致当前的耕地占有情况很不合理（表7-2）。有的人家，原先一个人的耕地现在要养活四五个人。有的人家正好相反，原来四五个人的耕地现在只有一个人在种。

2008年，在滚塘调研期间，我访谈了许多外出务工的返乡农户（受经济危机影响）。问到外出的原因，很多人提到“家里的田不够种，只好外出打工”。年轻男劳力在小组访谈时，普遍表示愿意重新分配土地，“虽然现在都在外面打工，但是迟早要回来”。而同老人组座谈时，他们认为土地分配并不是问题。在滚塘，撂荒已经成为很普遍的现象。因为水田的效益比较高，所以一般撂荒的都是旱地。另外，随着劳动力外出，田地的流转也

①旱地是村民自行在山地开荒所得，故在人民公社制度解体后有大幅增加。

②水稻是农科院提供的新品种，产量由原来的700~800斤/亩增加到1100~1300斤/亩。

③由于旱地作物的种植成本较高，且缺乏劳动力，因此旱地撂荒率很高。

越来越普遍。在滚塘，受经济发展水平所限，田地流转的直接因素①主要是劳动力外出②，并非由政府引导（可能改变土地用途）或者是集体推动③（为增加集体收入），而是农户个体主导。滚塘村的土地流转属于出租的形式，承租方向出租方缴纳实物、租金或者是无偿转包，案例如下：

文框 7-1　滚塘村土地转包案例

受访农户：罗庭斋，男，77岁；韩芝珍，女，75岁。

家庭成员：六女一儿，两个女儿嫁在本村（老五招女婿），儿子在外县工作。

老五夫妇2006年外出打工，将田留给罗家二老耕种，并将子女留给老人抚养。老六夫妇外出后将5亩田留给老六丈夫的三伯父耕种，无需交纳租金，条件是三伯父需免费为罗家二老整田（8亩），并且每年给二老800斤稻谷。

罗家二老现耕种8亩水田、4亩旱地。8亩水田每年的生产支出包括肥料2500元；请工2000元左右，其中请人栽秧、打米各需1000元左右（大约15人）。灌溉费用在生产总支出中所占的比重微乎其微，去年老人同另外两家联合放了3个小时水整田，合4元钱。2007年，乡政府“借田”栽辣椒，年底8亩田乡政府给了1300元和500斤大米。

表 7-2　滚塘自然村实物代金统计表

行政区：滚塘组　　　　代码：352060901060105　　　　单位：人/亩

姓名	计税面积	姓名	计税面积	姓名	计税面积	姓名	计税面积
吴忠发	0.85	周立信	2.55	王时云	8.41	王龙	0.84
王友才	4.15	何双顶	2.55	杨和忠	1.27	王华生	5.86

①影响土地利用变化的社会经济因素分为直接因素和间接因素两种。其中，间接因素包括六个方面，即人口变化、技术发展、经济增长、经济和政治政策、富裕程度和价值取向。它们通过直接因素作用于土地利用，后者包括对土地产品的需求、对土地的投入、城市化程度、土地利用的集约化程度、土地权属、土地利用政策以及对土地资源保护的态度等（李秀彬. 全球环境变化研究的核心领域——土地利用/土地覆被变化的国际研究动向［J］. 地理学报，1996（11）：553-559.）。

②据K乡政府2007年统计，滚塘自然村总人口为292，外出打工52人（男27人，女25人）。外出务工者中，57.7%是初中文化程度，67.3%在30岁以下，且全部为省外打工（上海10人、广东20人、江浙22人）。

③马育军，黄贤金，许妙苗. 上海市郊区农业土地流转类型与土地利用变化响应差异性研究［J］. 中国人口资源与环境，2006（5）：117-121.

续表

姓名	计税面积	姓名	计税面积	姓名	计税面积	姓名	计税面积
韦山林	2.54	王时文	1.85	杨光明	4.96	王时勇	2.12
韦山志	1.7	王时伍	1.87	王时书	6.52	王时栋	2.11
韦山国	1.7	王时飞	1.91	王时军	1.64	王丙祥	2.97
韦山海	1.7	王时玉	1.91	王时福	1.64	王丙叶	2.93
韩富	2.02	王井斋	5.1	王时权	1.64	王小力	0.85
韩继	4.59	王江河	1.7	王时平	1.63	王福忠	3.4
任志勇	3.4	王长江	5.1	王时应	1.7	陈国生	1.55
任志华	2.7	王应华	5.91	王老红	1.7	陈应红	1.7
王时韦	1.17	韦明华	0.85	王传红	1.7	陈腊生	0.06
王时江	1.98	韦米才	0.85	王兴邦	1.52	陈国富	2.97
王时成	1.17	韦家才	2.45	王应红	3.4	王时方	2.93
罗廷斋	6.7	王伟	1.7	周顺	1.7	王时松	2.96

来源：K 乡 2005 年粮食补贴兑现清册。

7.3.3 农业生产的“特点”和“价值”

“农村劳动力的转移行为是农民在响应由于制度松动所产生的外部获利机会时自发倡导、组织以及实施的结果。农民是理性的经济主体，其行为动机是为了追求自身或家庭的效用最大化或福利最大化。”① 随着劳动力外出打工的增加，非农收入在农户家庭收入中所占的比重逐渐上升。“一方面劳动力流动能增加农户家庭收入，从而提高农民收入；另一方面，劳动力流动能增加非外出劳动力的边际收入。”② 那么，当今的农业生产对农户意味着什么？鲁静芳通过贵州省 K 乡一个村庄的个案，从三个方面研究了农业生态系统对农民生计安全的支撑作用：“一是其产出及其对农民生计的物质支持。但研究也指出当前的农业生态系统正变得脆弱和不可持续，农户获得资产和控制生计的能力也在日益下降。二是作为农民的社会交往空间。但在政府的外来干预下，农业的社会组织功能在弱化。三是作为农民知识

①官永彬. 中国农村劳动力转移对农民的收入效应研究 [D]. 重庆：西南农业大学，2005.

②陆慧. 农村劳动力流动对农民收入影响的效应分析 [J]. 江南大学学报（人文社会科学版），2004（2）：54-56.

形成和人力资本发育的源泉，但在政府主导下的传统农业改造过程中，农民作为一个有能动性的、有创造力的‘人’的角色被忽略了。”

单从农业生产在家庭生计中所占的比重来看，滚塘自然村随着劳动力外出的不断增加，其比重呈持续下降的趋势。骆江玲等基于2008年3月随CBNRM课程实习在滚塘自然村的调研，所列表7-3有一定的参考价值。

表7-3　滚塘自然村1995年和2007年平均每户纯收入

单位：元

	家庭纯收入	种植业纯收入	打工纯收入	商品牛纯收入
1995年	2500	2500	0	0
2007年	9000	1000	4500	3500

据K乡政府2007年统计，滚塘自然村外出打工者占全村总人口的17.8%。而根据2009年在滚塘自然村的调查，把未婚外出务工的青年排除在外，统计村内所有学龄前、学龄期（包括学前班、小学、初中、高中和大学）以及未在校接受教育的儿童和青少年的父母外出务工的情况①，即仅将在村内拥有独立家庭的人员统计在内，计算出外出务工人员所占的比例高达52.9%。其中，留守儿童父母共同外出的情况占43.2%，父亲单独外出占40.5%，母亲单独外出占到16.3%。受本人工作量及方法论所限，并没有统计出在村庄层面农业收入占家庭总收入的平均值。下面，我以几个有代表性的家庭农业生产案例来定性地回答前面提出的问题。

文框7-2　滚塘村家庭农业生产案例一

王伟，男，27岁，未婚，常年在外打工

在外打工两年，近期刚回来，因为得了尿结石，回来治病。在重庆某贸易公司上班，每月1500~1600元工资，基本是自挣自用。治好病之后还要回去，但打工只是暂时的，以后还会回到滚塘，回来种田或者做其他事情。自己只保留了一两亩水田给老人种，其余的都租给了邻村的某户耕种。农忙时，一般都会回来帮忙。

①这样的统计包括了村庄所有尚未自立门户的群体。

文框 7-3 滚塘村家庭农业生产案例二

王丙泉，男，38 岁，已婚，种田十年后外出打工，育有两女一男。(大女儿读小学，另外两个还小)

1990 年去无锡打工，一个月三四百元工资，在那工作了两年。当时是初三毕业没有书读了，想出去玩玩，长长见识。两年后回到家种了十年地，2003 年又出去了。因为在家挣不到钱，有了两个孩子。村里人有的都盖新房子了，自己家还在老房子里，为了盖房子只能出去挣钱。到了浙江，在工地一年，很累，但每月才挣 1000 元左右。生活上很节省，一年攒了六七千元。第二年，又回到无锡，搞气焊，房租 100 元/月，自己做饭，只有加班时才有食堂管饭。平均下来 1800 元/月，在那干了三年。

2005 年有了第三个孩子，老婆在家自己带孩子十分辛苦。2006 年过年回家，妻子跟我讲，一边带小孩一边种地太累，干不下去了。我就说那你出去打工，我在家种地，也没怎么商量。又不能两个人都在家，那样更没收入了，我在家种地还能提供一个保障，有粮食吃，有地方住。2007 年 10 月，她就出去了，现在在上海一家服装厂打工，一个月八九百元钱，刚去不知道能不能攒下钱。我在家种田一年 3000 元收入：玉米全都喂牛，水稻吃一部分、卖一部分，油菜自己榨油吃。妻子一个人在家的时候，每年犁地插秧都要花钱请人，要花五六百，加上化肥每年要投入 1000 元左右。

现在我在家，养了三头牛，一头大的，两头小的。大牛七八千元一头，五年才能养成，三头牛平均每年要 1000 斤玉米。养牛太慢了，几年才能卖，小牛又没法卖钱。没有养猪，现在就是收入靠种田。种田没人帮，插秧要请人。种不完的就撂荒，而且化肥太贵，种地多了开支也大。种果树一般就是自己家吃，几乎每家都种，但种多了没有时间和精力管，要管理、打药、压枝，这些很费心。我家就种了十几棵李子树和桃树。家里有小孩要种，讨别人的要被骂。

文框 7-4 滚塘村家庭农业生产案例三

王江河，男，45 岁，在外打工，育有一儿一女。(儿子读初中，女儿在外打工)

1988 年结婚，婚后到贵阳打工，仅在农忙时赶回来帮妻子搞生产。1998 年开始去外省打工，到过江苏、福建、安徽。主要是跟着老板做，每天能赚到80元钱左右，老板包吃包住。自己一个月也就消费200元左右，主要是抽烟、喝酒的花费。一年能寄回家大约1万元钱。现在，女儿也已经出去打工了，每个月工资1000多元，每年能寄回家5000~6000元。

妻子在家耕种2亩水田、3亩旱田。水田里种有水稻和油菜籽，每年能收3000斤左右的水稻、400斤左右的油菜籽。水稻出售1000斤，留2000斤自己家里吃。油菜籽150斤榨油自己食用，出售250斤。旱地的主要作物有玉米、黄豆、大豆、葵花，玉米与其他作物套作。一年能收1000多斤玉米，全部用来喂牲口。黄豆能收70斤左右，大豆30斤左右，葵花20斤左右，都是自家食用。家里还有几棵李子树，还不够孩子们吃的。养了1头牛，用来耕地的；2头猪，1头卖钱，1头养到过年吃。每年要养30多只鸡，总共两批，秋冬季养本地鸡，春夏季养饲料鸡。本地鸡在秋季的成活率高，饲料鸡在夏季的成活率高，基本上都是卖一半，留一半自己吃。

文框7-5　滚塘村家庭农业生产案例四

王小七，男，已婚，40岁，在家务农

兄弟姐妹6人。哥嫂都出去打工了，春节才会回来。自己很少出去打工，即使出去也是短工。目前耕种水田8亩、旱地4亩，撂荒旱地6亩(因为距离较远，且不好管理)。另有8亩水田租给别人，每年只收600斤干谷作为租金。2007年，曾养鸭2000只，每天纯收入可达500~600元。但是下大雨把鸭舍淹了，所以，鸭子被转到别处由姐夫代养。与打工或搞养殖相比，自己更喜欢种地，因为对技术要求不高。但是不知道该种什么。

文框7-6　滚塘村家庭农业生产案例五

王时云，男，38岁，育有一儿一女（均读小学），当兵后外出打工，因照顾年迈的母亲现返乡务农，任组长。

有8亩水稻田，年产稻谷10000斤左右。种植油菜5亩，年产菜籽1200斤左右，留300~400斤榨油，其余的都卖出去。作为现任组长，是寨子里4个双孢蘑菇种植户之一，种植1亩。乡政府引进的野山椒以前种过，但是收成和预期相比出入太大，今年没有种植。有旱地8亩多，种植玉米，每年能收4000~5000斤，全部用来喂养牲畜。黄豆1亩多，产量300~400斤。葵花3亩多，年收葵花籽200斤左右。桃树2亩，每年结桃2000斤左右，能卖出200~300斤的桃子，绝大部分的桃子都烂掉了，卖不出去。板栗1亩左右，大概150棵。樱桃树5棵，梨树几十棵，基本上都是自家消费或送亲戚朋友。养有4头牛、5头猪，一半留自用，一半卖钱。

由上可见，滚塘自然村的农业生产呈现出两大特点：①农户土地经营的规模小。随着人口的增加，包产到户后单个农户的土地占有量越来越小。根据K乡2005年粮食补贴兑现清册的统计数据，20%的农户家庭水田面积在2亩以下。②作物种类单一且以满足家庭需要为主。水田种植的主要作物为水稻和油菜（轮作），并且一般家庭都仅出售30%~50%[①]，其余留作家庭自用；旱地作物以玉米为主，有的与豆类间作。玉米主要用来喂养牛和猪，牛用来耕地、犁田，猪也是部分自用，部分出售。果树种植不成规模，以自给自足为主。

对当地农民而言，滚塘自然村的农业生产主要分为经济功能和社会功能两大类：①为农民提供物质和资金支持。无论是水稻、油菜，还是玉米喂养的猪、鸡等畜禽，大多数家庭都是一半满足家庭需要、另一半拿去出售。②为农民提供社会保障支持，包括医疗、养老以及子女的教育。上文外出务工农民因不同原因返乡的三个案例，分别从医疗、养老及子女教育这三个方面，证实了农业生产对农民的社会保障支持。“案例一”中外出务工的王伟因病返乡医治的情况，在滚塘自然村乃至在全国其他地方的农村都很普遍，乡村相对低廉的医疗服务为农民尤其是外出务工的农民提供了保障。“案例五”中多年在外打工的王时云因照顾年迈的母亲返乡务农，这种情况在调研中也颇具普遍性。村里为数不多的在家务农的男劳力（年龄在40~50岁之间），大部分都有外出务工的经历，是出于照顾老人的需要才返乡务农。农业生产，作为一种生活方式将农民“固定在”或者“重新召

①当地老百姓出售稻谷可分两类：一是等商贩来村子里收，2009年的价格是1.04元/斤；二是碾成米在K乡集市上出售或等人来收，2009年的价格是1.4元/斤。2009年12月，乡领导争取来的精米加工厂正式投产，生产出来的大米已远销到省内外。县里领导也很重视，乡党委书记正在积极争取注册商标，以便打入超市。据乡党委书记介绍，当地大米的收购价格提高了0.2元/斤。2011年2月份回访时，乡党委书记带我参观了精米加工厂。根据工厂经营者的介绍，收购价格的确平均提高了0.2元/斤。

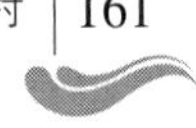

回”村庄，为农村的养老提供了保障。“案例二”中王丙泉因“妻子边带小孩边种地太累”而返乡，再由妻子外出赚取收入，丈夫留守抚养子女。在滚塘自然村，无论是父母外出、父亲单独外出或母亲单独外出，除一户的子女随父母外出外，其余全部是将子女留在农村接受教育。综上，滚塘自然村也是同样的，“尽管农业的收入在农民总收入中所占的比例在下降，但农业收入仍然是农民收入结构的重要组成部分，在维系农民的生活方式、农民的养老等方面发挥着重要作用。”①

7.3.4 村庄的“穷人”和“富人”

滚塘自然村并没有出现显著的经济分层。乡政府每年统计的低保户名单和贫困户花名册，从侧面反映了村庄经济无分层的特征。在滚塘自然村，低保户的名额每年都在变动，而在有一年的低保群众会上，居然出现了“抓阄定指标”的荒唐局面。贫困户的花名册（表7-4）所罗列的多是与子女分家后的老弱病残户，而非真正意义上的低收入户。

表7-4　滚塘自然村年人均纯收入在820元以下贫困农户花名册

序号	户主姓名	家庭人口（人）	劳动力人口（人）	家庭年总收入（元）	家庭年人均纯收入（元）	致贫原因	是否享受农村居民最低生活保障	保障类别档次
1	周立信	5	3	3000	600	年老体弱	否	
2	罗廷需	2	0	1620	810	老弱	否	
3	任会先	2	0	1300	650	老弱	否	
4	王兴忠	5	2	3000	600	老弱	否	
5	王应兴	3	1	1800	600	老残	否	
6	王应英	4	2	2400	600	其他	否	
7	陈克秀	5	2	3000	600	老残	否	
8	王长江	5	2	3000	600	其他	否	
9	陈小海	2	1	1630	815	其他	否	

来源：K乡政府统计《贵州省农村家庭年人均纯收入在820元以下贫困农户花名册》

滚塘自然村没有出现显著经济分层的原因，可以从两方面进行分析：一

①朱启臻. 农业社会学［M］. 北京：社会科学文献出版社，2009：88.

方面是农业生产方面。首先是每个家庭拥有的和耕种的土地面积是根据家庭人口数来分配的，即便是1981年以后从父辈那里分得的土地，也会考虑到家庭的人口因素。其次是全村的农作物结构单一、同质性强，连对农作物的使用方式也大同小异。从事非农生产活动的村民，全部为省外打工，且呈“群聚特征”。其中，上海10人、广东20人、江浙22人。这说明，农户的非农收入来源也具有很强的同质性。另一方面，从非农收入的支配使用来看，建新房位居首位。据村民介绍，自2000年以后外出打工挣了钱回来的就竞相建新房。平均一栋二层毛坯房的成本按6~7万元计算，一个劳力一年打工收入在1万元左右，也就是说，建一栋新房的资金需要6~7年的时间挣。而“竞相起房”的最近这几年，差不多正是打工村民在外打拼的第6、7个年头。换句话说，农民的非农收入并非用作生产性支出，也就不能为之带来更多的经济收益。对于非农收入的同质性支配方式，是滚塘自然村没有出现经济分化的又一主要因素。

没有显著的经济分层，并不意味着村庄没有穷人。在滚塘自然村，唯一公认的贫困户是韦家。与街坊四邻二、三层的新楼房形成巨大反差，韦家至今还住在破旧的老式木屋里。关于韦家迁来滚塘的历史，前面已有介绍不在此赘述。有关韦家贫困的原因，在走访其他几户村民后，大家一致的看法是好吃懒做。在农村人的意识形态里，好吃懒做是村民深以为耻的。在访问了在家务农的韦×之以后，其好吃懒做也给我留下了深刻印象。韦家媳妇端出香蕉热情地款待我，这是我在滚塘自然村民家里吃到的第一根香蕉。尽管每周五赶场都可以买到，但包括许多有小孩的家庭都不会买香蕉[①]。闲谈之中她还聊到每年的生活支出，包括买100元左右的色拉油，“自家的猪油不够好吃”。而在当地，猪油几乎是每个家庭食用油的唯一来源。中午，韦×林邀请我在他家吃午饭，饭间他一个人自斟自饮喝了数小时。除韦家外，还有一户王姓，也是村里极少数的还没有“起房子”的家庭。该户夫妻双方外出打工多年，一儿一女留给年迈的老母亲看管。据说因为男人“好赌”，就没有攒到钱盖房。

①价格比苹果和梨都要高，而且苹果、梨很多家庭都有种植。

7.4　乡镇政权与村民自治

人民公社时期“政社合一”的全能型公社组织是按照工业组织的科层制和国家组织的统一性加以治理的，在自上而下的科层制和全国高度统一的领导体制下，农民的自主性和乡村发展的多样化受到抑制（徐勇）。改革开放后，家庭联产承包责任制、乡镇企业和村民自治等经济、政治领域的改革共同导致了“乡政村治”格局的确立①以及乡村治理的多元化和复杂性。从20余年的治理实践来看，从对民主的探求到目前“乡村治理”模式的完善，我们可以看到一个“国退民进”的过程。而实际运作中的村治与乡政主要表现为合流与冲突的关系，并且合流最终占据主导地位（刘涛、王震）。有关改革以来我国乡村之间的关系，有学者将其大致划分为三大阶段：“第一个阶段是20世纪70年代末至90年代初，国家实行家庭联产承包责任制，村落回归农户为主体；取消人民公社并在80年代中期推广村民自治制度。第二个阶段是20世纪90年代初到21世纪初，因为市场化的大规模推进，乡村基层政权的“内卷化”加剧，而国家总体上又放任乡村，村落与基层政权之间的关系极大恶化，乡村出现治理的结构性困局。第三个阶段是自21世纪初因取消农业税和进行新农村建设的诸多举措，国家确实减少了对村落的资源提取，同时大规模供给乡村各项公共事业建设所需的物质资源，部分村落重新恢复元气。但总体上村落与国家的关系依然处在结构性的不协调之中。”②

而学界对于乡村关系（包括乡村治理）的研究，罗兴佐认为，虽然有不少有影响的研究，却不像中华人民共和国成立前的研究那样有支配性解释模式，而是各种解释模式自圆其说，相互之间并未形成真正的对话。多种解释模式的并存，既反映了我国国家与社会关系的复杂性，也意味着对

---

①1982年12月，第五届全国人民代表大会第五次会议通过的《中华人民共和国宪法》，其中第九十五条规定“乡、民族乡、镇设立人民代表大会和人民政府”，第一百一十条规定“农村按居民居住地区设立的村民委员会是基层群众性自治组织”，确立了“乡政村治”体制。1983年10月，中共中央、国务院发出了《关于实行政社分开建立乡政府的通知》，至1985年，全国乡镇人民政府普遍建立。

②刘伟．寻求村落与国家之间的有效衔接——基于相关文献的初步反思［J］．甘肃行政学院学报，2008（3）：55.

这一问题的研究还有待进一步深化。在本研究的研究中，“乡政与村治”，既是开展“农业水资源管理中新型集体行动”这一研究的“共有知识结构[①]”，同时乡村关系也在新型集体行动各相关行动主体的互动下得以重构。本节将侧重前者，即论述作为新型集体行动“共有知识结构”的“乡政与村治”。结合滚塘自然村的案例，论述的主要内容包括当前乡镇政府的管理角色、村民自治所要解决的问题以及村民自治的权力、规则和资源。

7.4.1 新时期多向度的 K 乡政府管理

1985 年，乡镇政权建立不久就开始了改革，经历了近 30 年。仝志辉按时间顺序将乡镇体制改革归结为三个诉求或主题，即基于整体政治体制改革要求的简政放权、党政分开、政企分开，基于乡镇财政压力的精简机构、转变职能和基于统筹城乡战略的综合改革。2000 年开始的税费改革到了 2006 年全面取消农业税，2003 年开始连续 5 个中央一号文件全面规划了城乡统筹发展，使得乡镇政权的任务和宏观环境发生了巨大变化。按照上文的划分标准，当前的乡村关系处在第三阶段，即农村税费改革[②]和国家进行新农村建设的诸举措[③]。统筹城乡战略之下，不同经济发展水平、城乡一体化程度的乡镇面临着不同的任务。就 K 乡情况以及村、组两级行政管理而

---

①“共有知识结构”的概念取自吉登斯结构二重性理论分析框架，这种在共有知识结构内认识框架的运用，依赖于并得自于一种共同体分享的“认知秩序”；但当利用这样一种认知秩序时，解释性框架的运用则同时重构着那种秩序。(安东尼·吉登斯. 社会学方法的新规则——一种对解释社会学的建设性批判［M］. 北京：社会科学文献出版社，2003：227.)

②农村税费改革的主要内容是：三个取消、一个逐步取消、两个调整、一项改革，即取消乡统筹费；取消行政事业性收费和政府性基金、集资；取消屠宰税；逐步取消统一规定的劳动积累工和义务工，调整农业税税率，全省农业税最高税率不超过 7%；适当调整农业特产税政策，实行一个应税品种只在一个环节征税，农业税和特产税不重复征收；改革村提留征收和使用办法，采用农业税附加的方式收取，附加比例最高不超过改革后农业税的 20%。

③建设社会主义新农村的主要措施为推进现代农业建设、深化以农村税费改革为重点的综合改革、发展农村公共事业、增加农民收入。一是推进现代农业建设。加快农业科技进步，调整农业生产结构，加强农业设施建设，提高农业综合生产能力。二是全面深化以农村税费改革为重点的综合改革。加快推进乡镇机构、农村义务教育、县乡财政体制、农村金融和土地征用制度等方面的改革。三是大力发展农村公共事业。加快发展农村文化教育事业、重点普及和巩固农村九年义务教育，加强农村公共卫生和基本医疗服务体系建设，促进农村精神文明建设与和谐社会建设，明显改善广大农村的生产生活条件和整体面貌。四是千方百计增加农民收入。要采取综合措施，广泛开辟农民增收渠道，挖掘农业内部增收潜力，大力发展县域经济，引导富余劳动力向非农产业和城镇有序转移，继续完善现有农业补贴政策，加大扶贫开发力度。

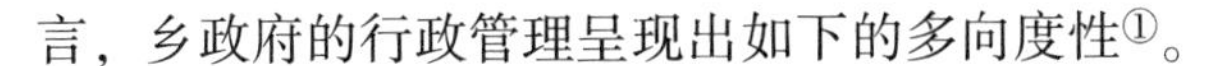

言，乡政府的行政管理呈现出如下的多向度性[①]。

1. 作为国家建设新农村政策的实践者

在K乡调研期间，我亲历了一系列惠民政策的实施，以农村最低生活保障政策为例。过去由村干部负责该政策的具体执行，包括名单的确定和款项的发放[②]，曾出现过乡镇领导挪用补助款、村干部拖欠低保款的发放等情况，致使百姓对乡政府信任大打折扣，更有不满的百姓纷纷上访，造成村庄内部村民间关系紧张和干群关系恶化。2008年，乡政府在落实低保政策时，创新性地采用了参与式方法赋权，不仅使受益主体从村庄精英转向弱势群体，并在一定程度上对现有的以村委会、村庄精英为主体的权力结构提出挑战（王晓莉、刘永功）。其他还有农村义务教育“两免一补”、对种粮农民的直接补贴、良种补贴、农机具购置补贴、农业生产资料综合直补、新型农村合作医疗补助等。

2. 作为乡村党政建设的推行者

乡村党政建设主要是反腐倡廉教育和对基层党员的日常管理。在劳动力大量外出的背景下，难度较大的是对流动党员的管理，另外还有监督制度建设，包括乡镇领导班子基本情况（组成、分工、工作方式、监管制度）、重大事项的集体决策制度以及农村基层干部任前谈话等。

3. 作为村庄公共物品的供给者

例如，基础设施建设项目（修路、修井、土地平整及修机耕道）。在不同社区的不同项目中，政府的角色扮演[③]直接影响到当前乡村关系的建构。

4. 作为社区发展项目的合作伙伴

1995年至2008年，当地同省农科院保持了13年参与式发展项目的合作。自2002年以来，项目采用纵向推广[④]和横向推广的方法[⑤]，将乡政府的

---

①该部分内容根据本人调研笔记整理而成。

②摘自2008年7月访谈某村主任的笔记。据他反映，过去低保款的发放由乡镇政府负责，出现过某乡镇领导挪用八万元低保补助款的情况。

③比如，政府是作为当地经济的带动者、治安的维持者以及个人价值的实现者等。

④纵向推广，即在政府垂直体系内推广，与长顺县农办、林业局、水利局、畜牧局、农业局合作，把参与式社区自然资源管理的成功经验应用到他们实施的项目中，以影响高层政府采纳和推广社区自然管理方法，使社区自然管理方法在当地机制化。

⑤横向推广是指以K乡为项目实施主体，推广到更多的社区和更广的范围。以K乡政府为项目实施主体，把试验点面积从6个自然村推广到整个凯佐乡，组织农民参观访问、学习交流，推动农民—农民传播途径。

角色推到了一线。

5. 乡村经济发展的带动者

在K乡这样一个经济发展严重落后的贫困山区，发展当地经济自然是当地乡政府工作的重中之重。近年来，乡政府先后尝试从外面引入烤烟、野山椒、双孢菇这三种经济作物，并试图在全乡范围内推广种植。然而，受气象灾害、市场波动、劳动力短缺等因素的影响，加之农民对政府半信半疑的态度，这三种经济作物的推广均受到了很大的阻力，参与农户的经济效益并不显著①。2009年年底，政府招商引资的重点项目“精米加工厂”正式投产运行，据初步估计，当地大米的市场价格每公斤平均提高了0.4元。

7.4.2 新时期服务型、有限功能型的滚塘村民自治

就治理所要解决的问题来看，从人民公社到村民自治，从生产大（小）队到行政村（村民小组），滚塘自然村所属的硐口行政村以及滚塘村民小组的治理，由大集体时期的统治型、全能型转向新时期的服务型和有限功能型。在当地经济发展严重落后、村组几乎没有任何的集体收入来源、年轻劳动力大量外出务工、村庄还没有其他类型的组织等背景下，村、组两级的治理呈现出服务型和有限功能型的特征。

村民自治的服务型、有限功能型特征主要体现在以下几个方面：①各类纠纷调解，包括土地纠纷（据硐口村村主任说，主要是住房用地纠纷，约占90%）、子女对老人的赡养问题（随着子女的外出务工，这一问题更为突出②）、村民间以及夫妻间等民事纠纷③。②自然资源管理，包括对土地承包经营权的流转、集体林权制度改革、草地资源的开发等方面的管理，具体有两个方面：一是将村集体的荒山、荒地承包给个人，栽种果树或者发展养殖等，须经村两委的批准；二是在将林地经营权和林木所有权落实到村民小组以及农户的过程中出现的纠纷，还有基础设施建设中占用田地的纠纷等，需要村组干部出面调解。③执行乡政府的各项政策，涉及

①截至2009年末本人实地调研结束时。

②如王家三弟兄，外出打工后决定平均分摊粮食给老人，但其中一兄弟拒绝平均分摊粮食，老人就找到了村干部，强制其执行。

③如村民甲的水牛啃了村民乙的稻田，且拒绝赔偿，村民小组无力解决，只有求助村委会干部。通常的解决方式也是非正式的，并非借助行政权力而是以劝解为主。

计生、民政、教育、党建、农民生产等领域。随着国家对新农村建设投入力度的加大，自上而下的各种政策资源如何在村、组、户层面进行分配，村两委占有一定的权力空间[①]。这在一定程度上重新建构着基层的权力结构和干群关系。④组织村民投工投劳。据访谈到的两名村委会主任、一名村支书一致反映，“这项工作很头疼”，原因是“精壮劳力不在家”“在家的也攀比”“村组干部没有时间精力或积极性去出面组织”，再有“对田的投入差了（农业效益相对降低）”。在这种背景下，村组两级之间的关系也处在一种松散的状态。“村里有特殊情况才召集各组长开一下会，今年一共开了3次，一次是关于农业发展（种植野山椒）的、一次是党员组织会，还有一次是关于林权改革的。我们报修那个山塘的事，还是上次开林改会碰到支书跟他讲了一下。”[②]

从村组干部的人选来看，在行政村一级，现任硐口村的支书是凯佐和硐口两村合并前原凯佐村的支书[③]，现任两名村主任分别是原硐口村支书和原凯佐村主任[④]。而在村民小组一级，滚塘自然村自人民公社解体之后，历届组长、会计的人选分别是王华生、王时勇、王时方、王时应、王勇、王时伍、王时应、王时云、王时文。组长由全体村民选举，选举时间不定，一

①“民政口前三五年，说实话，老百姓那他们都不经常下去，哪一家什么情况他们也都不清楚。工作中（上面下发的资源）拿给你村里面你自己搞吧。拿个一千斤包谷，你们村里面看哪一家恼火就自行决定。现在的做法是我们把救济粮的名单列好，交给乡政府，乡民政亲自发放给老百姓。”（硐口村村主任访谈，2008年7月31日）

②2008年7月27日滚塘组组长访谈。

③也是人民公社时期乡武装部部长之子。

④就村委会班子的产生过程，我访谈了时任选委会主任（现任村主任之一）的小陈。“海选两次。第一次提名（提名了几个不清楚），当时我不在其中，因为当时任选委会主任，经过提名以后被选上了，就退出了选委会（因为选委会成员不能参加选举，一旦被提名就要退出选委会。因为选委会那一摊子人负责选举，所以退出后就不清楚了）选委会是由上一届定的，由乡政府开会决定，应该是每组（但实际是大规模的组参加，如大补羊组、滚塘组这些）推出1~2名。老硐口村（8个村民小组）和老凯佐村（11个村民小组），共19个组，800多户。选委会成员10个人，乡党委、政府研究决定让我任选委会主任。选委会的主要职责：发送选票并在乡党委、政府的指导和监督下收回来清点。老硐口、凯佐算一个选区，因为选举在各区同时开展，所以乡干部全部参加，滚塘自然村2个，大补羊村2个，硐口村有6个，共10个乡干部参与其中。全过程在乡党委、政府指导监督下进行，一天完成（当天收回选票），晚上七点半就把全部工作人员（选委会，乡工作人员）喊来，党员发票，现场打钩（街上或者家里），划好后投到箱里，立马唱票，绝对不能过夜。选票按人头算，年满18周岁公民都有权，除非他弃权（如我家只有两个人投票，一个投了，另一个就弃权，这种情况比较多）还有在外打工的，他可以委托。乡政府出台办法：外出打工人员必须以书面形式委托指定人代投，但在实际执行中电话委托也可以，不过这种情况很少，只占百分之几。”

般都是上一任组长不想继续做下去，就通知全组村民，大家再推举出一个。我在调查中发现，多数村民都不想做组长，原因包括想要出去打工；组里事情复杂，如果出现纠纷，需要调解，倘若调解不好，要受到大家的埋怨；组长基本上是做贡献，没有工资，每年只有120元钱。不光是组长，行政村干部也有类似的抱怨：大事小事都要村干部出面，自己家还有活路要做等。在滚塘自然村，过去寨老曾发挥很大的作用，经常带领大家解决村中大事，解决内部纠纷，并且调解与其他社区的纠纷。但是随着时间的推移，寨老的作用越来越弱化。

对比人民公社时期，滚塘自然村的村组干部人选有了很大的不同——杂姓不再当选。人民公社时期“大一统”的总体性制度安排为农民提供了可以依赖的正式的组织保障，村民让“有文化的人”去搞生产、分配和工分记录，体现出村内信任的分层①。“非个人化制定的程序规则”才使人民公社制度得以在全国范围的时空延展。随着人民公社的解体、村民自治的推行，当前村庄内部的信任鲜有分层，农民的组织管理更依赖于传统或者非正式的力量（如家族或宗族等）。一方面，从生产小队到村民小组，作为最基层的社区管理单位，其功能上的变迁弱化了村庄集体行动的基础（详见上节论述）。另一方面，当前村组干部的权力来源更多是“个人与组织和其环境之间诸种关系相连的权力②”。滚塘组近年来历届组长、会计都由王姓担任，并且多数有过外出（务工或当兵）的经历。

在理论上，村民自治的主体是村民，因此，其核心价值就在于草根性，即它来自村民群众，又依靠村民自己解决自己所面临的公共性问题③。然而在实践中，相当多的社区组织（特别是村民自治组织）无法完全行使其功能④，直接的原因是村一级的经济缺乏相当的实力（张晓山）。在当前这种

①结合吉登斯的“社会组织理论”——环境形成了现代组织中直接监视与信任之间的制衡（安东尼·吉登斯. 社会理论与现代社会学［M］. 北京：社会科学文献出版社，2003：174），我将人民公社时期村民间的信任分为“高层信任”和“低层信任”，在滚塘的案例中，其划分的标准是受教育水平的高低。

②按照法兰西学派的组织观，权力来源可分为四类：第一，存在着源自专门技能以及功能专业化的权力；第二，存在着与组织和其环境之间诸种关系相联的权力；第三，存在着通过对交流传播以及信息的控制而制造的权力；第四，存在着以一般组织规则的形式而现身的权力。

③徐勇. 现代国家的建构与村民自治的成长——对中国村民自治发生与发展的一种阐释［J］. 学习与探索，2006（6）：58.

④主要体现在协调资源的使用和提供公共产品、在社区内调节农民收入的再分配、管好用好社区的集体资产、作为社区成员和市场进行交易的中介和作为政府的代理人等。

有限功能型、服务型的村民自治背景下，在乡、村两级都缺乏经济实力的K乡，村庄公共资源的管理或者说乡村治理的维持更多依赖于传统权威、当地乡土知识或乡规民约等传统力量。以滚塘土地资源管理中的乡规民约为例：

文框7-7 滚塘村田土生产管理乡规民约

村里成立了土地管理小组，成员3名，全组轮流担任，每年的阴历十月初一，在全村聚餐之前，村民选举下一年的管理小组成员3名。

管理小组的管理规则是：如果有人或牲畜破坏庄稼，受害的农户就可以找土地资源管理小组来解决问题，所得到的赔款的90%归受害农户所有，10%归管理小组所有，作为管理小组成员的“工资”；如果管理小组没有解决好问题，受害农户就可以要求管理小组成员来赔偿自己的损失。

管理小组具体的赔款条例：

在施头道肥之间，如果牛、马破坏了水稻，1兜秧（10~20株）赔5角。赔偿金通常只有在栽完大秧、无秧可补的情况下才收取。如果牛、马破坏了玉米，10窝玉米（10~20株）赔1升玉米（3.3斤）。如果是在施二道肥之后，玉米秧遭到了破坏，则5窝玉米赔1升玉米。

7.5 留守妇女与村庄公共事务

随着以男性劳动力外出为主的劳动力转移越演越烈，妇女在农业生产、村庄公共资源的管理，特别是农业水资源方面，扮演着越来越重要的角色。同时，诸多发展援助项目①在我国的开展，将性别主流化的概念引入村庄治理和社区自然资源管理等领域。从项目设计、实施到监测评估，均体现了对妇女参与和受益的关注，尽管实践与理想还有一定的差距。学术层面对性别的研究也出现了百家争鸣的态势：国外在有关性别和农业生产方面的研究，主要分析了农业生产中的性别差异性，包括男人和妇女的不同投入

①例如，由世行、英国国际发展署、水利部、农业综合开发办牵头的“面向贫困人口的水利改革”项目，就妇女在水资源管理中的参与和能力建设做出了大量的努力。又如，加拿大国际发展研究中心和中科院农业政策研究中心负责协调的“社会分析和性别分析”在广西开展的项目实践，特别强调了在强化当地种子系统中农村妇女的赋权和参与（Ronnie Vernooy. 自然资源管理中的社会分析和性别分析——亚洲的学习案例和经验教训［M］. 北京：中国农业出版社，2007.）。

以及对他们所产生的不同影响。这些差异性具体体现在：资源配置方面，包括劳动力、土地、水及其他作物生长所需的资源；水利设施的修建和维护等方面的活动；不同性别在社区组织中的参与；对农业产出的使用和支配，如消费、储存、交换或出售等（Margreet Zwarteveen）。国内对留守妇女的研究，主要包括农村妇女留守的原因、留守妇女的生存状态（包括农业生产女性化现象）、留守妇女的婚姻家庭与心理状况、留守对农村妇女发展的影响、留守妇女的影响（包括家庭决策、子女教育）、留守妇女的社会支持网络[①]等六个领域。在滚塘自然村，妇女是从事农业生产活动、进行生产互助、参与生产管理的主力军，同时她们还在村庄文艺活动、村庄治理、自然资源管理等方面都扮演着重要的角色[②]。"性别涉及各个层面上运作着的实践和关系，个体的、互动层面的以及制度上的（Ridgeway，Cecilia L.，Risman）"。

在滚塘，一年一季的水稻种植是农业生产的头等大事。清明前后就要开始引水打秧田。由于男劳力大多到外省打工，加上滚塘自然村灌溉水源（龙潭山塘就在本村）的便利，妇女越来越多地挑起了农田灌溉的担子（大集体时期妇女根本不参与灌溉活动，而如今在其他需要引黄家寨水库灌溉的村庄，"到上面放水"还被视为"男人的事"）。整好秧田，紧接着就插小秧（下种育秧）。生产环节中的这一项，历来被视为妇女的活。早在大集体时期，插秧的生产任务就专门由妇女负责。当地人的解释是"女人软，好下腰"。待秧苗长到一定尺寸，还要将其移栽到大田。无论是插小秧还是移栽秧苗，都需要大量的劳力投入，还要抢抓时机[③]，再加上各家农作日期的差别（各户插小秧的日期间隔可达 15 天），因此历来就有换工互助的传统。换工的周期安排则主要取决于秧苗的长势、天气和灌溉等情况。"今天我帮了你家，后天你来我家帮忙，活路慢的也不愿跟她换""和尚衣食靠个人，孤寡衣食靠寨邻。"

随着年轻夫妇一起去外省打工的情况日渐普遍，滚塘自然村的很多田地都留给了老人耕种。像栽秧、打米等劳动强度大的生产活动，老人无力

---

①许传新. 农村留守妇女研究：回顾与前瞻［J］. 人口与发展，2009（6）：54；吴惠芳，绕静. 农村留守妇女研究综述［J］. 中国农业大学学报（社会科学版），2009（2）：8.

②至于妇女在生育抚育子女、繁重的家庭劳动等方面的作用，虽在调查中也有涉及，但因与本研究主题相关性小，故此节仅侧重农业生产及村庄公共事务等方面。

③秧苗栽下去的当夜下雨或者当天大太阳都不行，秧苗会涝死或晒死。

承担、无法换工，再加上市场经济对农民意识形态的影响（有酬劳作），雇工的形式渐渐流行起来。有意思的是，村里雇工的对象，要么是外村的妇女，要么是本村的孩子（一般是年纪在12岁以上的在校学生）。“赶场认识了两个硐口（村）的女的，插了2天（秧），白天吃在这里，晚上男人骑摩托来接”，一位耕种了8亩稻田的七旬老人如是说。“姐姐，这个周末我和几个同学去一个舅妈家插秧，一天45（元）还给我们炖肉呢！”自从上了四年级以后，阿金每年都会被人喊去插秧，大部分都有报酬。对于这种“不雇本村妇女”的雇工现象，我的理解是，在换工互助仍很普遍的滚塘小村庄，由妇女换工互助所编织出的社区人情关系网依然发挥着作用。在这种情况下，即便老人找到本村妇女帮忙插秧，妇女也不肯接受报酬。

在生产管理方面，上面所述的生产管理乡规民约，其具体执行是由村民选出的两女一男负责。一旦有牛马破坏庄稼的情况发生，受害农户会叫来3名管理员核查庄稼的破坏情况，同时他们将作为公证员和调解员进行调解。若发现小偷小摸的情况，他们会视情节轻重上报组长或者派出所。针对沟渠等水利设施，并无专门规定，也没发生过类似的事件，但3名管理人员称“发现后，会叫他维修”。作为农业生产的主力军，妇女参与村庄公共事务的优势，用当地村民的话来说“抓得细、好说话”（意指一般妇女“心细、爱管闲事”等特点）。

当地布依族、苗族妇女很热爱舞蹈、唱山歌等文艺活动，每年乡政府都会举办一次面向全乡各村村民的文艺演出。一般每个村都有一支妇女代表队参加演出，有的村甚至有两支妇女代表队。滚塘自然村也不例外，目前的妇女舞蹈队有6名成员，周家、吴家、陈家以及三户王家媳妇，其中4名布依族、两名汉族。但是，滚塘自然村妇女的政治参与程度还很低。人民公社解体后，无一名妇女当选为村民小组组长或会计①。丈夫外出务工也并没有提高留守妇女在村民自治中的参与，妇女对村庄公共事务决策的影响力还很有限。例如，2009年清明前后村庄维修渠道时，受访的妇女普遍不知晓工程的来龙去脉、工程进展等，认为“那是男人的事”。

总的来说，尽管妇女在村庄政治事务方面的参与程度还很低，但在生

①人民公社时期，现年72岁的李顺珍老人曾一直担任妇女队长。据老人回忆，刚嫁到滚塘自然村时还不会栽秧，但是老人受过两年教育、头脑灵活，因此当选为妇女队长，主要负责组织妇女参加生产劳动。

产活动、生产互助、生产管理、文艺活动以及村庄自然资源的管理等方面妇女都扮演着越来越重要的角色。作为社区行动者的留守妇女，在生产、生活、文艺等领域的社会互动中，为其自身、家庭、特别是其所在的社区创造和积累着社会资本。更进一步，妇女维持着当今作为生产经营单位的家庭“在乡村社会中的结构位置与网络位置，使半流动家庭作为社会网络中的节点一如既往地发挥着作用①”，为社区层面上的新型集体行动提供了可能性。

7.6 变迁中的仪式与村庄凝聚

滚塘自然村是一个有着500年历史的布依族小村落，村庄76户中绝大多数是布依族，苗族和汉族仅占几户。带着农业水资源管理与社区集体行动这样一个研究主题，民族、信仰、仪式（包括清明家祭、庙祭、公共节庆、婚丧嫁娶、乔迁之喜等）是该研究中不可或缺的要素（自变量）。作为一篇发展研究的论文，对于当地的布依族文化，主要是其信仰和仪式等，我要关注的是仪式的功能研究，即仪式或变迁中的仪式在当今普通村民的日常生活中所表现出来的实际倾向②。进一步地说，本节内容要论述的是在社会转型期的背景下，当地文化体系的变迁在社区凝聚力、公共资源管理等领域已经发生或正在发生作用的那些方面。

7.6.1 民族信仰

布依族是一个多神崇拜的民族，在布依族的传统文化中，盛行着崇拜自然的观念，人们多数崇拜自然物，其中主要以敬奉社神、山神、石神、树神最为普遍③。许多村寨均尊自然物为神，如有的供奉树神、雷神、门神、灶神、龙王等。这种自然崇拜反过来又影响到了布依族人的生产与生活习惯，乃至布依族人日常的村寨生活和纠纷处理的方式④。在滚塘自然

---

①吴惠芳，饶静. 农村留守妇女研究综述 [J]. 中国农业大学学报（社会科学版），2009（2）：21.

②“对于文化的概念，今天的人类学家不再将其看作是固定不变的行为规范，而是将其看作是变化着的行动策略。”（赵旭东. 文化的表达：人类学的视野 [M]. 北京：中国人民大学出版社，2009：259.）

③吴承旺. 从自然崇拜到生态意识——浅淡布依族的生存智慧 [J]. 理论与当代，1997（8）：29.

④查春学. 布依族传统议榔制度的当代价值研究 [J]. 贵州民族研究，2006（1）：48.

村，过春节时家家户户要烧香拜门神和灶神。滚塘自然村小山塘的坝底有几眼泉眼（当地人称龙眼），会有泉水不断涌出，据说小山塘从未干枯过。村里人称这山塘为“龙潭”，这可以理解为他们对龙王的崇拜。另外，滚塘自然村原来有三座土地庙，因年久失修，现只剩下一个。人们已经很少祭拜，但是在孩子们眼里，土地庙依然很神圣[①]，“放在上面脚会疼”。

布依族议榔管理制度

根据查春学的论文研究，在中华人民共和国成立前，布依人在处理村寨内部公共事务或是外部事务时，都要召集全村人民到榔树下商议。例如，处理村寨内部纠纷、村寨共同利益、家族内部事务，抵御外来侵辱，维护本寨生产与生活的正常秩序，保护本族或本地的公共利益和人身安全时，布依人都要到榔树下统一民意，商议对策。于是“便产生了家庭议事会，后来发展到以地域为基础的数姓相邻的自然村组成的议榔制，选举产生榔首或榔头，制定榔规”[②]。这种在榔树下举行会议商议事务的制度就是“议榔”制的由来。榔头（首）是在议榔制度下民主选举产生的，是几乎没有任何特权的村寨管理领导。他们由各村寨推选，没有特殊的福利待遇，也没有专门的办事机构和办事地点，平时和普通村民一样在本寨参加劳动，只有遇到重大纠纷或者发生战事时才出面组织。他们没有世袭继承的权力和地位，完全靠自己的才华和品格赢得大家的信赖。因为没有建立类似于常规国家机器，当需要全体动员时，榔头（首）们出面动员与组织就可以了。所以，布依族社会在外人看来是组织松散的，寨内除了一些德长者也没有什么专门的管理者，但实际上却有着极强的凝聚力和紧急的社会动员能力。

在当今的滚塘自然村以及 K 乡的其他村庄或多或少还存在这种管理制度的变形，或者叫“寨老议事制”。寨老类似于上文的“榔头（首）”，是寨子里有威望的、年长的老者。中华人民共和国成立前，寨老主要是保护村庄的安宁，对内对外处理村庄公共事务，如修路等。除此之外，重要的风俗节庆也由寨老来主持。一般是在过节前，由寨老主持召开会议，安排具体的节庆活动、如何集资等。这种“寨老议事制”都是口头相传，没有成文的条例。但自人民公社时期起，寨老就不再发挥重要作用了，“三级所

①有一个叫王云飞的小朋友，眼睛斜视，据其他小朋友说，那是因为他小时候在土地庙里撒过尿。
②贵州省安龙县县志编委会．安龙县志［M］．贵阳：贵州人民出版社，1992。

有、队为基础”的行政管理体系赋予了村长、队长管理村庄事务的权力，取代了寨老在村庄管理中的角色和作用。但在村庄清明家祭及其他传统节庆、婚丧嫁娶、乔迁仪式等领域，寨老仍然扮演着重要的角色。并且随着人们生活水平的提高，婚丧嫁娶、乔迁之喜等庆祝仪式越加兴盛，寨老的角色和作用呈现出复兴之势。

7.6.2 公共节庆

滚塘自然村大大小小的公共节庆不下10个，但如今仍能在社区层面起到凝聚作用的只有清明“挂山”这一项了。清明“挂山”的做法就是把做好的饭菜拿到山上去祭祀逝去的亲人，还要放鞭炮。人民公社时期，清明“挂山”是全寨“打平伙”，不分王姓和杂姓。当时集体（生产小队）有公共资金，买头猪一起“搞”也热闹。自从分包到户后，集体无资金，若继续一起“挂山”，则需要各户“兜钱”集资。有的人家弟兄多，有的人家又分摊不起钱，村民无法达成一致行动，就不再集体“挂山”。自此以后，王姓根据其三支分成三组“挂山”[①]。其他杂姓，只有吴家参与邻村同族的“挂山”，何家因为祖坟在云南遂加入王家最大的一支（何家媳妇），而剩下的杂姓人家都是各自去山上祭拜。过去在祭祖之前，整个家族由寨老组织开会研究每家出多少钱，在外工作的（除了当兵、打工的）也回乡“挂山”，这在当地是一个很重要的节日。其他的节日还有春节、三月三、四月八、五月五、六月六、七月半、八月十五、九月九等。这些节庆的安排是和生计相关的，“农民搞农业生产，累了就休息一下”，所以基本上每月都有节日，庆祝方式也以家庭或户族为单位。

7.6.3 婚庆和丧葬

当地布依族的婚庆和丧葬一直都是凝聚全村老百姓的两大仪式。子女的婚事无论是由父母包办还是自由恋爱，只要不是跨省、区的通婚，仪式

---

①王姓最大一支包括王丙生4弟兄、王时云4弟兄、王老平3弟兄、王建林2弟兄、王和平4弟兄、王应红1子，何双顶3子；第二支包括王应华、王江河、王兴河、王小河、王树林、王家林、王洪林、王白林、王东洪；第三支包括王乔生2子、王乔发2子、王华生4子、王井寨1子、王时书4子、王福生2子。但这第三支，据说是最散的一支，人数虽不少但不和睦。

都很相似[1]。第一天下午男方带两桌人（16~18人左右）到女方家去接媳妇。吃过晚饭后一起打牌，当晚男方来接的人就住在女方家或同寨子的邻居、亲戚家。第二天一早，男方接着媳妇到女方家，过去是走路现在大都坐车。下午女方的母亲带着女方家的亲戚和“陪亲”去谢宴。双方村子距离近就带4~5桌人，距离远就带2桌人[2]。陪亲随30~50元或者100元份子就可以，但是近亲要随1000元甚至3000元礼。也有的近亲送彩礼，如被子、家用电器、缝纫机等。女方来的人当晚就住在男方家，晚上一起搞联欢，男方找村里同龄的妇女邀请女方来的妇女唱山歌、跳舞。第三天吃过午饭后，女方家的人就要告辞了[3]。在滚塘自然村哪家举办婚事，全村的人（外出打工的一般不回来）都会去帮忙，男的做菜、女的洗碗。婚礼当天要杀猪、买鱼等。但是规模稍大些的村寨，如凯佐一、二、三组，前来帮忙的可能就仅限于亲戚或者近邻。

丧葬在所有传统仪式中花费是最大的。由于当地实行土葬，老人去世的当天下午就要请风水先生来“开路”。所谓“开路”，就是风水先生[4]或带着弟子带个罗盘来为死者选择最佳的安葬点。这是至关重要的一个环节，“如果墓穴选址不好，会对后代不利”。风水先生还要一直待到死者下葬后。一般的酬劳是500~600元，时间越长酬劳就越高。时间从三五天到7天或9天不等，更有甚者要18天后才下葬[5]。开好路以后一直到死者入土，每天晚上都要“转哭”。只有女人（女儿、儿媳）参加“转哭”，男人不用哭。首先是围着死者转圈，2个小时左右，然后才开始哭（白天有亲戚来吊唁，女人们也要陪着哭）。哭到晚上十一二点钟，还要吃夜宵，一般是10~20桌左右，就这样一直持续到入葬。入葬的前一天，要隆重办酒。规模大的有100桌酒席，少的也要40~50桌，“人死半生开，不请自家人[6]”。一场葬礼

---

①随着子女外出打工的增多，年轻人在外自由恋爱，跨省区的婚姻也逐渐增多。在调研期间，滚塘自然村一户韦家的女儿嫁到了江苏。这种情况下，就是女方的母亲只身一人坐火车前去参加婚礼。父亲留下来照看家、照料牲口等。

②在过去，带的人越多表示女方家长越看重女儿。

③在过去，等女方和男方领了结婚证后，女的还要回娘家，住在娘家要2~3年或3~5年，表示还是娘家的人，然后再转回男方家。

④风水先生平时也会种地。

⑤冬天可以多放几天，一般夏天时间就会缩短，但是也会有死者尸体腐臭的情况。

⑥当地的俗话，意思是丧葬办酒席，陌生人也欢迎，但是一般不请自家人，当然自家人也可以一起坐下吃。

总共的花费可高达3~4万元，光置办酒席每日开支就在1000~2000元。村里男人女人都会去帮忙，做饭、洗碗、买菜、打酒、买烟等。若恰逢农忙时节，大家商量着分成几个工作组（3~4人/组），轮流去帮忙。

7.6.4 乔迁仪式

2000年以后滚塘自然村村民进入了外出务工的高峰期，所有受访的外出务工村民（包括曾外出过或因由临时返乡的），无一例外地认为“外出打工首先是要挣钱起房子”①。在我到过的全国其他省区的农村，“打工建新房”的现象也十分流行。原本就十分紧凑的村落布局，在这场建房竞赛中，显得拥挤不堪②。也因此，全村目前唯一还没有建新房的只有两家③（有的老人搬到儿子新房同住），村里传统的布依族木板楼至今已无一户居住。乔迁，也因之成了凝聚村里人的一个新仪式，其规模和开销与婚丧嫁娶有过之而无不及。

7.6.5 变迁中的仪式和信仰

根据《大英百科全书》（1974年版）第十五卷中对仪式的界定，“仪式是所有已知社会中都会展现出来的一种特殊的并且能够观察到的行为，它建立在既有的或者传统的行为规则之上”。在《宗教生活的基础形式》一书中，涂尔干认为，宗教可以分解为两个基本范畴信仰和仪式。仪式属于信仰的物质形式和行为模式，信仰则属于主张和见解④。马林诺夫斯基在神话和仪式的关系问题上基本上与“神话—仪式”学派保持一致，认为神话是观念的，仪式则是实践的，二者并置⑤。评述人类学的仪式研究（彭兆荣），仪式所具有的重要表现特点⑥之一便是：仪式具有凝聚功能，但却真切地展示着社会变迁。按照涂尔干和马林诺夫斯基对仪式的界定，仪式作为一种

①受研究方法和研究工作量所限，没有就此展开定量研究。

②有一条街道已经容不下挑担子的妇女通过。

③一户韦姓、一户王姓。

④涂尔干. 宗教生活的基本形式［M］. 渠东，译. 上海：上海人民出版社，1999：42.

⑤彭兆荣. 人类学仪式理论的知识谱系［J］. 民俗研究，2003（2）：5-17.

⑥仪式具有表达性质，却不只限于表达；仪式具有形式特征，却不仅仅是一种形式；仪式的效力体现于仪式性场合，却远不止于那个场合；仪式具有展演性质，却不止是一种展演；仪式展演的角色是个性化的，但却完全超出了某一个个体；仪式可以贮存社会记忆，却具有明显的话语色彩；仪式具有凝聚功能，但却真切地展示着社会变迁；仪式具有非凡的叙事能力，但又带有策略上的主导作用。

模式化的行为实践。结合文中的案例，我认为，仪式的变迁受到政治、社会、经济等因素的综合影响，是一个系统变迁的过程。

1. 清明“挂山”

由过去全村一起“挂山”到现在的“王姓分三支，杂姓各挂各”，清明“挂山”的仪式变迁主要受到政治体制变迁的影响。过去生产队时期，生产队承担着经济功能、有一定的集体经济收入，因此能够将村民聚到一起庆祝节日。不光是清明，在人民公社时期，在滚塘自然村像春节、三月三、五月五等传统节庆，村庄都会举办集体节庆仪式。而在当期“乡政村治”的背景下，自然村一级没有实际的经济权力或收入，无力将村民联合起来举行节庆，传统的公共节庆，要么走向以亲族或户族为单位，如清明“挂山”；要么走向以家庭或联合家庭为单位，如春节、三月三等。

2. 婚庆丧葬

从参加仪式的群体规模来看，婚庆丧葬的参加人员一般能够覆盖到全寨，无论是以受邀吃酒还是义务帮工等形式。也就是说，婚庆、丧葬这两种仪式仍在发挥着凝聚当地社区的作用。但近些年来，随着越来越多的未婚青年外出打工，跨省、区通婚的情况也逐渐增多。这对当地布依族传统的婚庆仪式带来潜在的冲击，同时，传统的婚庆仪式在凝聚社区方面的功能也将逐渐减弱。而就丧葬仪式来讲，由于当地尚未推行火葬，风水先生和寨老仍在扮演着重要的角色。受紧张的人地关系影响，一旦政府决定实行火葬，当地传统的丧葬仪式也势必要经历再次变迁，丧葬仪式可能面临简化的趋势。而这种变迁对社区凝聚带来的影响更多的是负面的。

3. 乔迁贺喜

随着劳动力外出打工带来家庭收入的增多以及进城务工对家庭生活方式现代化的影响①，乔迁已然成为当地一种时髦的、重大的仪式。首先，从行为方面看，当地的乔迁是一种具有表演性的行为。其范围不但覆盖本社区，女方娘家社区也有大规模的参与。围绕着乔迁展开的一系列活动，如杀猪炖鱼、贴对联、抱公鸡、敬牌位、两位寨老扮演财神、六名儿童撑伞挑柴以及邀请娘家客人对唱山歌、跳布依族舞蹈、放鞭炮抢荷包、吃喜酒

---

①“农民进城务工所带来的最深远的影响在于对农村家庭生活方式现代化所起到的巨大作用。”（刘程，邓蕾，黄春桥. 农民进城务工经历对其家庭生活消费方式的影响——来自湖北、四川、江西三省的调查［J］. 青年研究，2004（7）：1-8.）

放烟火等，本村的男女老少和娘家村的客人，共同参与表演，既有主要演员又少不了观众互助。其次，从行为动作的目的或意义看，并非仅仅表达对乔迁主人的贺喜，而是通过这种仪式表达了更多隐含的意义。例如，对联的内容和寨老扮演财神等活动，都表达了当地老百姓对财富的崇拜和追求。作为仪式正式拉开序幕的第一项，男主人抱公鸡、烧香敬牌位充分体现了人们对天地列祖列宗最大的敬畏。邀请寨老来扮演财神，可视为将寨老隆重重新请回了村民生活的舞台。男女对唱山歌、跳传统舞蹈以及赠送红包、家电、沙发、被褥等礼物[①]，一方面增强了社区凝聚力，并同时扩大了村庄的社会网络（娘家村庄）。最后，从乔迁庆祝活动意义的表达方式看，它通过象征体系来表现行为背后的意义，且以模式化的行为来建构这种意义。在村庄传统公共节庆仪式日渐走向“原子化（以家庭为单位）”的今天，乔迁仪式的规模是首屈一指的。当地对乔迁的仪式化行为背后，体现出老百姓对物质财富的崇拜或者说信仰，同时表达了乡亲们对带来财富的外出打工者的肯定和崇拜。仿佛在仪式的当天，外出打工的所有汗水，留守的老人、妇女和孩子的泪水，伴着热闹的鞭炮，随着绚烂的烟花，顷刻间化为乌有，留下的只有那成功的喜悦和对未来更加美好的憧憬。

7.7 自组织的灌溉管理系统

7.7.1 农田灌溉的管理需求与自然村层面上集体行动的维持

滚塘龙潭是滚塘自然村的主要灌溉水源。小山塘建于1973年“农业学大寨”时期，由生产队队长组织村民投工投劳修建而成。随后村民还自己修建了小型提灌站一座，选址就在山塘旁边，同时受益的还有凯佐一、二、三组和大补羊村民小组。山塘建好后，凯佐三个组的组长也参加了讨论会，会上讨论决定水费为0.5元/小时。集体时期由放水员和队长共同负责灌溉管理，灌溉以生产队为单位，按照地块分布从高到低的顺序进行

①礼物最核心的特征是其集体性，也就是礼物背后隐含着相互性的责任，这种“不言而喻”的责任在激发起礼物流动所及的社区的共同性想象。（赵旭东. 礼物与商品——以中国乡村土地集体占有为例［J］. 安徽师范大学学报，2007（7）：396.）

灌溉。家庭承包经营以后，每隔几年选出两名管水员①，一位负责开票、一位负责放水，水费提成50%作为人员工资。一般都是年龄在40岁以上的男人当选，他们责任心强、有时间保证、有文化懂技术等。放水按照开票的顺序，先来后到。全村的田分为三类：干田，需要抽水机才能得到灌溉水；秧田，可以直接从龙潭放水到田里；白田，暂时不用作秧田（插小秧时不用这一块）。提灌站使得全村70亩左右的干田得到灌溉水，且滚塘提灌站是K乡仅存下来的6座小型提灌站之一。提灌站的钥匙由放水员保管，平时的管理和维护主要由他负责。

因管理人员的提成太低，2006年当选的管水员要主动弃权，“群众选举了我不干，耽误干活，提成太低”。因此，村民开会同意将水费提高到1元/小时。在2009年4月7日召开的村民会议上，开票员和放水员想把水费提高到2元/小时，寨里人不同意。这两人以不干要挟，村长面露难色，此时韦明登挺身而出，“就算给我3角，我也干”。借机，村长宣布还是实行原来的1元/小时。众人点头。会上，曾于2004—2007年担任开票员的王时方②再次当选为开票员。所谓当选，其实就是乡亲们的共识，而非投票制。按照Norman Uphoff③在Gal Oya学到的经验，与匿名投票相比，由共识选出农民代表，使得他们更清楚自己对所辖渠系所有百姓的责任。实际上，开票员、放水员更换并不频繁。开票员只有2008年换了一下，由王井寨老人担任，此前4年包括今年都是由王时方担任。

1996年，农科院项目进入滚塘自然村，经村民大会商议，决定加固水库坝体。于是由项目资助，承包给工程队修建水泥水坝，历时3个月修好。因坝体加固加宽，水淹了6户人家（王时书、陈腊生、王和平、韩连强、王时松、杨光明）的稻田。村民几次开会商议，最后拿出一个得到全体村民同意的补偿方案，即按照家庭稻田面积缴纳一定的稻谷作为补偿，1.8斤

①两名管水员提供了监督，若开票员开了1个小时，而放水员给了2个小时，被村民发现后则开除放水员或者补开水票。村民认为，这种监督方式还算有效。

②王时方，56岁，育有两儿两女。大女儿已出嫁，大儿子和小女儿在外打工，小儿子刚初中毕业，出去找不到工作，返回家务农。小儿子2008年外出，王时方因农事繁忙辞去开票员。2009年4月7日，他又重新当选。

③“FRs（Farmers Representatives）were chosen by consensus, which made them more clearly responsible to all the farmers on their channel than if they were elected by voting.” quoted from Norman Uphoff and C. M. Wijayaratna, Demonstrated Benefits From Social Capital: The Productivity of Farmer Organizations in Gal Oya, Sri Lanka, World Development, 2000（28）: 11.

稻谷/升田（3.4斤/亩），称之为“入股”。粮食收齐后按照6户各家的受淹面积补偿给4户。自从减免了农业税后，村民就不再“兜粮食”了。同时引用龙潭水灌溉的凯佐一、二、三组农户当时并没有“入股”，因此日后他们的灌溉水费定为5元/小时，而入股的会员价为1元/小时。

在社区（自然村）及以上层面上，农田灌溉的管理包括灌溉用水的获取、水资源的分配、放水到田、渠系管理、纠纷处理、水费的制定和收取等一系列内容①。在滚塘自然村，龙潭山塘为村民获取灌溉用水提供了一个“排外边界清晰、私人化管理成本又太高”的社区公共物品，而这也正是当地农民的重要生活保障——灌溉稻田生产所必需的资源。同时，这种以社区为基础的灌溉水源供给，有效避免了村与村之间的用水分配冲突。其他的灌溉管理需求，包括渠道维护与管理、村民用水纠纷、水费的制定和收取，皆有效地通过以社区为基础的集体行动来达成或维持。每年灌溉前，组长都会组织村民集体清沟，规定“每家出一名劳力，若不参加清沟，灌溉水费按1.5元/小时计”。特殊情况，如家中只有老人，最后也不会多收老人的水费。不定期地、通过村民共识选出德高望重、有时间保证的两位村庄长老负责放水和开票管理，不失为一种简单易行却十分有效的监督和用水纠纷调解机制。另外，“共同但有区别”的水费收取标准又为灌溉管理规则的执行提供了有效的制裁。与单纯收取罚金的制裁形式不同，这种处罚形式有效地将经济制裁和声望制裁结合了起来。每年秋收以后，开票员和放水员会共同张贴各户灌溉费用明细，每小时多收0.5元的水费，对违规农户来说，也会激发其“根据与他人收益或成本的比较，来权衡自己的行动②”。

7.7.2 与铁厂的水权之争

2003年，乡政府招商引资项目“××铁厂”入驻K乡，按照年税收的标准，算是全县的一个大厂。厂址与滚塘自然村有一山之隔，次年铁厂打了

---

①在此衷心感谢Douglas L. Vermillion教授（Senior Advisor Water and Natural Resource Management, Euroconsult Mott Macdonald）对本人研究所做出的专业指导。根据教授的邮件指导，“Examples of management NEEDS, are functions (locally shaped) for water acquisition, water allocation, water distribution, canal maintenance, dispute resolution, setting and paying of irrigation water charges, etc.”

②“原子化村庄中农民的行动逻辑，即农民不是根据自己实际得到好处的计算，而是根据与他人收益的比较，来权衡自己的行动”。（贺雪峰. 行动单位与农民行动逻辑的特征［J］. 中州学刊，2006（9）：133.）

一口深井以便生产。村民一致认为，自此龙潭山塘的水位不断下降，因为地下水系是相通的。近来组长在乡政府召开的村民组长会议时提出过，“水量近几年确实减少了，政府给想想办法解决老百姓的灌溉问题。铁厂抽水大，水往那边流”。但是乡领导却没有表态，认为“影响不大”。

滚塘水库修得比黄家寨水库还要早，过去从没养过鱼。大集体的时候是土堰坝，但水资源不缺乏，下面有龙眼冒水，灌溉不成问题。自从20世纪90年代分田到户以后，用水就紧张了。现在铁厂又来争水。那个铁厂是2003年从清镇郊区搬来的，打了口井变相抽取这边的地下水。老百姓只能自己议论下，“这边水被那边抽干了”。他们也不来找我说，我也管不了这事。我跟乡里反映，好像也没有根据，（乡干部）说你两句也不好。但事实上就是这样，私下跟他们也不好聊。

——2008.7.27 滚塘组组长访谈

这个不可能影响到滚塘用水。滚塘山塘水位下降是因老百姓不懂得生态保护，放牛毁林，植被遭破坏，不能很好地涵养水源造成的。

——2008.7.29 同乡领导下组回来的路上一起去看了铁厂

铁厂在那边一抽水，我们龙潭的水就见少。这几年，一年不比一年，很恼火！我们也无法！

——2008.7.31 滚塘组组民王时方

杨教授，听了你讲的，我很有感触。就是在我的一个项目点上，当地政府引来一个铁厂，邻近村的老百姓反映地下水位下降，但是拿不出证据来。（目光转向我）就是滚塘那个组（我俩对视）。所以说，希望能像杨教授那样为水位下降找到人类学的旁证。①

——2008.8.6 在贵州农科院现代所同吉首大学的老师们座谈时孙老师的提问

我们响应国家三农政策，无条件地支持农业生产，给当地老百姓提供

①杨教授师生一行人在去内蒙做调研的火车上，观察并比较了南方与北方的坟墓形状。南方坟墓矮而胖，北方坟墓高而瘦，基于两条共识：一是不会将人安葬于水位以下；二是不会将棺材露在坟墓外面。由此推断，北方地下水位低，棺材可以埋得比较深；南方地下水位高，棺材要埋得更接近地表。遗憾的是，在我调研期间，并没有能够为龙潭地下水位下降找到人类学的佐证。退一步想，就算能够找到有说服力的证据，作为一个研究者，我又能做些什么呢？能帮助村民同铁厂、乡（甚至县）政府打赢官司么？

电，周边这两口井，都从铁厂拉电，我们不收取水费，只收取电费。电费公开、公正、透明，完全按照供电局电价走。

——2009. 4. 13 在铁厂访谈负责厂部管理的张先生

我家秧田就在铁厂下面最近的这块，往年都用铁厂井里的水。上面沟渠堵了，不得黄家寨水库的水。我们（凯佐）三组在铁厂安了一个电表，按度数算钱。前几天说 8 元/度。现在（从铁厂）放水不告诉你多少钱，只是最后给总数。像我家这块不到半亩，放水用电就要 70~80 元。

——2009. 4. 13 在铁厂下面的秧田同一位正往田里挑粪的妇女闲谈

铁厂与滚塘自然村的用水之争，代表了工业用水与农业用水之争，反映了地方政府、私营企业、村民组组长、普通农户等不同的利益主体之间的互动或博弈。在当地农业水资源管理这个界面上，地方政府打了一个“擦边球”，铁厂抽取的地下水，政府否认其与滚塘山塘的水相连。普通老百姓自然拿不出科学证据，加之水位下降的速度尚没有威胁到村民的农田灌溉，群体性维权事件并没有发生。另外，由于缺乏一个用水管理组织，村民的诉求缺乏有效的表达机制或平台（图 7-2 连接各农户的虚线代表这种利益诉求平台的缺乏）。而身为村民组组长，在没有受到群众压力的情况下（他们也不来找我说），结合自身的利害关系（乡干部说你两句也不好），对此采取了缄默保守的态度（图 7-2 中用虚线箭头来表示）。在这种情况下，铁厂成了最大的赢家，不但免费获得了地下水源，还打着支持农业生产，只收取电费的旗号，从农民那里获取额外收益。值得关注的是，在这个互动界面上，滚塘组所在的行政村村干部是“缺位”的。

7.7.3 农田灌溉的投资需求与以地方为基础的新型集体行动的达成

在整个 K 乡，滚塘自然村可谓一直是可持续灌溉管理的典范。“农业学大寨”时期，K 乡 37 个村民组都修建了自己的山塘，用于灌溉和牲畜饮水，但大多数小山塘因管护不善或被填埋或已无法正常运转。作为全乡当前仅存的 6 个小山塘之一，滚塘山塘仍在村农田灌溉中起着至关重要的作用。滚塘自然村村民的灌溉设施管护和维修包括提灌站、沟渠、坝体等，是以社区为基础的新型集体行动得以达成并维持下去的代表性案例（有关大集体时期山塘修建的历史，在“黄家寨水库”一章中已有详细介绍，不再在此

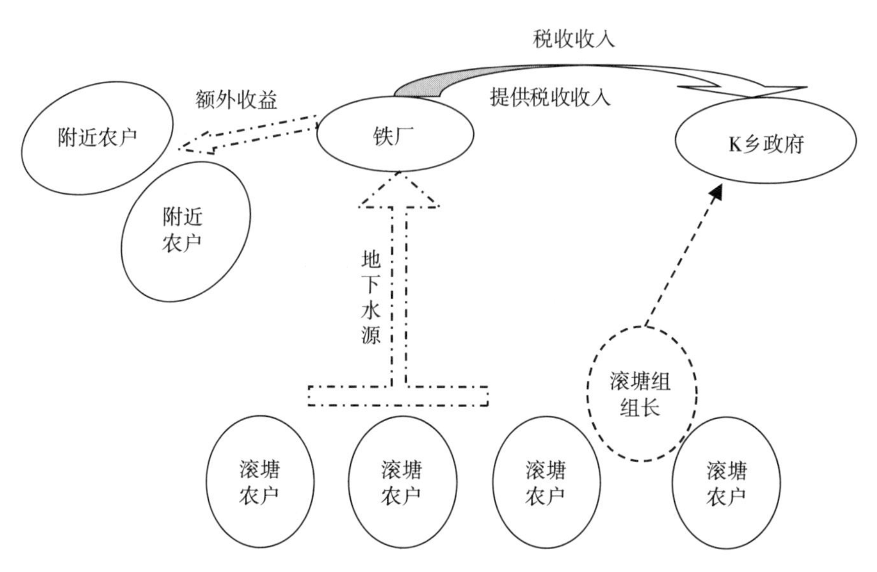

图 7-2　滚塘自然村地下水权之争相关行动主体关系图

赘述)。这节主要关注，围绕着农田灌溉和农民饮水等设施的投资需求所开展的一系列集体行动的实践，具体包括 1997 年分水沟修建、2006 年水井修建和 2009 年主沟渠的重建等（表 7-5~表 7-7)。

表 7-5　滚塘自然村 1997 年分水沟修建过程

修建动态	具体活动内容
需求表达/决策	1997 年 11 月，贵州农科院项目进入资助村庄修路，村民借此表达了修水泥沟的需求，遂召开村民大会，一致决定村民投工投劳
资金筹集过程	项目出资 1.5 万元，百姓集资 1.5 万元（平均 200 元/户)。但是村民的集资一时无法收齐，工程紧急，于是，时任组长的王时勇拉上王应红到县农行，找到现任组长王时云的二哥（管王应红叫堂叔，负责贷款)。低息贷出 1.5 万元，两个月后村民集资收齐还清了贷款（从中抽出 200 元作为利息)
工程修建过程	全村分成两个施工队，人数均等，由组长点名分组。工程由王应红总体负责，并由一人监督。王应红指定王时松负责工程财务，因为贷款是以王应红的名义借的，所以他要找信任的人，并且还得让村民心服口服。王勇为时任会计。 原料（水泥、沙子等）从广顺镇购进，王应红在发票上签字后到农科院报账，领到现金后才给广顺建材商（因长期合作、有信任，才敢赊账)。 分水沟伴路而行，由村民自己设计。连同修路一共花费了 3 万元，历时 2 个月完工。至今没有塌方。(当时外出打工的少，在家的年轻人还很多)。

续表

修建动态	具体活动内容
	雷管、炸药等危险品，由王应红保管。每天分发给两个作业组，随便哪个组员来领取都可以。当天发放，多退少补。炮声一响，王应红开始数着，有几声代表放了几枚，作为监督。每天也会到山上查看工程进度、安全等。工程施工期间，没有事故发生。 有两户村民提出要查账，结果查了也没有发现问题，也就服气了。上级也不会随便下来吃饭，要吃也是在家里私人招待，不能动用工程一毛一分钱
使用及维修管护	水泥沟修好后，一人开票、一人放水。水费的50%作为管理人员的报酬，另外50%作为水库积累资金。若放人情水，则要遭罢免，一人开票、一人放水能够提供有效的监督。 若没有农科院项目资助50%，村民认为工程无法实施，因为400元/户无法完成集资。 2006年，主沟渠塌方50多米，利用水库的积累资金100元购买原材料，村民投工投劳（1个劳力/户），2天时间修好。当时已有不少年轻劳力外出打工，在家的就出工，不在家的也没有攀比（工程量小）。 2007年，又有部分垮塌，比上次更加严重

表7-6 滚塘自然村2006年水井修建过程

修建动态	具体活动内容
需求表达/决策	村中两口水井，一口近村，水源是高山泉水，农忙时村民就到这口近井挑水吃；另一口在公路对面，自建组就有，井深3m，但有2m深污泥，农闲时去该井挑水，水很浑浊又短缺。乡政府的自来水工程，因水源不充足、工程施工等问题，村民至今无法享用。 王时云担任组长后，想解决村民的饮水问题。一开始想引自来水，需建$60m^3$以上的水塘，还要拉电、埋管道，经核算需要5万元，造价太高，就放弃了自来水方案。 找政府反映过二三次，政府说，“在硐口冗春组建设一个180万m^3的饮水工程，惠及铁厂，凯佐组，凯佐一、二、三组，滚塘组，新寨院组，上面钱都下来了”。但并没有召集各相关组长开会，只是到组上通知了一下。 2006年干旱，村民饮水、灌溉都很困难。乡里说2006年10月，饮水工程就能通水，结果从2007年3月铺好管道后就没消息了。“都是政府的事情”，组长也没有再反映，村民因为没有集资，也不想过问，“过问了也没多大意思”。冗春饮水工程之初，县纪委书记也来考察过，说“水量有保障，可以解决这些组的饮水问题”。组长认为，“自己花5万搞更有利，造价低，不搞形式”。又担心即便通了自来水，万一枯水季节水不够用怎么办。因此得知冗春工程后，仍坚持修建自己村的水井
集资过程/机制	2006年3月初，组长组织召开两次动员大会，说“天干恼火，饮水恼火，组里又没有其他经济收入，很恼火；大家集资每户出30元，我们核算过了，干一件有意义的工程。30元买吃的一天就吃完了，而修口井，是大家出资，像块丰碑”。

续表

修建动态	具体活动内容
	全体村民只有1户不赞成，因为那户举家外出打工，所以不想集资。但是动员工作也好做，组长劝说，“打工不是长远之计，早晚要回来”。还有六七户外出打工的，留守的老人担心年轻人不同意，就亲自动员子女，“这个井对咱们全组有意义”。 凯佐村有三户也将能享用到这口水井，组长对他们说，“现在修这个水井，你们能享受，就出点钱，拿多拿少自愿，无须出工”。结果，有两户每户出资30元，1户出20元（没有攀比）。 集资由会计王时文负责，1个星期之内收齐，共计2000元。 动工之前，组长又向行政村村支书和主任反映，“老百姓困难，需要村里大力支持”，并没有写明具体需要多少资金支持，“他们知道这个造价，也不可能给太多”。工程竣工后，村里给了300元（陈主任是滚塘组人）
修建过程/使用	集资收齐后，组里召开会议，“如果每家每户出劳力，有的在家，有的不在家，就不公平，不如核算一下工钱，承包给个人”。 经核算，需要18个工，35~40元/工，600~700元。“有愿意承担的，人多人少不规定，不管花多少天只要能保质完工就行”。 最后工程由前任组长王时勇承包，只包工不包料。为组里做活，挣不了多少钱，吃亏也是为组里。 原料由组里负责购买并运送到位，从大补羊沙场购进沙石水泥花费近千元。 王时勇带领五六个人花了3天时间完工。 最后剩余近500元，由会计王时文保管，作为社区集体资金。但由于涉及凯佐集资的3户，所以资金怎么使用，也得征求他们的意见
设施管护/维修	没有专人负责清理。时间长了，组里集体清理。 无须缴纳水费。 地下岩缝涌出的泉水，可直接饮用，水量也充足

表7-7 滚塘自然村2009年主沟渠维修过程

工程动态	具体实施环节
需求表达/决策	当选为组长后，王时云想为大家做一两件实事，于是向乡政府申报了三个小农水工程：一是提灌站维修，二是主沟渠维修，三是山塘清淤。 组长之所以向上申报水利项目，是基于从乡里、村里听到的“小道消息”，“贵州新来的省长对水利建设很重视，要投几个亿完善修复山塘水库。十年之内修好就不再年年维修，山塘有问题的要趁早报上去”
集资过程/机制	2008年春主沟渠的维修项目得到审批，但一直得不到资金动工。 2009年原任乡党委书记调到县水利局任局长，很关注滚塘的沟渠维修。2009年春争取到了资金。 维修工程经乡政府招投标，承包给了外县一个工程队①

①据在该工程队干活的小李说：“一个工程下来，乡里和村干部要吃掉2~3万元，包工头要2~3万元。”

续表

工程动态	具体实施环节
修建过程/使用	尽管沟渠维修完全承包给了工程队，但村组长还有几位四五十岁的男村民在施工的第一周几乎天天都去施工现场。 后来工程队领导请村组长吃了饭，村民们就不再天天去（监工）了。 有三户前去闹事，一个说是因为沟渠加宽占了自家田地，村组长压了下去，"占你们这小片田，还不够打发个叫花子"。还有两户质疑包工队的砖块质量，实际是想拉回家修猪圈。工地上干活的说"得找工头"，闹到乡里他们也怕，于是就没有闹成。 工程开工一周以后，因打秧田插小秧迫在眉睫，村组长同工程队协商后，同寨子里7名男劳力在沟渠的水库端开始施工。 7名本村队员是，韦米才（50岁，未外出）、王时云（40岁，曾外出）、韩继（30岁，刚添一子，才从外地回到家）、王树林（40多岁，未外出）、王平勇（30多岁，打工今年刚回家）、王乔发（50多岁，未外出）、王时方（50多岁，未外出）。 我问："这个不是包给工程队了么，怎么自己搞了?"组长回答："施工队太慢了，我们要用水灌溉，先自己搞了。" 我又走到包工队施工处，得知这半边的工程还有5天便可完工。"那边你们还修吗?"答道："他们（村里人）先修着，我们后接。" 经过组长带领的几位村民与包工队的合作，沟渠在秧田灌溉前竣工
设施管护/维修	主沟渠由工程队和村民共同维修，按时完成，对于村民灌溉起着至关重要的作用。每年清明前夕，组长都会组织村民集体清沟。 每家一个劳力，不出工出钱，10~20元/天。 每年都会有3~4个不出工的农户，按照规定，这几户的用水是"1.5元/小时"。若因家里只有老人，则一般不会加收水费。 凯佐组受益的3户有时会来参加清淤，但若不参加也不会加收水费（这几户的水费本来就是"5元/小时"）

以上三个集体行动的案例，分别代表了不同阶段滚塘自然村在应对农田灌溉投资需求时，农民达成集体行动的不同路径。结合Norman Uphoff教授针对本研究的建议①，现将主要的不同点归纳为以下五个方面：需求发起、决策制定、资源动员和管理、信息交流和工程实施、冲突调解和管理，见表7-8。

①Norman Uphoff教授2009年2月指出："for improving participation, there are four basic function text for any observation: decision-making \ planning; resource mobilization \ management; communication; conflict resolution \ management."

表 7-8 滚塘自然村不同时期水利工程建设过程中的集体行动对照表

集体行动	1997 年分水沟修建	2006 年水井修建	2009 年主沟渠维修
需求发起	农科院课题组	村民	村民组长
决策制定	村民大会	村民大会	向乡政府申报项目
资源动员和管理	村民集资投劳+农科院投资	村民集资投劳+村委小额资助	完全由县水利局出资
信息交流和工程实施	全体村民分成两个作业组	核算后承包给本村人	工程经乡政府承包给外县人，后因赶进度，组长带领几位本村村民加入
冲突调解和管理	两位村民质疑村民组长和会计，核查账目后方化解	无	村民组组长和几位村民质疑工程质量，自发前往施工现场监督工程进展

在滚塘自然村，村民对土地的依赖性、土地利用方式的同质性以及村民面对无序管理的风险性，使村民面对农田灌溉投资有着高度一致的利益诉求。正如上文三个案例中所展示的，这是集体行动在自然村一级得以达成的基础条件。反之亦然，农民对农田灌溉设施的投资需求，唯有通过多种路径的集体行动才得以有效解决。在滚塘自然村，集体行动之所以能得以达成：首先离不开村民应对资源的稀缺性。龙潭山塘的地下水源为村民提供了灌溉用水的资源保障，同时村级灌溉设施的稀缺性导致私人化管理成本太高，因此需要农民的集体行动。其次是利益诉求机制的有效性和资源的可获取性。面对高度一致的农田灌溉投资需求，农民或通过村民大会或通过村民组组长，将利益诉求向上传达给当地县乡政府和科研机构，而多方行动主体的参与保证了达成集体行动所需资源的可获取性。

在不同阶段，滚塘自然村一级的集体行动呈现出不同的路径特征：其中最大的不同点是集体行动的单位或规模。案例一反映了 1997 年全体村民参与达成的集体行动。案例二、三反映，2006 年和 2009 年，自然村一级集体行动的单位则缩减到十人以下的非正式、松散组织或本村工程队或村民组组长带领的几位村民。集体行动单位或规模的缩减，除与劳动力大量外出这一因素有关外，还有政治、市场等结构层面的原因：一方面是“乡政村治”出现的“权力真空”。“自撤社建乡、实行家庭联产承包责任制，特别是最近的税改以来，基层政府进入乡村的动力进一步减弱。在此前提下，由于村委会缺乏相应的资源以及村民对干部道德上的质疑，村委会的权威不断弱化；同时，由于在商品经济条件下村民减弱了同村庄的联系，其对乡村政治参与的意愿也随之减弱。这些都共同导致了当前乡村社会正式权力的真空状态。”① 另一方面是农田水利建设的市场化改革。“事实证明，水利资源的私有化和市场化的实行是有一定条件的，政府部门‘甩包袱’式的私有化和市场化行为，将严重损害农村用水者的利益，并带来更多的矛盾和冲突。”②

7.8 以自然村为基础的农业水资源管理

在滚塘自然村，农田水利设施和农田灌溉管理的供给这两方面均体现了以自然村为基础的集体行动在其中扮演的重要角色。自然村一级集体行动的达成和得以维持，是保证滚塘自然村可持续的农田灌溉之根本。在农田水利设施的供给方面，集体行动得以达成离不开利益诉求的同质性以及资源的稀缺性和可获取性；在农田灌溉管理方面，集体行动得以维持离不开规模适中的权力结构、简单易行的管理规则和有效的制裁措施等。滚塘案例为我国农田水利供给和农田灌溉管理，展示了第三条道路——以自然村为基础的集体行动的可能性和路径。此外，滚塘案例还揭示了自人民公社体制以来一直到当今的社会转型期，自然村一直并将持续作为有效的农民集体行动单位存在下去。

从自然村层面来看，这种集体行动的可能性体现在本章涉及的各个领域：村落布局、家族或宗族关系、人民公社时期“队为基础”的生产生活历史、当今的农业生产特征和功能、村庄的经济分层、“乡政村治”的角色、留守妇女以及村庄仪式文化等方面。滚塘自然村属于核心型的村落布局，社区凝聚力相对较强。在历史、政治、经济、文化、社会等多因素的综合影响下，村庄层面上呈现出以血缘、地缘和利益关系共同作用的，生产生活方面以家庭为行动单位、公共事务的治理以村庄为行动单位的特征。人民公社时期“队为基础”的生产生活方式不但促进了杂姓的社区融入、

---

①胡亮. 审视乡村正式权力的真空化——以赣中某乡的调查为例［J］. 探索与争鸣，2006(11)，46-48.

②郑风田，郎晓娟. 反思旱灾看我国农水改革［EB/OL］.［2009-02-20］. http：//www. wyzxsx. com/Article/Class19/200902/70785. html.

形成了集体行动的传统，还为当今的集体行动划定了单位。

家庭联产承包制以后，以农户家庭为单位的土地经营呈现出小规模、同质性的特点。作物种类单一且以满足家庭需要为主，社区没有出现显著经济分层。但对农民而言，农业生产的功能却不仅体现在为农民提供物质和资金支持，更重要的是其为农民提供的社会保障支持，包括医疗、养老、以及子女教育。这些功能维系着农田灌溉对农民的重要性，为农民的集体行动提供了基础。另外，随着男性劳动力外出务工的增加，妇女尽管在村庄政治事务方面的参与程度还很低，但在生产活动、生产互助、生产管理、文艺活动以及村庄自然资源的管理等方面，妇女都扮演着越来越重要的角色。作为社区行动者的留守妇女，在生产、生活、文艺等领域的社会互动中，为自身、家庭，特别是其所在的社区创造和积累着社会资本。

受到政治、经济、社会等因素的综合影响，作为社区集体行动基础的传统仪式文化也处在变迁过程之中。尽管婚庆、丧葬这两种仪式仍在发挥着凝聚当地社区的作用，但传统的婚庆仪式的社区凝聚功能将逐渐减弱。而在劳动力外出的背景下，新兴的乔迁仪式却在凝聚社区方面扮演着越加重要的角色，在增强社区凝聚力的同时，扩大了村庄的社会网络（娘家村庄）。在乡镇政府和行政村两委层面，乡政府行政管理的多向度性和村民自治的服务型、有限功能型的特征，削弱了行政村一级的集体行动，这在一定程度上促成了自然村一级的集体行动。

第八章　结论与建议

8.1　结论

（1）在宏观层面上，协商式的灌溉管理体制变革本身就是一场多行动主体通过互动协商达成集体行动的过程，同时还为多行动主体（包括新发育主体）达成新型集体行动创造了积极的环境。面对当前农田灌溉的多重困境，如水资源的相对和绝对稀缺，工程不足或不当、老化失修、管护不善，投资、运行及监督体制不健全等问题，我国正经历着一场多行动主体共同参与的协商式灌溉管理体制变革，涉及国际机构，中央、地方及基层政府，市场及半市场化的灌溉管理机构，村两委和农民。这场变革的核心趋势是市场化与组织建设并进：一方面由高层政府不同程度地放权到基层政府和市场化的各级灌溉管理机构，使之承担起（大型）水利工程修建维护及水费管理等责任。同时对小型水利设施实行拍卖、转让等市场化措施。另一方面，大力倡导农民用水组织的建设和发展。以农民用水自治的协会管理方式来承担其灌溉管理的责任，包括（小型）工程的建用管、水资源的使用管理以及灌溉决策等方面。这场变革的主要特征包括高层政府主导，国际机构驱动，地方政府牵头，基层政府被动参与，灌溉管理机构持双重态度，村委会居用水户协会权力核心，以及农民成为终端用水户。

各主要行动主体通过互动，围绕农业用水的使用、工程的建设与维护、灌溉的组织管理等方面，催生出一系列新的政策、项目以及组织等资源，建构着新的规则，从而在时间和空间中再建了灌溉管理系统的结构。因此，这次变革有别于家庭联产承包责任制改革后自上而下的灌溉管理体制改革，它呈现出多行动主体协商式互动的特征。也可以说，变革本身就是一场多行动主体通过互动协商达成集体行动的过程。同时，变革又为多行动主体（包括新发育主体）达成新型集体行动创造了积极的环境，包括工程建设、权属变革、协会组建以及对农业生产的各种支持。在这场协商式的变革过程中，灌溉由过去单纯的工程问题、技术问题转变成政治问题、体制问题。这一过程既有国家角色的转变，也有市场力量的作用，更有有组织的农民能力建设。

然而在实践中，变革也正面临着三个方面的困境和挑战：一是农业用水的市场化改革方面。水权建设和水价改革面临来自制度层面、农民个体层面及技术层面的阻力和限制。二是当前协会的建设主要是受外部的强干预，发展参差不齐，可持续性受到质疑。三是国家的资金投入往往以当地农民用水组织的发育水平或市场化改革的成效作为指标，有可能进一步边缘化那些水资源匮乏、缺乏组织的地区（如本研究实地调研地贵州K乡）。另外，用于工程建设或修复的资金也采纳市场化的运作方式（工程招标），无疑不利于增强当地用水农民的参与，进而为设施建成后的维修管护埋下隐患。

（2）作为当前变革催生的新型管理主体，在实践中，农民用水户协会并非一个改革政策实施的对象、一个技术援助的主体，而是作为一个多方行动主体的建构。协会为解决农田灌溉的多重困境扮演着积极的角色，如在获取可靠稳定的灌溉用水、投资修建并管护小型农田水利工程、收取水费、分配水量、调解用水冲突等方面。在全国不同地方的实践中，协会的组建过程不尽相同，运行管理的水平亦参差不齐。在组建过程中，地方灌溉管理机构的负责人、乡镇水管站技术员或当地村干部扮演着“中继者”的角色。按照“中继者”的在位与否，我将协会分为内源主动式和外生被动式两类。这类行动主体的角色扮演直接关系到协会的资源和权利获取，从而影响到协会的发育和发展。协会的运行管理，则主要取决于协会主席、协会执委和普通农民用水户这三大类行动主体，以及他们分别在工程管理、灌溉管理和日常管理中的权力关系和各自的权力使用。

从组建到运行管理的诸环节，协会为基层政府、水管单位、村两委以及用水农户创造了一个达成集体行动的平台，进而重塑上层政策（见第七章）和权力关系。但至少就当前及可预见的未来一段时期而言，农民用水户协会并非全国普适的灌溉管理组织形式。首先，从理论层面来说，改革背后隐含的重要假设有三：一是灌溉管理的水平作为一项社会产出，可以被量化；二是个体受规则统治；三是产权界定越清晰、越多地被政府下放或转移给用水者组织和灌溉管理机构，灌溉管理的水平就越高。结合本研究的理论基础，我对这三条假设做出反思：①是否应当由外来者制定关于灌溉管理水平的衡量指标；②具有能动性的个体，特别是用水农民，在受规则统治的同时是否也在通过集体行动创建并使用规则；③权利在多大程度上依赖于上级政府赋予（下放或转移）以及谁来监督政府、市场与公民社会之间权利界限的划定执行情况。其次，在实践层面，协会呈现出区域间不均衡的发展态势，协会欠发达地区的灌溉管理困境更应当引起关注。政府对协会进行权利转让，这一过程是与“资源供给”相伴而行的。政府在将与水资源和工程设施相关各项权利和责任转让给用水户协会的同时，也在不同程度上为协会的组建和运行提供所需的资源，如人力资源（提供培训）、财力资源（办公设备）、工程资源（农田水利建设补助）等。同全国范围内的大量需求相比，政府的资源供给是相对稀缺的。因此，权利转让被优先放到了大中型灌区或水资源更为匮乏的地区，如湖北、湖南、新疆等灌区。在本研究的实地调研地贵州省 K 乡，至今仍无一例农民用水户协会形式的管水组织。其灌溉管理的主要形式仍是乡镇政府主导、村民自管或私人承包。

（3）作为 K 乡当地最大的灌溉资源系统，黄家寨水库案例体现了国家、地方政府、市场、农民等多方行动主体在工程、体制、灌溉三个子系统中进行互动达成妥协或合作的新型集体行动的路径和可能性。对该案例进行的研究，我重点采用了奥斯特罗姆的集体行动理论框架，分析系统内部已结束、进行中和将要开展的农业水资源管理实践，包括工程的建设、维修、管理，体制的建设与变迁和灌溉管理三个子系统。透过多行动主体在该系统中的实践，理解系统内部的结构特征，并深入分析在系统内部不同子系统（工程系统、体制系统、灌溉系统）中集体行动达成的可能性和路径。在工程系统中，大集体时期“政社合一”的组织机构以及农民牢固的政治信仰，都保障了农民在修建水利过程中的合作行为。在体制系统中，没有出现当前改革催生的市场化管理主体和农民用水户协会，导致了多行动主体之间无法通过良性互动达成合作，致使工程管护主体的缺失和灌溉管理主体的缺失。尽管如此，在灌溉系统中，却出现了多种形式的非正式组织或自主灌溉管理。例如，引黄家寨水库灌溉的各村组用水农民通过不同路径达成了不同规模的集体行动。在涉及灌溉管理的集体行动的均衡中，传统习俗、行政命令、暴力强制、市场机制及合作机制共同发挥着作用。

为进一步解释在不同子系统中多行动主体达成冲突或合作的过程，我采纳系统进行第二层面的要素（资源系统、资源单位、治理系统、使用者四个层面）分析，分别识别出7个、2个、6个和8个第二层面的关键变量，用以解释该系统的复杂性和动态性。为实现有效的农业水资源管理，寻找出了适合当地地理生态、社会经济条件和系统复杂性的方案。

从资源系统来看，主要的关键变量有：①用水性质的冲突；②灌溉边界受沟渠失修的影响逐年缩减和模糊化；③灌溉范围跨多个自然村；④灌溉设施（主沟渠、坝体、提灌站）的供给、维护和管理的方式各不相同；⑤灌溉用水需求受季节和设施影响所致的相对稀缺性；⑥乡镇级水库的选址更多是出于政治考虑，而非技术选择；⑦水源是集雨蓄水型，并无上下游之分，亦不受上级干渠的管辖。

从灌溉单位来看，灌溉单位的流动性不大，影响联合灌溉的主要因素是农户的田块分布，灌溉方式、成本、家庭劳动力，以及用水冲突纠纷等要素起到很小的作用；水资源的获取涉及开票、放水、提水、抽水，还有搭便车偷水等各环节，为多行动主体的互动提供了多种路径，包括乡政府、政府指派的放水员、提灌站的私人承包者、拥有抽水机的农户、地块低洼距离水源近的搭便车农户，以及其他普通用水农户之间的互动。

从治理系统来看，各子系统之间缺乏正式的、统一的治理组织：水库权属归县级、具体管理归乡级、坝体维修靠国家、渠道工程无人管、提灌站归村民小组，却同时拥有非正式的、相对有效的用水管理，规模或者跨村民组或者由几户到几十户联合；水库、提灌站、水资源的权属各不相同；在涉及灌溉管理的集体行动达成的规则中，行政命令、暴力强制、传统力量、合作机制、市场机制共同发挥作用，但集体选择的规则仅在有限的环节发挥作用；灌溉管理中有非正式的但却是行之有效的监测和制裁，而涉及工程管理则缺乏来自用水农户和当地政府的监督。

从使用者来看，尽管水库的灌溉系统涉及12个村民小组，但联合灌溉的农户规模不会超过几十户；用水农户无论是否来自不同村组，其社会经济属性相近，但随着劳动力的转移，田地权属呈现复杂化趋势；灌溉历史经历了由专人负责、以生产队为单位到各户负责、以个体或小组为单位的转变；在灌溉管理系统中领导权并非单单传统的、社会的或经济的权威，还有小组内部集体理性选择的权威；拥有共享的社会规范或资本；灌溉知识，主要体现在灌溉次序上，用水组之间是先来后到，用水组内部是按照地块高低远近；对灌溉的依赖性，主要因年降雨的变化而不同，清明前降雨多的年份，一些农户无须到水库放水，便可直接插小秧；采用的技术：提灌站由来已久，其管理维护、重建以及使用都体现了农民的集体行动，而抽水机这一技术的引入和推广则有加速灌溉管理个体化的风险。

（4）作为K乡仅存的通过农民自我组织实现工程自建、灌溉自管的村庄，滚塘自然村为进行以自然村为基础的集体行动研究提供了具有代表性的案例。从原则上讲：在农田水利设施的供给方面，集体行动得以达成离不开利益诉求的同质性以及资源的稀缺性和可获取性；在农田灌溉管理方面，集体行动得以维持离不开规模适中的权力结构、简单易行的管理规则、有效的制裁措施等。滚塘案例研究充分证明了自然村作为农村最基础的农事生产、生活和灌溉单位，为农民集体行动的达成提供了平台。

我采用社会历史主义路径，对滚塘案例进行了深入研究，总结出影响自然村一级农民集体行动达成的结构性因素，共有5个方面：①滚塘自然村属于核心型的村落布局，社区凝聚力相对较强；②在历史、政治、经济、文化、社会等多因素的综合影响下，村庄层面上呈现出以血缘、地缘和利益关系共同作用的，生产生活方面以家庭为行动单位、公共事务的治理以村庄为行动单位的特征；③人民公社时期“队为基础”的生产生活方式不但促进了杂姓的社区融入，形成了集体行动的传统，还为当今的集体行动划定了单位；④家庭联产承包制以后，以农户家庭为单位的土地经营呈现出小规模、同质性的特点，作物种类单一且以满足家庭需要为主，社区没有出现显著的经济分层；⑤对当地农民而言，农业生产的功能不仅体现在为农民提供物质和资金支持，更重要的是其为农民提供的社会保障支持，包括医疗、养老以及子女教育。这些功能维系着农田灌溉对农民的重要性，为农民的集体行动提供了基础。

随着男性劳动力外出务工的增加，妇女尽管在村庄政治事务方面的参与程度还很低，但在生产活动、生产互助、生产管理、文艺活动以及村庄自然资源的管理等方面都扮演着越来越重要的角色。作为社区行动者的留守妇女，在生产、生活、文艺等领域的社会互动中，为自身、家庭，特别是其所在的社区创造和积累着社会资本；受到政治、经济、社会等因素的综合影响，作为社区集体行动基础的传统仪式文化也处在变迁过程之中。尽管婚庆、丧葬这两种仪式仍在发挥着凝聚当地社区的作用，但传统的婚庆仪式的社区凝聚功能将逐渐减弱。而在劳动力外出背景下，新兴的乔迁仪式却在凝聚社区方面扮演着越加重要的角色。在增强社区凝聚力的同时，扩大了村庄的社会网络（娘家村庄）；在乡镇政府和行政村两委层面，乡政府行政管理的多向度性和村民自治的服务型、有限功能型，削弱了行政村一级的集体行动，这在一定程度上促成了自然村一级的集体行动。

8.2 建议

1. 政策方面

（1）灌溉管理体制改革，在市场化和鼓励农民参与的趋势下，还要结合各地的地理生态和社会经济条件，在充分理解当地灌溉系统的复杂性的基础上，探索适合当地的有效灌溉管理形式。而非在各地一贯推行涉及水价、水权、工程的市场化改革方案，也非一并强调农民用水户协会的建设（特别是“外生被动式”）。在发展中国家，由于制度和法治建设的不完善，私有化往往不仅不能够发挥市场的资源配置功效，很可能还会损害低收入阶层和农村居民的利益，甚至引起社会动荡。（Bakker，Briscoe，Gleick，Wolff，Wilder，Lankao 等）”。[①] 一方面，水权、工程的市场化改革，不仅不利于促进用水农民的参与，不利于工程的质量维护，并且在一定时期内还会影响到农民的灌溉成本和积极性。灌溉管理机构的市场化改革也走向两难困境，如何在接受政府管理、保障农业灌溉用水的同时实现独立核算、自负盈亏。另一方面，随着国家不断加大对农田水利的投入，特别是2011年中央一号文件的出台，协会的发展会直接影响到争取国家资金投入的力度，即用水户协会逐渐成为基层政府争取上级政府投入的“筹码”，推广农民用水户协会的形式，会招致基层政府急功近利地“挂牌”建协会的现象继续蔓延。

---

①郑风田，郎晓娟，反思旱灾看我国农水改革［EB/OL］.［2009-02-20］. 乌有之乡，http://www.wyzxsx.com/Article/Class19/200902/70785.html.

（2）在有条件成立或已经成立协会的地方，为实现用水户协会的可持续发展，我建议从协会的组建过程与运行管理两方面入手。第一，在协会组建之初，协会领导的人选至为关键。村干部、水管站技术人员，或灌溉管理单位的负责人等在协会组建过程中扮演着不可或缺的“中继者”角色。从他们当中选出的领导人，会调动其所能支配的各种资源，为协会的发展创造条件。第二，在协会的运行阶段（工程管理、灌溉管理和日常管理），一方面是来自协会这一正式组织的权力，另一方面也得益于协会主席或执委其个人可支配的各种资源。然而，面对以水文边界为单位的管水组织，协会领导对其各种资源的调动难免受到多种制约。因此，普通农户在用水户协会运行管理中的实质参与才是关键。各地协会在进一步完善各项规章制度、强化落实的同时，还要不断以培训等形式来提高妇女等弱势群体的能力，使普通农户得以真正参与灌溉用水的各项管理工作中。

（3）国家加大对农田水利建设的投入，为最基层的组织建设和发育提供了难得的机遇。本研究中两个基层案例的研究证明，灌溉工程的建设以自然村一级为灌溉范围的，农民自建自管的集体行动更易达成和得以维持。作为农村最基础的“灌排单位”的自然村（村民小组或生产小队），仍然是当今农村社会农民集体行动中最重要的一级平台。在政策瞄准过程中，我建议由农田水利重点县建设转向以村（特别是自然村）为导向的水利投入，通过国家注入资源，促进村一级农民集体行动的达成；以农户的需求为中心，建立“自下而上”的农田水利基础设施建设的诉求表达机制；探索将包括工程和灌溉服务在内的使用权、受益权、处置权转交给行政村或自然村一级最基础的用水单位。在政策的落实过程中，处于“正式体制外”的村民小组长仍在扮演关键角色，如何调动村民小组长的积极性，发挥自然村一级农民的组织能力也是今后的水利改革政策及其他惠农政策需要考虑的方向。

2. 研究方面

（1）对体制改革、组织发展和集体行动进行研究，不宜一味追随主流的研究路径，而应采纳改革的倡导者或参与者的分析框架。如此一来，研究的发现和结论也往往受局限，对改革的方向大唱赞歌或者提出一揽子的理论性指导框架。在当今的研究领域，蓝图范本的时代已经过去了。作为研究者的我们，如今应该让理论反过来再参与实践的建构中，去探讨其对现实问题（如农民的灌溉管理）的影响和作用，乃至去探讨政策、组织或集体行动的实践对农民生计的改善、对当前“国家—社会”关系建构的长远影响。

（2）微观层面的集体行动研究，要摆脱当今我国农村社会“村庄原子化”“农民善分不善和”等成见。建议研究者深入、动态地对转型期农村社会的集体行动进行研究，探寻适合当地的非正式或正式的组织形式，以提供有效的以自然村为基础的自然资源管理和公共物品供给。特别是对于人民公社体制与当今农民集体行动的关系研究，以滚塘案例研究为例，我有三点发现：一是它在很大程度上促进了杂姓的社区融入。二是它形成了集体行动的传统。人民公社时期以生产队或生产小队为单位的生产方式，使得与之相关的其他生产活动乃至公共活动都采取了“以队为基础”的集体行动方式。三是它划定了集体行动的单位。生产队作为农民的生产单位，使村民在生产队（村民小组）一级密切互动的基础上产生了强烈的认同感。同时，以生产队为单位兴修小型农田水利工程（如山塘、沟渠等）或其他村庄公共设施的这段历史，为当今村庄层面上的集体行动划定了清晰的行动单位边界。

参考文献

[1] Agrawal, A. J. Ribot. Accountability in Decentralization: A framework with South Asian and West African cases [J]. Journal of Developing Areas, 1999 (33): 473-502.

[2] Baland, J-M. J-P. Platteau. Halting Degradation of Natural Resources: Is there a Role for Rural Communities? [M]. Oxford: Clarendon Press for the Food and Agriculture Organization, 1996.

[3] Bauer, C. Results of Chilean WaterMarkets: Empirical Research since 1990 [J]. Water Resources Research, 2004 (40).

[4] Baviskar, A. For a Cultural Politics of Natural Resources [J]. Economic and Political weekly, 2003, 38 (49): 5051-5055.

[5] Beck, T. The Experience of Poverty: Fighting for Resources and Respect in Village India [M]. London: IT Publications, 1994.

[6] Beck, T. C. Nesmith. Building of Poor People's Capacities: The Case of Common Property Resources in India and West Africa [J]. World Development, 2000, 29 (1): 119-33.

[7] Burawoy, M. For Public Sociology [J]. AmericanSociological Review, 2005 (70): 4-28.

[8] Campbell, J. L. O. K. Pedersen. The Rise of Neoliberalism and Institutional Analysis [D]. Princeton, NJ: Princeton University Press, 2001.

[9] Cleaver, F. Moral Ecological Rationality, Institutions and the Management of CommonProperty Resources [J]. Development and Change, 2000, 31 (2): 361-83.

[10] Goldman, M. Inventing the Commons: Theories and Practices of the Commons' Professional, in M. Goldman (ed.) Privatizing Nature: Political Struggles for the Global Commons [J]. New Brunswick, NJ: Rutgers University Press, 1998: 20-53.

[11] Huppert W., M. Svendsen D. L. Vermillion Governing Maintenance Provision in Irrigation-A Guide to Institutionally Viable Maintenance Strategies, in cooperation with IWMI, Colombo and IFPRI [M]. Washington, D. C., 2001.

[12] Jodha, N. S. Life on the Edge: Sustaining Agriculture and Community Resources in Fragile Environments [D]. Delhi: Oxford University Press, 2001.

[13] Johnson, C. Community Formation and Fisheries Conservation in Southern Thailand [J]. Development and Change, 2001, 32 (5): 951-974.

[14] Johnson, C. Uncommon Ground: The 'Poverty of History' in Common Property Discourse [J]. Development and Change, 2004, 35 (3): 407-433.

[15] Li, T. M. Images of Community: Discourse and Strategy in Property Relations [J]. Development and Change, 1996, 27 (3): 501-527.

[16] Lohmar, B., Wang Jinxia. Dawe Investment, Conflicts and Incentives: the Role of Institutions and Policies in China's Agricultural Water Management on the North China Plain. Working paper 01-E7. Beijing, China: Center for Chinese Agricultural Policy, 2007.

[17] Long, N. Development Sociology: Actor Perspectives [M]. London and New York: Routledge, 2001.

[18] McMichael, P. Development and Social Change: A Global Perspective [M]. Thousand Oaks, CA: Pine Forge Press, 2004.

[19] Meinzen-Dick, R. A. Knox. Collective Action, Property Rights, and Devolution of Natural Resource Management: A Conceptual Framework. In: Meinzen-Dick, et al (eds.) Innovation in Natural Resource Management: The Role of Property Rights and Collective Action in Developing Countries [M]. Baltimore: Johns Hopkins University Press, 2002.

[20] Meinzen-Dick R. Beyond Panaceas in Water Institutions [J]. The National Academy of Sciences of the USA, 2007 (104): 15200-15205.

[21] Mollinga, P. P. Water, Politics and Development: Framing a Political

Sociology of Water Resources Management [J]. Water Alternatives, 2008, 1 (1): 7-23.

[22] Mosse, D. The Symbolic Making of a Common Property Resource: History, Ecology and Locality in a Tank-irrigated Landscape in South India [J]. Development and Change, 1997, 28 (3): 467-504.

[23] Ostrom E. Coping with Tragedies of the Common. Annual Review of Political Science [J]. 1999 (2): 493-535.

[24] Ostrom E. Beyond Markets and States: Polycentric Governance of Complex Economic Systems [J]. American Economic Review, 2010, 100 (6): 1-33.

[25] Poteete A. R., Ostrom E. In Pursuit of Comparable Concepts and Data about Collective Action [J]. Agricultural Systems, 2004, 82 (3): 215-232.

[26] Prakash, S. Fairness, Social Capital and the Commons: The Societal Foundations of Collective Action in the Himalaya. In: M. Goldman (ed.) Privatizing Nature: Political Struggles for the Global Commons [M]. New Brunswick, NJ: Rutgers University Press, 1998. 167-197.

[27] Qiu Sun. Rebuilding Common Property Management [D]. Wageningen University, 2007.

[28] Ribot, J. Theorizing Access: Forest Politics along Senegal's Charcoal Commodity Chain [J]. Development and Change, 1998, 29 (2): 307-341.

[29] Ridgeway, C. L. Interaction and the Conservation of Gender Inequality [J]. American Sociological Review, 1997 (62): 218-35.

[30] Risman B. J. Gender Vertigo: American Families in Transition [M]. New Haven, CT: Yale University Press, 1998.

[31] Scoones, I. New Ecology and the Social Sciences: What Prospects for Fruitful Engagement? [J]. Annual Review of Anthropology, 1999, (28): 479-507.

[32] Tang, Shui Yan. Institutions and Collective Action: Self-Governance in Irrigation [M]. San Francisco: ICS Press, 1992.

[33] Thomas, A. Development as Practice in a Liberal Capitalist World [J]. Journal of International Development, 2000, 12 (6): 773-787.

[34] Tyler, S. R. (ed.) Communities, Livelihoods and Natural Resources:

Action Research and Policy Change in Asia. Bourton on Dunsmore: Intermediate Technology Publications and Ottawa: the International Development Research Centre, 2006.

[35] Uphoff, N. T. Learning from Gal Oya [M]. New York: Cornell University Press, 1992.

[36] Uphoff, N. T. Community-based Natural Resource Management: Connecting Micro and Macro Processes, and People with their Environments [R]. Paper presented at International Workshop on Community-Based Natural Resource Management, The World Bank, Washington, DC, 10-14 May, 1998.

[37] Uphoff, N. T. Wijayaratna, C. M. Demonstrated Benefits from Social Capital: The Productivity of Farmer Organizations in Gal Oya, Sri Lanka [J]. World Development, 2000 (28): 11.

[38] Vermillion, D. L., R. Meinzen-Dick, A. Knox, M. Di Gregorio Property Rights and Collective Action in the Devolution of Irrigation System Management [R]. CAPRi working paper. Washington D. C. (2001).

[39] Vernooy R., Sun Qiu Xu Jianchu, et al. Voices for Change: Participatory Monitoring and Evaluation in China [M]. Kunming: Yunnan Science and Technology Press and Ottawa: International Development Research Centre, 2003.

[40] Vernooy, R. McDougall, C. Principles for good practice in participatory research: reflecting on lessons from the field. In B. Pound, S. Snapp, C. McDougall and A. Braun (eds.) Managing Natural Resources for Sustainable Livelihoods: Uniting Science and Participation [M]. London: Earthscan and Ottawa: International Development Research Centre, 2003.

[41] Wade R, Chambers R. Managing the Main System: Canal Irrigation's Blind Spot [J]. Economic and Political Weekly, 1980, 15 (39): 107-112.

[42] Wade, R. The System of Administrative and Political Corruption: Canal Irrigation in South India [J]. Journal of Development Studies, 1982, 18 (3): 287-328.

[43] Wade, R. Village Republics: Economic Conditions for Collective Action in South India [M]. San Francisco, CA: Institute for Contemporary Studies, 1988.

[44] Wang Jinxia, et al. Incentives to Managers and Participation of Farmers: Which One Matters for Water Management Reform in China? [R]. CCAP Working Paper 03-E17.

[45] World Bank. Water User Association Development in China: Participatory Management Practice under Bank-Supported Projects and Beyond [J]. Social Analysis, 2003, 6 (83).

[46] Zwarteveen, M. Linking Women to the Main Canal: Gender and Irrigation Management. Gatekeeper Series no. 54. International Institute for Environment and Development, Sustainable Agriculture Programme [M]. London: International Institute for Environment and Development, 1995.

[47] 安东尼·吉登斯. 社会学方法的新规则——一种对解释社会学的建设性批判 [M]. 北京：社会科学文献出版社，2003.

[48] 安东尼·吉登斯. 社会理论与现代社会学 [M]. 北京：社会科学文献出版社，2003：174.

[49] 埃莉诺·奥斯特罗姆. 公共事务的治理之道——集体行动制度的演进 [M]. 上海：上海三联书店，2000.

[50] 曼瑟尔·奥尔森. 集体行动的逻辑 [M]. 上海：上海人民出版社，1995.

[51] 白凯. 长江下游地区的地租、赋税与农民的反抗斗争：1840—1950 [M]. 林枫，译. 上海：上海书店出版社，2005.

[52] 蔡昉，王德文，都阳，等. 中国农村改革与变迁：30 年历程和经验分析 [M]. 上海：上海人民出版社，2008.

[53] 曹锦清. 黄河边的中国 [M]. 上海：上海文艺出版社，2000.

[54] 曹建廷. 气候变化对水资源管理的影响与适应性对策 [J]. 中国水利，2010 (1)：7-11.

[55] 查春学. 布依族传统议榔制度的当代价值研究 [J]. 贵州民族研究，2006 (1)：48.

[56] 长顺县地方志编撰委员会. 长顺县志 [M]. 贵阳：贵州人民出版社，1998.

[57] 钞晓鸿. 清代汉水上游的水资源环境与社会变迁 [J]. 清史研究，2005 (2)：1-20.

[58] 陈静，周峰. 农村公共产品供给的一个理论性解释 [J]. 财经政法资讯，2006 (6)：31-35.

[59] 戴维·波普诺. 社会学 [M]. 北京：中国人民大学出版社，2002.

[60] 丁平，李崇光，李瑾. 我国灌溉用水管理体制改革及发展趋势 [J]. 中国农村水利水电，2006 (4)：18-20.

[61] 丁平. 我国农业灌溉用水管理体制研究 [D]. 武汉：华中农业大学，2006：28.

[62] 范愉. 集团诉讼问题研究 [M]. 北京：北京大学出版社，2005.

[63] 费孝通. 乡土中国生育制度 [M]. 北京：北京大学出版社，1997.

[64] 高轩，神克洋. 埃莉诺·奥斯特罗姆自主治理理论述评 [J]. 中国矿业大学学报（社会科学版），2009 (2)：75.

[65] 葛笑如. 人民公社制度的另类分析——新制度经济学的视角 [J]. 湖北社会科学，2007 (5)：171-174.

[66] 谷因. 布依族稻作文化及其起源 [J]. 贵州民族学院学报（哲学社会科学版），2004 (1)：89-92.

[67] 官永彬. 中国农村劳动力转移对农民的收入效应研究 [D]. 重庆：西南农业大学，2005.

[68] 桂华. 小农中国需要什么样的水利 [J]. 绿叶，2010 (5).

[69] 贵州省人民政府公报 [Z]. 贵阳：2009 (4)：23.

[70] 郭景萍. 集体行动的情感逻辑 [J]. 河北学刊，2006 (3)：81-86.

[71] 韩青. 灌溉管理中的农户参与和激励机制：国际比较与借鉴 [J]. 世界农业，2009 (6)：6-9.

[72] 贺雪峰，仝志辉. 论村庄社会关联——兼论村庄秩序的社会基础 [J]. 中国社会科学，2002 (3)：124-134.

[73] 贺雪峰. 乡村治理的社会基础——转型期乡村社会性质研究 [M]. 北京：中国社会科学出版社，2003.

[74] 贺雪峰，罗兴佐，陈涛，等. 乡村水利与农地制度创新——以荆门市“划片承包”为例 [J]. 管理世界，2003 (9)：76-88.

[75] 贺雪峰. 公私观念与中国农民的双层认同——试论中国传统社会农民的行动逻辑 [J]. 天津社会科学，2006 (1)：56-60.

[76] 贺雪峰. 行动单位与农民行动逻辑的特征 [J]. 中州学刊，2006

(9): 133.

[77] 贺雪峰，罗兴佐. 论农村公共物品供给中的均衡 [J]. 经济学家，2006 (1): 62-69.

[78] 贺雪峰. 农民行动逻辑与乡村治理的区域差异 [J]. 开放时代，2007 (1): 105-121.

[79] 胡亮. 审视乡村正式权力的真空化——以赣中某乡的调查为例 [J]. 探索与争鸣，2006 (11): 46-48.

[80] 蒋俊杰. 集权化模式的兴起与瓦解——一项对我国农村灌溉基础设施供给模式的制度分析 [J]. 云南行政学院学报，2007 (6): 58-61.

[81] 李鹤. 权利视角下农村社区参与水资源管理研究——以B市案例分析 [D]. 北京：中国农业大学，2007.

[82] 李凌. 相关利益主体的互动对参与式灌溉管理体制发育的影响——以湖南省铁山南灌区井塘用水户协会为案例 [D]. 北京：中国农业大学，2005.

[83] 李秀彬. 全球环境变化研究的核心领域——土地利用/土地覆被变化的国际研究动向 [J]. 地理学报，1996 (11): 553-559.

[84] 李雪松. 新农村建设中的水利设施产权制度改革与创新 [J]. 中国农村水利水电，2007 (3): 122-124.

[85] 林奇胜. 我国农村土地流转市场机制作用强度研究 [J]. 咸宁学院学报，2004，24 (5): 43-45.

[86] 刘程，邓蕾，黄春桥. 农民进城务工经历对其家庭生活消费方式的影响——来自湖北、四川、江西三省的调查 [J]. 青年研究，2004 (7): 1-8.

[87] 刘厚斌. 在实践中认识什么是农民用水户协会 [Z]. 武汉：湖北省水利厅组建WUA交流材料，2007.

[88] 刘金芳. 我国农业可持续发展面临的水资源问题及对策探讨 [J]. 甘肃农业科技，2007 (9): 27.

[89] 刘静，钱克明，张陆彪，等. 中国中部用水者协会对农户生产的影响 [J]. 经济学，2008，7 (2): 465-479.

[90] 刘俊浩. 农村社区农田水利建设组织动员机制：变迁、绩效及政策涵义 [J]. 农村经济，2006 (6): 6-8.

[91] 刘涛，王震. 中国乡村治理中“国家—社会”的研究路径——新时期国家介入乡村治理的必要性分析 [J]. 中国农村观察，2007（5）：57-72.

[92] 刘伟. 寻求村落与国家之间的有效衔接——基于相关文献的初步反思 [J]. 甘肃行政学院学报，2008（3）：55.

[93] 陆慧. 农村劳动力流动对农民收入影响的效应分析 [J]. 江南大学学报（人文社会科学版），2004（2）：54-56.

[94] 鲁静芳. 为了发展的农业？——一个西南山村农业生态系统对农户生计支持的案例研究 [D]. 北京：中国农业大学，2008.

[95] 骆江玲，杨明，秦公. 布依族生计与耕牛文化的共变机制研究——以一个黔西南布依族村庄为例 [J]. 贵州社会科学，2009（10）：101.

[96] 罗兴佐，贺雪峰. 乡村水利的组织基础——以荆门农田水利调查为例 [J]. 学海，2003（6）：38-44.

[97] 罗兴佐，刘文书. 市场失灵与政府缺位——农田水利的双重困境 [J]. 中国农村水利水电，2005（6）：24-26.

[98] 罗兴佐，李育珍. 区域、村庄与水利——关中与荆门比较 [J]. 社会主义研究，2005（3）：70-72.

[99] 罗兴佐，王琼.“一事一议”难题与农田水利供给困境 [J]. 调研世界，2006（4）：30.

[100] 罗兴佐. 治水：国家介入与农民合作——荆门五村农田水利研究 [M]. 武汉：湖北人民出版社，2006.

[101] 罗兴佐. 中国国家与社会关系研究述评 [J]. 学术界，2006（4）：256-261.

[102] 罗兴佐. 对当前若干农田水利政策的反思 [J]. 调研世界，2008（1）：13-15.

[103] 罗兴佐. 政府要在农田水利建设中发挥主导作用 [J]. 探索与争鸣，2010（8）：12-13.

[104] 马培衢，刘伟章. 集体行动逻辑与灌区农户灌溉行为分析 [J]. 财经研究，2006（12）：4-15.

[105] 马育军，黄贤金，许妙苗. 上海市郊区农业土地流转类型与土地利用变化响应差异性研究 [J]. 中国人口、资源与环境，2006（5）：117-121.

[106] 米歇尔·克罗齐耶，埃哈尔·费埃德伯格. 行动者与系统——集

体行动的政治学［M］. 上海：上海人民出版社，2007.

［107］穆贤清，黄祖辉，陈崇德，等. 我国农户参与灌溉管理的产权制度保障［J］. 经济理论与经济管理，2004（12）：61-66.

［108］彭兆荣. 人类学仪式理论的知识谱系［J］. 民俗研究，2003（2）：5-17.

［109］彭兆荣. 人类学仪式研究评述［J］. 民族研究，2002（2）：96.

［110］乔治·瑞泽尔. 当代社会学理论及其古典根源［M］. 杨淑娇，译. 北京：北京大学出版社，2005.

［111］饶静. 杨乡政权：依附型行动者——后税费时期我国农业乡镇政权的角色和行为分析［D］. 北京：中国农业大学，2007.

［112］孙立平. 转型与断裂：改革以来中国社会结构的变迁［M］. 北京：清华大学出版社，2004.

［113］孙秋. 重建公共产权资源管理——以贵州农村社区为基础的自然资源管理研究为例［M］. 贵阳：贵州科技出版社，2008.

［114］唐忠，李众敏. 改革后农田水利投入主体缺失的经济学分析［J］. 农业经济问题，2005（2）：34-40.

［115］仝志辉. 农民用水户协会与农村发展［J］. 经济社会体制比较，2005（4）：74-80.

［116］仝志辉. 农村政治体制改革三十年的回顾与前瞻［J］. 科学社会主义，2008（6）：61.

［117］涂尔干. 宗教生活的基本形式［M］. 渠东，汲喆，译. 上海：上海人民出版社，1999.

［118］王国勤. 当前中国“集体行动”研究述评［J］. 学术界，2007（5）：264-273.

［119］王金霞，黄季焜. 国外水权交易的经验及对我国的启示［J］. 农业技术经济，2002（5）：56-62.

［120］王利明. 农村土地承包经营权的若干问题探讨［J］. 中国人民大学学报，2001（6）：78.

［121］王铭铭. 走在乡土上——历史人类学札记［M］. 北京：中国人民大学出版社，2006.

［122］王晓莉，刘永功. 农村低保制度建设中的参与和赋权：贵州省 K

乡的案例研究［J］. 贵州农业科学，2009（3）：187-190.

［123］王晓莉，刘永功. 我国的灌溉管理体制变革及其评价［J］. 中国农村水利水电，2010（5）：50-53.

［124］王晓莉，刘永功. 农民用水户协会中的角色和权力结构分析——以湖南省T灌区一个用水户联合会为例［J］. 中国农业大学（社会科学版），2010（1）：149-155.

［125］王亚华. 我国灌溉管理面临的困境及出路［J］. 绿叶，2009（12）.

［126］魏福明，刘红雨. 利益集团视野下的农民权益保护［J］. 江苏科技大学学报（社会科学版），2005（12）：41.

［127］魏努力·罗尼. 自然资源管理中的社会分析和性别分析——亚洲的学习案例和经验教训［M］. 北京：中国农业出版社，2007.

［128］魏特夫. 东方专制主义——对于集权力量的比较研究［M］. 徐式谷，奚瑞森，邹如山，译. 北京：中国社会科学出版社，1989.

［129］吴承旺. 从自然崇拜到生态意识——浅淡布依族的生存智慧［J］. 理论与当代，1997（8）：29.

［130］吴惠芳，饶静. 农村留守妇女研究综述［J］. 中国农业大学学报（社会科学版），2009（2）：18-23.

［131］吴毅. 村治变迁中的权威与秩序——20世纪川东双村的表达［M］. 北京：中国社会科学出版社，2002.

［132］吴毅. 权力—利益的结构之网与农民群体性利益表达的困境——对一起石场纠纷案例的分析［J］. 社会学研究，2007（5）：21-45.

［133］吴志军. 制度分析视角下的人民公社史研究［J］. 北京党史，2008（3）：23-26.

［134］项继权. 集体经济背景下的乡村治理［M］. 武汉：华中师范大学出版社，2002：164.

［135］行龙. 明清以来晋水流域的环境与灾害——以"峪水为灾"为中心的田野考察与研究［J］. 史林，2006（2）：10-20.

［136］熊元斌. 清代江浙地区农田水利的经验与管理［J］. 中国农史，1993，12（1）：84-93.

［137］徐成波，赵健，王薇. 农民用水户协会建设经验与体会［J］. 农村水利，2008（7）：37-39.

[138] 许传新. 农村留守妇女研究：回顾与前瞻 [J]. 人口与发展，2009 (6)：54.

[139] 徐勇. 现代国家的建构与村民自治的成长——对中国村民自治发生与发展的一种阐释 [J]. 学习与探索，2006 (6)：58.

[140] 杨晓林. 农民用水者协会运行绩效研究——北京市密云县案例分析 [D]. 北京：中国农业大学：2006.

[141] 叶敬忠. 留守妇女与新农村建设 [J]. 中华女子学院学报，2009 (3)：17.

[142] 应星. 从“讨个说法”到“摆平理顺” [D]. 北京：中国社会科学院，2000：157.

[143] 应星. 草根动员与农民群体利益的表达机制 [J]. 社会学研究，2007 (2)：1-23.

[144] 应星. “气”与中国乡村集体行动的再生产 [J]. 开放时代，2007 (6)：106-120.

[145] 于建嵘. 利益、权威和秩序——对村民对抗基层政府的群体性事件的分析 [J]. 中国农村观察，2000 (4)：70-76.

[146] 于建嵘. 转型期中国乡村政治结构的变迁——以岳村为表述对象的实证研究 [D]. 武汉：华中师范大学，2001.

[147] 于建嵘. 岳村政治：转型期中国乡村政治结构的变迁 [M]. 北京：商务印书馆，2001：285.

[148] 于建嵘. 农民有组织抗争及其政治风险——湖南省 H 县调查 [J]. 战略与管理，2003 (3)，1-16.

[149] 于建嵘. 当前农民维权活动的一个解释框架 [J]. 社会学研究，2004 (2)：49-55.

[150] 于建嵘. 集体行动的原动力机制研究——基于 H 县农民维权抗争的考察 [J]. 学海，2006 (2)：26-32.

[151] 于建嵘. 对 560 名进京上访者的调查 [J]. 法律与生活，2007 (10)：14-15.

[152] 詹姆斯 · C. 斯科特. 弱者的武器 [M]. 南京：译林出版社，2007.

[153] 张国庆. 行政管理学概论 [M]. 2 版. 北京：北京大学出版社，2000.

[154] 张海荣. 人民公社解体再探——基于农民主体地位与基层实践逻辑的考察 [J]. 中共党史研究, 2009 (6): 54-63.

[155] 张洪武. 社区治理的多中心秩序与制度安排 [J]. 广东社会科学, 2007 (1): 182-187.

[156] 张建民. 明末清初苏松地区农田水利管理制度的演变 [J]. 许昌师专学报 (社会科学版), 1990 (4): 62-66.

[157] 张俊峰. 水权与地方社会——以明清以来山西省文水县甘泉渠水案为例 [J]. 山西大学学报 (哲学社会科学版), 2001 (24): 5-9.

[158] 张乐天. 告别理想: 人民公社制度研究 [M]. 上海: 东方出版中心, 1998.

[159] 张陆彪, 刘静, 胡定寰. 农民用水户协会的绩效与问题分析 [J]. 农业经济问题, 2003 (2): 29-33.

[160] 张晓山. 中国农村的社区组织 [J]. 农村合作经济经营管理, 1996 (6): 10.

[161] 赵鼎新. 社会与政治运动讲义 [M]. 北京: 社会科学文献出版社, 2006: 2-6.

[162] 赵鼎新. 集体行动、搭便车理论与形式社会学方法 [J]. 社会学研究, 2006 (1): 1-21.

[163] 赵鼎新. 社会与政治运动理论: 框架与反思 [J]. 学海, 2006 (2): 20-25.

[164] 赵世瑜. 分水之争: 公共资源与乡土社会的权力和象征——以明清山西汾水流域的若干案例为中心 [J]. 中国社会科学, 2005 (2): 189-204.

[165] 赵晓峰. 泵站困境、农民合作与制度建设——一个博弈论的分析视角 [J]. 甘肃社会科学, 2007 (2): 118.

[166] 赵旭东. 文化的表达: 人类学的视野 [M]. 北京: 中国人民大学出版社, 2009: 259.

[167] 赵旭东. 礼物与商品——以中国乡村土地集体占有为例 [J]. 安徽师范大学学报, 2007 (7): 396.

[168] 赵永刚, 何爱平. 农村合作组织、集体行动和公共水资源的供给——社会资本视角下的渭河流域农民用水者协会绩效分析 [J]. 重庆工商大学学报 (西部论坛), 2007 (1): 5-9.

［169］郑振满. 明清福建沿海农田水利制度与乡族组织［J］. 中国社会经济史研究，1987（4）：38-4.

［170］朱启臻. 农业社会学［M］. 北京：社会科学文献出版社，2009.

致　谢

本书是我攻读博士学位的研究成果，致谢也是完成于十年之前，书稿仅做了必要的文字编辑，以求保留初做研究时的那份新鲜、那份稚嫩以及那颗初心。从2007年硕士论文开题到2011年博士论文答辩，我的论文研究历经了五年。五年当中要感谢的人太多，却怎么感谢都不算多。只言片语敲打下来的致谢，就当使用一下我行将毕业的权力，个中恩人无法一一提及，对他们的感激亦不能一言概之。

从2002年选择了中国农业大学的“农村区域发展”到2011年向应聘单位介绍“农村发展与管理”，九年的专业学习使得“发展”已渗入骨髓和血液。这是一门综合性的新兴学科领域，老师们对它有不同的定义，同学们也有各自的诠释。参与式、以农民为中心的视角，无法圈定或界定它的研究领域或方法论，但能够明显感受到学习或教授“发展”的我们这些人结成了圈子，俨然一个学派。我感谢我的专业，感谢在国内开创这一专业的我的老师们，并且庆幸自己成为这个圈子的一员。以农民为中心的研究视角和参与式研究方法，使我在做论文研究和项目管理中都深深受益，并影响着我今后的职业方向。感谢农村发展与管理专业的每一位老师，特别感谢李小云老师的不懈坚持，叶敬忠老师的严苛要求，左停老师的人文关怀，还有齐顾波老师的隽永情深。

从2006年进入硕士阶段的学习至今，我一直师从刘永功教授。多年跟随刘老师从事项目调研的经验，为我在农村开展深入、独立长期实地研究做了很好的积累。感谢我的导师！在多年的教学和项目实践中，您教给了学生对参与式农村评估（PRA）方法的灵活应用、对项目报告和文章撰写的规范要求、还有您那事无巨细的学习和工作态度。感谢李凌老师将我带入面向贫困人口的农村水利改革项目（PPRWRP）的评估团队，并一起在新疆、湖北、湖南各试点省市开展了深入的实地调研。开拓了我论文的思路并为部分章节的撰写提供了宝贵的一手资料。

自 2007 年起连续三年参与“社区为基础的自然资源管理”课程，将我跟学院不同专业背景的学生和老师联系到了一起，将我与贵州省凯佐乡的乡亲们和小朋友们带到了一起。感谢这门课程，感谢课程的合作机构加拿大国际发展研究中心，感谢地方合作机构贵州省农科院。特别感谢 Ronnie 老师、齐顾波老师、徐秀丽老师、孙秋所长、周丕东老师、魏筑英书记、还有志愿者农仁福和胡勇老师。感谢你们为我的论文研究所提供的一切机会、所有支持和鼓励！

自 2007 年初到凯佐便与这里和这里的人结下了不解之缘。这里不仅仅是进行过论文调研的地方，这里更是我的第二故乡。感谢李国秋大哥（前任书记、乡长），您每一次朋友般诚挚的分享和倾听，同您一起工作和学习的机会，还有就论文进行的交流和反馈，不一而足。感谢王登福大哥（前任乡党委书记），感谢您大哥一般的照顾和分享。感谢陈敏大姐（乡人大主席），您在家里为我准备的饭菜，在办公室为我提供的资料，还邀我一道去村民家里规劝退学的孩子。还要感谢乡政府视我为朋友和同事的其他所有人，陈部长、熊九妹、钟乡长、杨书记、志愿者罗清、卫生所的小杨哥。感谢照顾我饮食起居的旦秀英阿姨。感谢刚刚哥、秋叶姐、金燕姐、罗姨妈、何正福组长、月华姐……感谢滚塘自然村所有乡亲们，感谢你们的信息和信任！最要感谢我的天使们，韩熔、吴桂丽、王链、周文文！

感谢张颖，感谢有你陪伴的 622 之多彩博士生活！感谢在初次开展实地调研的日子里，鲁静芳师姐和毛绵奎师兄的陪伴与支持！感谢金彤、肖川、李健，带给我大家庭的温暖！感谢对我的论文研究给出过具体建议和帮助的 Douglas L. Vermillion 教授、Norman Uphoff 教授、David Mosse 教授，吉首大学罗康隆老师，农业大学的赵旭东老师、左停老师、叶敬忠老师、李小云老师、简小鹰老师、柴浩放师兄、刘洋师兄、李珂师兄……

感谢父母！你们为我健康快乐地成长、无忧无虑地学习和生活提供了最好的环境！感谢父亲，有着十几年基层政府工作经验的您，毫无保留地同我分享您对乡镇政府及其自身角色的体会。感谢母亲，您用自己的青春梦想成全了这个家庭的幸福和我健康快乐的成长。感谢奶奶！忘不了临到农业大学报道前，您从炕上凑到玻璃窗户前对我说的最后一句话，好好学习！奶奶离开已经20年了，这份迟来的作业献给奶奶。